EUL VERLAG

Reihe: Steuer, Wirtschaft und Recht · Band 296

Herausgegeben von vBP StB Prof. Dr. Johannes Georg Bischoff, Wuppertal, Dr. Alfred Kellermann, Vorsitzender Richter (a. D.) am BGH, Karlsruhe, Prof. (em.) Dr. Günter Sieben, Köln, und WP StB Prof. Dr. Norbert Herzig, Köln

Dr. Bernd Heining

Funktionsverlagerung ins Ausland

Entscheidungsfindung aus investitionstheoretischer Sicht

EUL VERLAG

Bibliographische Information der Deutschen Bibliothek

Die Deutsche Bibliothek verzeichnet diese Publikation in der Deutschen Nationalbibliothek; detaillierte bibliographische Daten sind im Internet über <http://dnb.ddb.de> abrufbar.

Dissertation, Universität Hohenheim, 2009

D 100 (2009)

ISBN 978-3-89936-772-0
1. Auflage Februar 2009

JOSEF EUL VERLAG GmbH
Brandsberg 6
53797 Lohmar
Tel.: 0 22 05 / 90 10 6-6
Fax: 0 22 05 / 90 10 6-88
E-Mail: info@eul-verlag.de
http://www.eul-verlag.de

Bei der Herstellung unserer Bücher möchten wir die Umwelt schonen. Dieses Buch ist daher auf säurefreiem, 100% chlorfrei gebleichtem, alterungsbeständigem Papier nach DIN 6738 gedruckt.

Meiner Frau Angi für die grenzenlose Unterstützung

und

meinem Sohn Florian für die Entbehrungen während dieser Zeit

Inhaltsverzeichnis

Abbildungsverzeichnis

Abkürzungsverzeichnis

A	*AB*	Anpassungsbetrag i. S. des § 1 Abs. 3 Satz 11 f. AStG
	AE	Anteilseigner
	AF	Aufzinsungsfaktor
	AS	Ausschüttung
	AStG	Außensteuergesetz
	AT	Österreich
B	*BE*	Belgien
C	*CA*	Kanada
	CF	Cash-Flow
	CH	Schweiz
	CN	China
	const.	konstant
	CZ	Tschechische Republik
D	*DBA*	Doppelbesteuerungsabkommen
	DE	Deutschland
	DKF	Diskontierungsfaktor
E	*E*	Earnings: Gewinn nach Steuern
	EBT	Earnings before Tax: Gewinn vor Steuern
	EBITDA	Earnings before Interest, Tax and Depreciation: Gewinn vor Zinsen, Steuern und Abschreibungen
	EM	Einlageminderung
	EStG	Einkommensteuergesetz
	EV	Endvermögen
	EW	Ertragswert

F

FKZI	Fremdkapitalzinsen
FR	Frankreich
FV	Funktionsverlagerung

G

GewStG	Gewerbesteuergesetz
GP	Grenzpreis
GV	Gewinnvortrag

H

H	Gewerbesteuerhebesatz (in Prozent)
HU	Ungarn

I

i	Kapitalmarktzins
IE	Irland
IN	Indien

J

JP	Japan

K

K	Käufer
KapGes	Kapitalgesellschaft
KMA	Kapitalmarktanlage
KRZ	Kapitalrückzahlung
KStG	Körperschaftsteuergesetz

M

M	Mutter
MF	Mehrforderung
mod	modifiziert
MX	Mexiko

N

n	Variable für den Planungshorizont
NL	Niederlande
NZF	(Netto-)Cash-Flow

P	p	Aufzinsungsfaktor nach ausländischer Körperschaftsteuerbelastung
	PL	Polen
Q	q	Aufzinsungsfaktor nach Einkommensteuerbelastung (Abgeltungsteuersatz) inkl. Solidaritätszuschlag
R	r	Aufzinsungsfaktor nach inländischer Körperschaft-/ Gewerbesteuerbelastung inkl. Solidaritätszuschlag
S	s^{ab}	Abgeltungsteuersatz
	$s^{Ausland}$	Körperschaftsteuersatz im Ausland
	s^{est}	Abgeltungsteuersatz inkl. Solidaritätszuschlag
	s^{ge}	Gewerbesteuersatz
	s^{Inland}	kombinierter Körperschaft-/Gewerbesteuersatz im Inland inkl. Solidaritätszuschlag
	s^{kst}	Körperschaftsteuersatz
	s^{qst}	Quellensteuersatz
	s^{solz}	Solidaritätszuschlag
	$S^{Ausland}$	ausländische Körperschaftsteuerbelastung
	S^{est}	Einkommensteuerbelastung im Inland inkl. Solidaritätszuschlag
	S^{Inland}	inländische Körperschaftsteuer-/Gewerbesteuerbelastung inkl. Solidaritätszuschlag
	S^{qst}	Quellensteuerbelastung
	SE	Steuerentlastung
	SG	Singapur
	SolZG	Solidaritätszuschlaggesetz
T	*T*	Tochter
	Thes	Thesaurierung
U	*UK*	Großbritannien
	US	USA

V	*V*	Verkäufer
	VP	Verrechnungspreis
	VV	Verlustvortrag
	VVR	Verlustverrechnung
X	*x*	Annerkennungsrate des Verrechnungspreises im Ausland
Z	*z*	Annerkennungsrate des Anpassungsbetrags i. S. des § 1 Abs. 3 Satz 11 f. AStG im Ausland
	ZI	Zinsen
	ZV	Zinsvortrag

1 Einleitung

1.1 Problemstellung

Senkung der (nominalen) Steuersätze bei Verbreiterung der Bemessungsgrundlage lautet das Rezept standortorientierter Steuerpolitik seit Beginn der 90er Jahre. In diesen Kontext ist auch das am 17. August 2007 verkündete Unternehmensteuerreformgesetz 2008 (BGBl. I 2007 S. 1912) einzuordnen.[1] Erhöhung der Standortattraktivität bei gleichzeitiger Sicherung des deutschen Steuersubstrats sind die erklärten Hauptziele dieser Steuerreform.[2] Im Mittelpunkt steht die Absenkung des (nominalen) Körperschaftsteuersatzes von 25 % auf 15 %. Diese verbessert das Ranking des Investitionsstandorts Deutschland im internationalen Vergleich der (nominalen) Körperschaftsteuersätze und soll nach Auffassung des Gesetzgebers einen deutschen Wettbewerbsnachteil bei ansonsten guter Standortqualität beseitigen.[3] Dass es sich bei der Steuer- und Abgabenlast als Standortfaktor und Entscheidungsparameter in der Praxis keinesfalls um eine Randerscheinung handelt, macht eine Studie des DIHK deutlich. Danach stellt die Steuer- und Abgabenlast bei 38 % der befragten Unternehmen das Hauptmotiv einer Produktionsverlagerung dar.[4]

---

1 Vgl. Hey, J. (2007), S. 1303.
2 Vgl. Gesetzentwurf BT-Drucksache 16/4841, S. 1.
3 Vgl. Gesetzentwurf BT-Drucksache 16/4841, S. 1.
4 Vgl. DIHK (2003), S. 6.

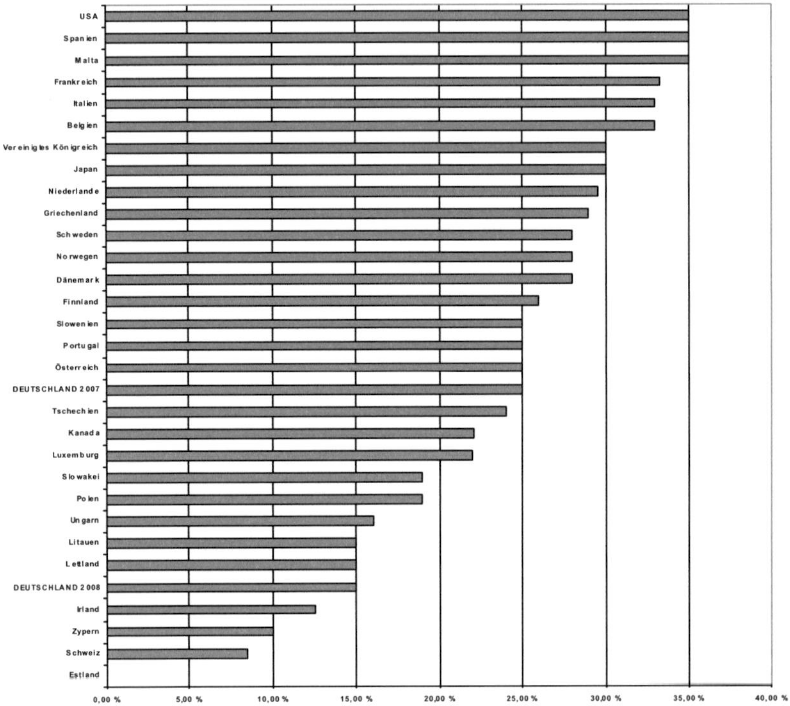

Abbildung 1: Nominale Körperschaftsteuersätze im internationalen Vergleich[5]

Zur Gegenfinanzierung der (nominalen) Steuersatzsenkung bei der Körperschaftsteuer enthält das Gesetz zur Unternehmensteuerreform 2008 erhebliche Verschärfungen auf dem Gebiet der internationalen Verrechnungspreise und insbesondere der Funktionsverlagerungen. Diese sollen zur "Sicherung des deutschen Steueraufkommens"[6] beitragen und "die Besteuerung in Deutschland geschaffener Werte"[7] sicherstellen. Das veranschlagte jährliche Steuermehraufkommen, das durch die konsequente Besteuerung von Funktionsverlagerungen erzielt werden soll, beziffert der Gesetzgeber auf rund Mrd. EUR 1,77.[8] In Anbetracht dessen wird sich der Steuerpflichtige künftig auf eine verstärkte und aggressive Prüfung von Funktionsverlagerungen durch die Finanzver-

5 Vgl. BMF (2006), S. 20.
6 Gesetzentwurf BR-Drucksache 220/2007, S. 144.
7 Gesetzentwurf BR-Drucksache 220/2007, S. 144.
8 Vgl. BMF (2007), lfd. Nr. 9; Welling, B. (2008), S. 105-110.

waltung respektive Betriebsprüfung einstellen müssen. Denn die Abschirmwirkung ausländischer Kapitalgesellschaften führt regelmäßig dazu, dass dem deutschen Fiskus bei Funktionsverlagerungen ins Ausland das Besteuerungsrecht für die aus der Funktionsausübung resultierenden Gewinne entzogen wird. Dies begründet die Prüfungsintensität bei Funktionsverlagerungen, da dem deutschen Fiskus Steuersubstrat endgültig verloren geht.[9]

Die durch das Unternehmensteuerreformgesetz 2008 eingeführte Neuregelung des § 1 Abs. 3 AStG sieht bei Funktionsverlagerungen ins Ausland die Aufdeckung der stillen Reserven in den verlagerten Wirtschaftsgütern und die Besteuerung von sonstigen verlagerten Vorteilen vor. Dabei geht der Gesetzgeber bewusst vom Prinzip der Einzelbewertung ab, das bislang in der Geschäftschancenlehre[10] zum Ausdruck kam.[11] "Für den Regelfall wird angeordnet, dass das Entgelt für die Übertragung der Funktion als Ganzes ('Transferpaket') zu ermitteln ist."[12] Dies sei "aus betriebswirtschaftlichen Gründen geboten, weil der Preis der einzelnen übertragenen Wirtschaftsgüter den Wert der Funktion regelmäßig nicht adäquat widerspiegelt".[13] Der Gesetzgeber geht somit davon aus, dass neben den einzelnen Wirtschaftsgütern ein "'Mehr' übergegangen ist, das einer Art Geschäftswert entspricht"[14].[15] Die Besteuerung dieses Teil-Geschäftswerts soll langfristig dazu beitragen, die deutsche Steuerbemessungsgrundlage und das deutsche Steueraufkommen zu sichern.[16]

Die Aufdeckung der stillen Reserven bei einer Funktionsverlagerung stellt für die beteiligten Unternehmen eine erhebliche Belastung dar. Dies gilt, da die inländische Steuerbelastung nach Maßgabe des § 1 Abs. 3 AStG vorfinanziert werden muss. Während der deutsche Fiskus die Steuer bereits im Zeitpunkt der Funktionsverlagerung einfordert,

---

9 Vgl. Kuckhoff, H. / Schreiber, R. (1997), Rz. 208.

10 Vgl. BFH vom 30. August 1995, I R 155/94; BFH vom 12. Oktober 1995, I R 127/94; BFH vom 13. November 1996, I R 149/94; BFH vom 11. Juni 1996, I R 97/95; BFH vom 12. Juni 1997, I R 14/96; BFH vom 06. Dezember 1995, I R 40/95. Ausführlich Tz. 4.3.2.

11 Vgl. Blumers, W. (2007), S. 1759; Bundessteuerberaterkammer (2007a), S. 3; BDI (2007), S. 2; Kroppen, H. / Rasch, S. / Eigelshoven, A. (2007), S. 310; Frotscher, G. (2008), S. 52; Wassermeyer, F. (2008), S. 67; Welling, B. / Tiemann, K. (2008), S. 68; Richter, A. / Welling, B. (2008), S. 74; Frotscher, G. (2007b), S. 4; Günter, S. (2007), S. 1085.

12 Gesetzentwurf BT-Drucksache 16/4841, S. 86.

13 Gesetzentwurf BT-Drucksache 16/4841, S. 86.

14 Kroppen, H. / Rasch, S. / Eigelshoven, A. (2007), S. 311.

15 Vgl. Frotscher, G. (2007a), S. 2.

16 Vgl. Gesetzentwurf BT-Drucksache 16/4841, S. 1.

kann der Verrechnungspreis im funktionsaufnehmenden Ausland, wenn überhaupt, nur über die Nutzungsdauer der Funktion abgeschrieben und somit steuerlich geltend gemacht werden.[17] Dies bedeutet für die beteiligten Unternehmen im Zeitpunkt der Funktionsverlagerung einen Liquiditätsabfluss, dem bestenfalls Liquiditätsentlastungen in Form von Steuerersparnissen in Folgejahren gegenüber stehen. Die deutsche Industrie warnt bereits vor einer Gefährdung des Forschungsstandorts Deutschland, da angesichts dieser steuerlichen Rahmenbedingungen "niemand mehr in die deutsche Forschung investieren"[18] werde. "Der derzeitige Ansatz führe zu einer Diskriminierung von Auslandsinvestitionen, schwäche global aufgestellte Unternehmen und gefährde damit auch inländische Arbeitsplätze. Für ausländische Unternehmen wirke eine derartige 'Fluchtsteuer' wie die Errichtung von Steuermauern um Deutschland, spätere erforderliche Restrukturierungen von einmal in Deutschland getätigten Investitionen würden verhindert."[19]

Diese "negative[n] Anreize"[20] hat der Gesetzgeber im Rahmen der Unternehmensteuerreform 2008 bewusst geschaffen, um die "Verlagerung von Steuersubstrat ins Ausland"[21] zu bremsen. Die Besteuerung von Funktionsverlagerungen wirkt somit der zunehmenden Internationalisierung und Globalisierung der Wirtschaft entgegen. Geprägt ist diese Entwicklung durch die Verlagerung von Produktionsstandorten, die internationale Optimierung von Forschungs- und Entwicklungstätigkeiten, der Zentralisierung von Lagerfunktionen sowie der Bündelung von Einkaufsvorteilen.[22] Viele Unternehmen sind angesichts dieser Entwicklung veranlasst, die historisch gewachsene geographische Zuordnung ihrer betrieblichen Funktionen zu überdenken.[23] Der Gesetzgeber gibt der Sicherung des deutschen Steueraufkommens den Vorrang vor einer zeitgerechten und an den Bedürfnissen des Marktes orientierten Steuerpolitik.[24] Es geht darum, "eine Besitzstandsabsicherung für alle jemals in Deutschland getätigten Investi-

17 Vgl. Wilmanns, J. (2007), S. 202. Ausführlich Tz. 2.2; 3.3.1.

18 Stuffer, W (2007), S. 11.

19 BDI (2007), S. 3.

20 Gesetzentwurf BT-Drucksache 16/4841, S. 1.

21 Gesetzentwurf BT-Drucksache 16/4841, S. 1.

22 Vgl. Bodenmüller, R. (2004), S. 1; Bernhardt, L. / Ham, S. / Kluge, S. (2008a), S. 1; Jenzen, H. (2007), S. 3117; Günter, S. (2007), S. 1082; Erb, M. (2008), S. 427.

23 Vgl. Freudenberg, M. / Peters, H. (2008), S. 1424.

24 Vgl. Frotscher, G. (2008), S. 57.

tionen und die daraus resultierenden Immaterialpositionen zu schaffen"[25] und "international nicht wettbewerbsfähige Strukturen"[26] zu schützen. Dieser Versuch der Sicherung der nationalen Steuersouveränität ist ein Fossil der nationalstaatlichen Ära des ausgehenden 19. Jahrhunderts.[27]

Die Entscheidungsrelevanz der Besteuerung ist von der betriebswirtschaftlichen Forschung seit langem nachgewiesen.[28] Mit anderen Worten werden die Entscheidungen von rational handelnden Entscheidungsträgern und somit auch die Entscheidung über eine Funktionsverlagerung durch die Besteuerung beeinflusst.[29] Steuern mindern den Zielerreichungsgrad des Entscheidungsträgers.[30] Es treten Steuerwirkungen auf.

Der Begriff der Steuerwirkung wird in der ökonomischen Literatur meist als Veränderung der Vorteilhaftigkeit einer Entscheidungsalternative aufgrund der Besteuerung verwendet.[31] Die Besteuerung kann die Rangfolge der Vorteilhaftigkeit von Entscheidungsalternativen verändern und bei Nicht-Berücksichtigung im Entscheidungskalkül zu Fehlentscheidungen führen. Eine Fehlentscheidung ist getroffen, wenn eine Entscheidungsalternative gewählt wird, die nicht zur Maximierung der "ökonomischen (Nutzen-)Position"[32] führt. Andererseits wird in Teilen der Literatur unter dem Begriff der Steuerwirkung auch die reine Zahlung mit Liquiditätsfolge verstanden.[33] Da Steuern die Möglichkeiten der Einkommensverwendung mindern, sind sie als negative Zielvariable zu betrachten. Steuern reduzieren den periodischen (Netto-)Cash-Flow des Entscheidungsträgers.

Im Rahmen der vorliegenden Arbeit wird der Begriff der Steuerwirkung als Folge der Steuerzahlung auf den Ertragswert, d. h. die Vermögensposition, des Entscheidungs-

---

25 Rödder, T. (2007a), S. 402.
26 Frotscher, G. (2007b), S. 7.
27 Vgl. Mössner, J. (2006), S. 51.
28 Vgl. Wagner, F.W. (1972); Wagner, F.W. (1986); Wagner, F.W. (1999a); Schreiber, U. (2005); Wagner, F.W. (1999b); Wagner, F.W. / Dirrigl, H. (1980); Wagner, F.W. (1992); Leuthier, R. (1988); Wagner, F.W. / Schwinger, R. (1991); Elschen, R. (1991); Schneider, D. (1992); Mellwig, W. (1985).
29 Vgl. Wader, D. (2002), S. 42; Schneider, D. (2001), S. 19.
30 Vgl. Schneider, D. (1992).
31 Vgl. Schneider, D. (2001); Schneider, D. (1992); Schwinger, R. (1992); Wagner, F.W. (1999b), S. 441.
32 Dirrigl, H. (1988), S. 11.
33 Vgl. Rose, G. (2000).

trägers verwendet. Untersucht wird, wie die durch die Besteuerung ausgelösten Zahlungsströme im Entscheidungskalkül über eine Funktionsverlagerung berücksichtigt werden können. Dies erfolgt im Rahmen eines investitionstheoretischen Ertragswertkalküls.

1.2 Zielsetzung und Themenabgrenzung

Ziel der vorliegenden Arbeit ist es, auf investitionstheoretischer Basis Entscheidungsmodelle für grenzüberschreitende Funktionsverlagerungen im Kapitalgesellschaftskonzern herzuleiten. Die Beschränkung auf den Kapitalgesellschaftskonzern wurde gewählt, da diesem im Kontext mit Funktionsverlagerungen die mit Abstand größte Bedeutung zukommt.[34] Anhand dieser Modelle soll dem Entscheidungsträger eine rationale Entscheidung über eine Funktionsverlagerung ermöglicht werden. Dabei sind die gesetzlichen Regelungen zur Besteuerung von Funktionsverlagerungen, die durch das Unternehmensteuerreformgesetz 2008 konkretisiert bzw. etabliert wurden, von maßgeblicher Bedeutung. Zwar sind die Entscheidungen über Funktionsverlagerungen in der Regel strategisch bedingt, gleichwohl kommt den daraus resultierenden steuerlichen Konsequenzen sowohl hinsichtlich der dadurch ausgelösten Gewinnrealisierungen als auch ihrer Gestaltbarkeit in der Praxis erhebliche Bedeutung zu.[35]

Um unterschiedlichen Ausgangssituationen gerecht zu werden, werden mehrere aus praktischer Sicht bedeutsame Entscheidungsmodelle (Standard-, Bewertungs-, Verlust- und Finanzierungsmodell) entwickelt. Allen Entscheidungsmodellen liegt ein investitionstheoretischer Ansatz zugrunde. Danach ist eine Funktionsverlagerung nur vorteilhaft, wenn der Ertragswert bei Funktionsverlagerung den Ertragswert ohne Funktionsverlagerung übersteigt. Entscheidungsrelevant sind die erzielbaren (Netto-)Cash-Flows des Anteilseigners.[36] Insofern ist neben der betrieblichen Ebene auch die private Ebene des Anteilseigners in das Entscheidungskalkül zu integrieren. Steuerwirkungen treten

[34] Vgl. Bodenmüller, R. (2004), S. 9; Serg, O. (2005), S. 21; Kuckhoff, H. / Schreiber, R. (1999a), S. 322; Schänzle, T. (2000), S. 12; Scheuchzer, M. (1994), S. 8; Eisele, F. (2003), S. 7; Burkert, M. (2003a), S. 320; Brockhagen, J. (2007), S. 14.

[35] Vgl. Baumhoff, H. (2007), S. 128.

[36] Vgl. Drukarczyk, J. (2003), S. 45; IDW-Prüfungsstandard S1; Wagner, F.W. (1999a), S.67 ff.

sowohl auf Ebene des Anteilseigners in Form der Abgeltungsteuer als auch auf Ebene der verlagernden respektive funktionsaufnehmenden Kapitalgesellschaft auf.

Die gesetzliche Preisanpassungsklausel gemäß § 1 Abs. 3 Satz 11 f. AStG ermächtigt die Finanzverwaltung beim hypothetischen Fremdvergleich zu einer einmaligen nachträglichen Anpassung des Funktionsverrechnungspreises, wenn die tatsächliche spätere erheblich von der prognostizierten Gewinnentwicklung abweicht, die der Verrechnungspreisbestimmung zugrunde gelegt wurde. Derartige Anpassungsszenarien, die unter bestimmten Bedingungen eintreten, sind im Rahmen des Ertragswerts bei Funktionsverlagerung zu berücksichtigen. Mit anderen Worten bedarf es aufgrund der Ungewissheit der Zukunft einer Szenarioanalyse. Soweit diese Analyse Szenarien enthält, bei denen erhebliche Abweichungen der tatsächlichen späteren Funktionsgewinne von der prognostizierten Gewinnentwicklung eintreten, sind die Folgen der gesetzlichen Preisanpassung respektive der Anpassungsbetrag im Entscheidungskalkül über eine Funktionsverlagerung zu berücksichtigen. Zu diesem Zweck erfolgt eine Kategorisierung in drei mögliche Szenarien (Normalfall, Outperformance, Underperformance). Der Normalfall sieht keine Abweichung der tatsächlichen von den prognostizierten Funktionsgewinnen vor. Beim Szenario Outperformance entwickeln sich die Funktionsgewinne positiver als prognostiziert und vice versa beim Szenario Underperformance.

Die Komplexität der Thematik und das Ziel, einen vertretbaren Umfang der Arbeit zu wahren, gebieten einige Einschränkungen im Hinblick auf den Untersuchungsgegenstand. So werden nachfolgend ausschließlich Funktionsverlagerungen untersucht. Eine Funktionsverlagerung in diesem Sinne wird verstanden als die Übertragung des wirtschaftlichen Eigentums einer Funktion. Abzugrenzen sind Funktionsverlagerungen von Lizenzierungen, bei denen eine Funktion nicht übertragen, sondern zur Nutzung überlassen wird. Im Rahmen einer Lizenzierung wird die Funktion dem ausländischen Unternehmen nur zur Nutzung überlassen, das wirtschaftliche Eigentum an der Funktion jedoch nicht übertragen. Die für die Überlassung der Funktion zu entrichtenden Lizenzgebühren können umsatzabhängig ausgestaltet werden.[37] Als Gestaltungsalternative bietet die Lizenzierung den Charme, dass die Lizenzgebühren erst im Zeitpunkt

[37] Vgl. Ditz, X. (2008), S. 105-110.

ihrer Realisierung als steuerpflichtiges Einkommen des inländischen Unternehmens zu erfassen sind. Mangels Übertragung kommen die gesetzlichen Regelungen des § 1 AStG zur steuerlichen Erfassung von Funktionsverlagerungen nicht zur Anwendung.[38] Diese Gestaltungsalternative wird im Rahmen der vorliegenden Untersuchung nicht weiter thematisiert.

Darüber hinaus sind Dokumentationspflichten sowie Funktionsverlagerungen im Einheitsunternehmen, d. h. unter Begründung ausländischer Betriebstätten, nicht Gegenstand dieser Arbeit. Dass es sich bei der Übertragung auf ausländische Betriebstätten um eine Gestaltungsalternative zur Funktionsverlagerung im Kapitalgesellschaftskonzern handelt, soll jedoch nicht unerwähnt bleiben. Denn die Regelungen zur Besteuerung von Funktionsverlagerungen gemäß § 1 AStG sind nur in Bezug auf rechtlich verbundene Unternehmen, nicht jedoch bei ausländischen Betriebstätten anwendbar.[39] Bei Übertragungen auf ausländische Betriebstätten kommen die Entstrickungsregeln des § 4 Abs. 1 Satz 3 EStG und des § 12 Abs. 1 KStG zur Anwendung. Diese sehen die Aufdeckung der stillen Reserven als Differenz zwischen gemeinem Wert und Buchwert der übertragenen Wirtschaftsgüter vor. In EU-Fällen kann nach der Merkpostenregelung des § 4g EStG eine Sofortbesteuerung der stillen Reserven vermieden werden.[40] Der Transferpaketansatz des § 1 Abs. 3 AStG mit der einhergehenden Gesamtbewertung kann somit durch Übertragung auf eine ausländische Betriebstätte vermieden werden.[41]

Untersucht werden die ertragsteuerlichen Wirkungen, die durch die Besteuerung der Funktionsverlagerung im Inland gemäß § 1 AStG auftreten und deren Einfluss auf die Entscheidungsfindung über eine Funktionsverlagerung. Andere steuerliche Einkünftekorrekturnormen wie z. B. die verdeckte Einlage respektive Gewinnausschüttung werden ausgeblendet. Es erfolgt eine Fokussierung auf § 1 AStG. Weitere Themenabgrenzungen bleiben den späteren Ausführungen vorbehalten.

---

38 Vgl. Baumhoff, H. / Ditz, X. / Greinert, M. (2007b), S. 1653.
39 Vgl. Kaminski, B. / Strunk, G. (2008), S. 2501 ff.
40 Vgl. Ditz, X. (2008), S. 105-110.
41 Ausführlich Hoffmann, W. (2007); Lange, B. (2007); Wassermeyer, F. (2006).

Die Arbeit berücksichtigt die aktuelle Gesetzeslage und Ankündigungen bis einschließlich Dezember 2008. Dies betrifft insbesondere die Neuregelungen durch das Unternehmensteuerreformgesetz 2008.

1.3 Gang der Untersuchung

Die eingangs definierte Zielsetzung der vorliegenden Arbeit wird durch einen dreistufigen Aufbau umgesetzt.

Gegenstand des 2. Kapitels **(1. Stufe)** sind die gesetzlichen Grundlagen der Besteuerung von Funktionsverlagerungen. Diese sind maßgebend für die Steuerwirkungen, die im Rahmen der investitionstheoretischen Entscheidungsmodelle berücksichtigt werden müssen.

Zunächst (Kapitel 2.1) wird das Konkurrenzverhältnis der bestehenden gesetzlichen Instrumentarien zur Einkünftekorrektur im Bereich der Funktionsverlagerungen untersucht. Dies betrifft im Wesentlichen die Anwendungsbereiche der verdeckten Einlage respektive verdeckten Gewinnausschüttung und deren Abgrenzung zur Berichtigung von Einkünften nach § 1 AStG. Aufgrund der Fokussierung der Arbeit auf eine isolierte Berichtigung nach § 1 AStG werden nur die Grundzüge dieses Konkurrenzverhältnisses behandelt.

Im Anschluss wird neben der Vereinbarkeit der Neuregelung mit internationalen Grundsätzen (Kapitel 2.2) und der Definition des Begriffs „Funktion" (Kapitel 2.3) insbesondere das Stufenverhältnis zwischen uneingeschränktem, eingeschränktem und hypothetischem Fremdvergleich (Kapitel 2.4) eingehend erläutert sowie auf die praktische Relevanz der einzelnen Stufen im Bereich der Funktionsverlagerung eingegangen.

Aufbauend auf den gesetzlichen Grundlagen respektive Instrumentarien der Besteuerung von Funktionsverlagerungen behandelt das 3. Kapitel die Entscheidungssituation bei einer Funktionsverlagerung **(2. Stufe)**. Zu berücksichtigen sind die ertragsteuerlichen Folgen der Funktionsverlagerung sowohl im Inland als auch im funktionsaufnehmenden Ausland. Dies betrifft insbesondere die Besteuerung der Funktionsverlagerung im Inland auf der Grundlage des § 1 AStG und das dadurch begründete Abschreibungspotenzial im Ausland. Der Funktionsverrechnungspreis wird im Rahmen der Entscheidungsmodelle exogen vorgegeben. Um den verschiedenen Entscheidungssituationen, die für das verlagernde Unternehmen in Betracht kommen, gerecht zu werden, werden mehrere praxisrelevante Entscheidungsmodelle (Standard-, Bewertungs-, Verlust- und Finanzierungsmodell) entwickelt. Den Entscheidungsmodellen liegt jeweils eine Struktur zugrunde, bei der eine im Inland unbeschränkt steuerpflichtige natürliche Person Alleingesellschafter einer im Inland unbeschränkt steuerpflichtigen Mutter-Kapitalgesellschaft ist. Die Mutter-Kapitalgesellschaft hält sämtliche Anteile an einer (bereits bestehenden) Tochter-Kapitalgesellschaft, die Sitz und Geschäftsleitung im Ausland unterhält. Bei jedem Entscheidungsmodell bedarf es einer Differenzierung bezüglich der optimalen Gewinnverwendung.

Das Standardmodell (Kapitel 3.2) bildet den idealtypischen Fall einer Funktionsverlagerung ab. Annahmegemäß werden Verlustsituationen ausgeschlossen. Ferner erfolgt eine vollständige Anerkennung des Funktionsverrechnungspreises im Ausland. Insofern können die im Inland aufgedeckten Besteuerungsgrundlagen im funktionsaufnehmenden Ausland steuerwirksam geltend gemacht werden. Die Steuerbelastung gemäß § 1 AStG wird vom verlagernden Unternehmen eigenfinanziert.

Das Bewertungsmodell (Kapitel 3.3) stellt eine Modifikation des Standardmodells dar. Aufgrund der hohen Unsicherheit bezüglich der Anerkennung des Verrechnungspreises im funktionsaufnehmenden Ausland wird eine Variable in das Entscheidungsmodell integriert. Diese gibt den Umfang der Anerkennung des Verrechnungspreises im Ausland an. In diesem Zusammenhang wird auch dargestellt, wie sich die Vermögensposition des Steuerpflichtigen bei (teilweiser) Nicht-Anerkennung des Verrechnungspreises im Vergleich zur vollständigen Anerkennung verschlechtert.

Verlustsituationen wird durch das Verlustmodell (Kapitel 3.4) Rechnung getragen. Ziel ist es, Entscheidungssituationen mit Verlustvorträgen auf Ebene der Mutter- oder Tochter-Kapitalgesellschaft abzubilden. Dabei wird aufgrund steuerlicher Vorteilhaftigkeitsüberlegungen der Fall bestehender Verlustvorträge bei der funktionsaufnehmenden Tochter-Kapitalgesellschaft betrachtet. Bestehen Verlustvorträge, müssen diese bei der

Entscheidung über eine Funktionsverlagerung berücksichtigt werden. Insoweit können – gegebenenfalls unter Berücksichtigung der Mindestbesteuerung – Steuerbelastungen weitgehend vermieden werden. Hinsichtlich der Gewinnverwendung müssen die handelsrechtlichen Ausschüttungsrestriktionen beachtet werden.

Im Rahmen des Finanzierungsmodells (Kapitel 3.5) wird das Standardmodell um eine (Fremd-)Finanzierungskomponente erweitert. Wird eine Funktion von einer inländischen auf eine ausländische Kapitalgesellschaft verlagert, entsteht bei der verlagernden Gesellschaft nach Maßgabe des § 1 AStG eine Steuerbelastung. Diesem Liquiditätsabfluss steht kein Liquiditätszufluss gegenüber. Verfügt die verlagernde Gesellschaft nicht über ausreichende Liquiditätsreserven, muss die Steuerbelastung (fremd-)finanziert werden. Diese (Fremd-)Finanzierungskomponente wird in das Entscheidungskalkül über die Funktionsverlagerung integriert. Dabei ist entsprechend der Zinsschrankenregelung hinsichtlich der Steuerwirksamkeit der Zinsaufwendungen zu differenzieren. In Betracht kommt die volle Steuerwirksamkeit der Zinsaufwendungen, die Abzugsfähigkeit bis zu 30 % des steuerlichen EBITDA sowie die vollständige Nicht-Abzugsfähigkeit der Zinsaufwendungen.

Das 4. Kapitel befasst sich ausführlich mit dem hypothetischen Fremdvergleich **(3. Stufe)**. Diesem kommt im Bereich der Funktionsverlagerungen besondere praktische Bedeutung zu.[42] Denn in "der Praxis dürfte [...] der Fall der Funktionsverlagerung so speziell sein, dass sich eben keine Fremdvergleichswerte ermitteln lassen, sodass man sich notwendigerweise im Bereich der hypothetischen Fremdvergleichsbetrachtung befindet"[43].

Mit dem hypothetischen Fremdvergleich bedient sich der Gesetzgeber der betriebswirtschaftlichen Grenzpreistheorie, die eine Disziplin der Investitionstheorie darstellt.[44] Insofern ist die investitionstheoretische Bestimmung von Grenzpreisen die Messlatte für den hypothetischen Fremdvergleich. Diese Meßlatte wird eingangs hergeleitet, um als

---

42 Vgl. Baumhoff, H. (2007), S. 131; Kroppen, H. / Rasch, S. / Eigelshoven, A. (2007), S. 316; Baumhoff, H. / Ditz, X. / Greinert, M. (2007a), S. 1464; Frotscher, G. (2008), S. 50.

43 Wulf, M. (2007), S. 2283.

44 Vgl. Waldens, S. (2007), S. 211; Frischmuth, M. (2007a), S. 386; Baumhoff, H. / Ditz, X. / Greinert, M. (2007b), S. 1649 f.

Grundlage für eine kritische Würdigung des hypothetischen Fremdvergleichs zu dienen (Kapitel 4.2).

Im Anschluss erfolgt eine detaillierte Auseinandersetzung mit dem hypothetischen Fremdvergleich, dessen gesetzliche Grundlage die Sätze 5 ff. des § 1 Abs. 3 AStG sind (Kapitel 4.3). Einzelheiten des hypothetischen Fremdvergleichs regelt das Bundesministerium für Finanzen mit Zustimmung des Bundesrates im Rahmen einer Rechtsverordnung.[45] Die Ermächtigung für diese enthält § 1 Abs. 3 Satz 13 AStG. Der vom Bundesrat verabschiedeten Fassung der FVerlV ist eine Entwurfsfassung vom 04. Juni 2007[46] vorausgegangen. Im Fokus dieses Kapitels stehen insbesondere die vom Gesetzgeber verwendeten Begrifflichkeiten Transferpaket, Gewinnpotenzial und Einigungsbereich. Daneben werden die wertbildenden Rahmenbedingungen einer Grenzpreisbestimmung, d. h. der Kapitalisierungszeitraum sowie der Kapitalisierungszinssatz abgehandelt, Gestaltungsspielräume für den Steuerpflichtigen aufgezeigt und darauf aufbauend die Ermittlung des Funktionsverrechnungspreises dargestellt. Der bisher in den Entscheidungsmodellen exogen vorgegebene Verrechnungspreis für die verlagerte Funktion wird somit konkretisiert.

Nach Untersuchung der investitionstheoretischen sowie der vom Gesetzgeber vorgesehenen Grenzpreisbestimmung entsprechend § 1 Abs. 3 Sätze 5 ff. AStG ist eine kritische Würdigung des hypothetischen Fremdvergleichs möglich. Diese ist Gegenstand des Kapitels 4.4.

Der Gesetzgeber sieht im Rahmen des hypothetischen Fremdvergleichs grundsätzlich das Zugrundelegen eines unbegrenzten Kapitalisierungszeitraums vor. Ein begrenzter Kapitalisierungszeitraum kann nur dann zugrunde gelegt werden, wenn es dem Steuerpflichtigen gelingt, einen solchen glaubhaft zu machen. Die Feststellungslast eines kürzeren Zeitraums liegt beim Steuerpflichtigen. Sollte dem Steuerpflichtigen eine derartige Glaubhaftmachung nicht gelingen, muss der Ermittlung des Verrechnungspreises ein unbegrenzter Kapitalisierungszeitraum zugrunde gelegt werden, obwohl die Funktion tatsächlich keine unendliche Lebensdauer hat und somit nur für einen begrenzten

45 FVerlV BR-Drucksache 352/08.

46 FVerlagV-E vom 04. Juni 2007.

Zeitraum positive Zielbeiträge erwirtschaften wird. In diesen Fällen ist für den Steuerpflichtigen von entscheidender Bedeutung, wie lange die tatsächliche Funktionslebensdauer betragen muss, damit die Funktionsverlagerung nicht zu einer Verschlechterung der ökonomischen (Nutzen-)Position führt. Dieser Frage nach der kritischen Funktionslebensdauer wird in Kapitel 4.5 nachgegangen.

Hat der Steuerpflichtige beim hypothetischen Fremdvergleich der Einkünfteermittlung einen unzutreffenden Einigungsbereich zugrunde gelegt, ist der Verrechnungspreis nach § 1 Abs. 3 Satz 8 AStG grundsätzlich zu berichtigen. Einzelheiten dieser Korrekturvorschrift enthält Kapitel 4.6.

Abweichend von der Gesamtbewertung der verlagerten Funktion per Transferpaket beim hypothetischen Fremdvergleich eröffnet die Escape-Klausel[47] in bestimmten Fällen die Möglichkeit der Einzelbewertung "aller übergegangenen oder überlassenen Wirtschaftsgüter und Vorteile"[48]. Kapitel 4.7 geht auf die Voraussetzungen sowie auf die praktische Relevanz dieser Regelung ein.

Schließlich wird die am meisten kritisierte Regelung im Rahmen des hypothetischen Fremdvergleichs, die Preisanpassungsklausel, untersucht (Kapitel 4.8). Diese eröffnet der Finanzverwaltung die Möglichkeit einer einmaligen Berichtigung des Funktionsverrechnungspreises um einen angemessenen Anpassungsbetrag. Voraussetzung ist, dass wesentliche immaterielle Wirtschaftsgüter und Vorteile Gegenstand der Funktionsverlagerung sind und die tatsächliche spätere Gewinnentwicklung innerhalb von 10 Jahren erheblich von der Gewinnentwicklung abweicht, die der Verrechnungspreisbestimmung zugrunde gelegt wurde. Nach einer Auseinandersetzung mit den Voraussetzungen der gesetzlichen Preisanpassung erfolgt die Bestimmung des angemessenen Anpassungsbetrags. Darauf aufbauend wird ausführlich dargestellt, wie Szenarien einer gesetzlichen Preisanpassung in die Entscheidungsmodelle über eine Funktionsverlagerung einbezogen werden können respektive aus investitionstheoretischer Sicht einzubeziehen sind.

Die vorliegende Arbeit schließt mit einer thesenartigen Schlussbetrachtung (Kapitel 5).

---

47 Vgl. § 1 Abs. 3 Satz 10 AStG.
48 Gesetzentwurf BT-Drucksache 16/4841, S. 86.

2 Gesetzliche Grundlagen der Besteuerung von Funktionsverlagerungen

2.1 Konkurrenzverhältnis der Einkünftekorrekturnormen

Wird ein grenzüberschreitender Betriebsvermögenstransfer zwischen verschiedenen Rechtsträgern nach dem Fremdvergleichsgrundsatz abgewickelt, bedarf es keiner Einkünftekorrektur. Die mit der Verlagerung verbundene Gewinnrealisierung erfolgt auf der 1. Stufe der Gewinnermittlung, d. h. entsprechend § 4 Abs. 1 Satz 1 EStG nach dem Unterschiedsbetrag zwischen dem Betriebsvermögen am Schluss des Wirtschaftsjahres und dem Betriebsvermögen am Schluss des vorangegangenen Wirtschaftsjahres. Die Ermittlung erfolgt nach Bilanzrecht, also insbesondere unter Beachtung des Maßgeblichkeitsprinzips nach § 5 Abs. 1 EStG sowie der speziellen steuerlichen Bilanzierungs- und Bewertungsvorschriften.[49]

Ist dies nicht der Fall, kommt eine entsprechende Korrektur auf der 2. Stufe der Gewinnermittlung in Betracht.[50] Diese Korrekturen erfolgen ausnahmslos außerhalb der Steuerbilanz. Zu den Instrumentarien der Einkünftekorrektur auf der 2. Stufe gehören im Kapitalgesellschaftskonzern vor allem die verdeckte Gewinnausschüttung[51], die verdeckte Einlage[52] und § 1 AStG.[53] In den meisten Fällen (90 %) wird eine verdeckte Gewinnausschüttung, seltener (7 %) eine verdeckte Einlage und nur in Ausnahmefällen (3 %) der Tatbestand einer Korrektur nach § 1 AStG vorliegen.[54] Obwohl alle genannten Einkünftekorrekturnormen auf eine Gewinnrealisierung und insbesondere im außensteuerlichen Kontext auf eine ultima-ratio-Besteuerung gerichtet sind, gelten unterschiedliche Bemessungsgrundlagen, die vom Teilwert über den gemeinen Wert bis zum Drittfremdpreis reichen. Darüber hinaus werden von der Reichweite der einzelnen Einkünftekorrekturnorm teilweise nur Wirtschaftsgüter, mitunter aber auch Vermögens- und Nutzungsvorteile erfasst.[55]

---

49 Vgl. Bodenmüller, R. (2004), S. 51.
50 Vgl. Schaumberg, H. (2007), S. 14 f.; Wassermeyer, F. (2007), S. 535.
51 Vgl. § 8 Abs. 3 Satz 2 KStG.
52 Vgl. § 8 Abs. 1 KStG i. V. mit § 4 Abs. 1 EStG.
53 Vgl. Bernhardt, L. / Ham, S. / Kluge, S. (2007), S. 717.
54 Vgl. Wassermeyer, F. (2001), S. 633; Bernhardt, L. / Ham, S. / Kluge, S. (2007), S. 717.
55 Vgl. Schaumberg, H. (2007), S. 15.

Korrekturnorm	Bemessungsgrundlage	Reichweite
Verdeckte Gewinnausschüttung	Gemeiner Wert	Vermögensminderungen, verhinderte Vermögensmehrungen
Verdeckte Einlage	Teilwert	Wirtschaftsgüter
§ 1 AStG	Drittfremdpreis	Wirtschaftsgüter, Nutzungen, Leistungen, Vorteile

Abbildung 2: Unterschiede bei den Einkünftekorrekturnormen

Wegen dieser Unterschiede ist das Konkurrenzverhältnis der Einkünftekorrekturnormen sowohl für die Finanzverwaltung als auch für die Steuerpflichtigen von erheblicher Bedeutung. Bis zur Unternehmensteuerreform 2008 hat sich das Konkurrenzverhältnis des § 1 AStG zu anderen Vorschriften aus dem Sinn und Zweck der Vorschrift und im Übrigen aus der Auslegung der Worte "unbeschadet anderer Vorschriften" ergeben. Die Finanzverwaltung[56] folgerte hieraus, dass verdeckte Gewinnausschüttungen und verdeckte Einlagen grundsätzlich Vorrang vor § 1 AStG haben, wenn sowohl die Voraussetzungen des § 1 AStG als auch die eines der beiden anderen Rechtsinstitute erfüllt sind.[57] In der Literatur hingegen wurde das Konkurrenzverhältnis teils als Idealkonkurrenz, teils als Gesetzeskonkurrenz (lex specialis), teils als Auffangvorschrift und teils als ein Subsidiaritätsverhältnis charakterisiert.[58] Im Kern besagen die Theorien jedoch das Gleiche: "Es soll die aus Sicht der Finanzverwaltung jeweils weitergehende Korrekturmöglichkeit angewendet werden. Gehen zwei Einkünftekorrekturnormen gleich weit, tritt die aus § 1 [AStG] hinter der anderen zurück."[59] "Man kann die Vorschrift des § 1 [...] AStG daher auch als 'Auffüll-Vorschrift' bezeichnen."[60]

Im Rahmen des Unternehmensteuerreformgesetzes 2008 erfolgte eine gesetzliche Klarstellung der bislang umstrittenen Frage des Konkurrenzverhältnisses von § 1 AStG zu anderen Einkünftekorrekturnormen. Entsprechend § 1 Abs. 1 Satz 3 AStG ist eine Einkünftekorrektur nach § 1 AStG auf der Rechtsfolgenebene als nachrangige ergänzende Berichtigung zu qualifizieren. Führt die Anwendung des Fremdvergleichsgrundsatzes gemäß § 1 AStG zu weitergehenden Berichtigungen als andere Einkünftekorrekturnor-

56 Vgl. BMF vom 12. April 2005, BStBl. I S. 570, Tz. 4.3.3.
57 Vgl. Schaumberg, H. (2007), S. 16.
58 Vgl. Flick, H. / Wassermeyer, F. / Baumhoff, H. (2007), § 1 AStG Rz. 76 ff.; Reith, T. (2004), Rz. 10.25 ff.
59 Flick, H. / Wassermeyer, F. / Baumhoff, H. (2007), § 1 AStG Rz. 77.
60 Schreiber, R. (2007), S. 53.

men, sind die weitergehenden Berichtigungen neben den Rechtsfolgen der anderen Vorschriften durchzuführen.[61] Trotz der eigentlichen Nachrangigkeit des § 1 AStG gegenüber anderen Einkünftekorrekturnormen wird die Anwendung des § 1 AStG auf der Rechtsfolgenebene – quasi durch die Hintertür – wieder eingeführt, soweit dadurch eine weitergehende Einkünfteerhöhung ermöglicht wird.[62] Diese könnte z. B. auf den unterschiedlichen Bemessungsgrundlagen der Einkünftekorrekturnormen oder deren Reichweite beruhen. In Anbetracht dessen wird die Finanzverwaltung insbesondere im Bereich der Funktionsverlagerung regelmäßig eine zumindest weitergehende Berichtigung nach Maßgabe des § 1 AStG prüfen.

2.2 Vereinbarkeit mit internationalen Grundsätzen

Die Mitgliedstaaten der OECD haben sich auf internationale Verrechnungspreisgrundsätze geeinigt. Diese enthalten allerdings keine Aussagen zu Funktionsverlagerungen. Gegenstand der Verrechnungspreisgrundsätze ist allenfalls die Übertragung von immateriellen Wirtschaftsgütern. Derzeit bemüht sich die OECD, Regelungsvorschläge zur steuerlichen Erfassung von Funktionsverlagerungen zu erarbeiten. Ein erster Diskussionsentwurf liegt seit Herbst 2008 vor. Dieser lässt jedoch für die auf Deutschland bezogene Diskussion über die steuerliche Behandlung von Funktionsverlagerungen alle Fragen offen.[63] Konkrete Ergebnisse werden für das Frühjahr 2009 erwartet. Die Besteuerung von Funktionsverlagerungen ist ein "Konzept, das international einzigartig ist."[64] Der deutsche Gesetzgeber vollzieht einen nationalen Alleingang.[65]

Bereits vor Verabschiedung des Unternehmensteuerreformgesetzes 2008 stand die Regelung des § 1 AStG unter dem Generalverdacht des Verstoßes gegen die Niederlassungsfreiheit (Artikel 43 EG).[66] Dieser Vorwurf wird durch die Neuregelung der Besteuerung von Funktionsverlagerungen noch verstärkt.[67] Ursache ist, dass grenzüber-

61 Vgl. Gesetzentwurf BT-Drucksache 16/4841, S. 85; Strunk, G. / Kaminski, B. (2008), S. 211.
62 Vgl. Frischmuth, M. (2007c), S. 486.
63 Vgl. Franke, R. (2009), S. 6; Ditz, X. / Schneider, M. (2009), S. 25.
64 Welling, B. / Tiemann, K. (2008), S. 68. Vgl. Frotscher, G. (2008), S. 57.
65 Vgl. Kahle, H. (2007b), S. 654; Frotscher, G. (2008), S. 57.
66 Vgl. BFH vom 21. Juni 2001, I B 141/00.
67 Vgl. Endres, D. / Spengel, C. / Reister, T. (2007), S. 487; Kahle, H. (2007b), S. 657; Wassermeyer, F. (2007a), S. 537 ff.; Blumers, W. (2007), S. 1757; Frotscher, G. (2008), S. 57. A.A. Jahndorf, C. (2008), S. 109f.; Begründung zur FVerlV, BR-Drucksache 352/08, S. 9.

schreitende Funktionsverlagerungen gegenüber vergleichbaren Inlandssachverhalten schlechter gestellt werden. Im Gegensatz zu reinen Inlandssachverhalten werden bei grenzüberschreitenden Funktionsverlagerungen Gewinnchancen sowie ausländische Standortvorteile und Synergieeffekte in die Steuerbemessungsgrundlage einbezogen.

Unter erheblicher Kritik steht auch die Berücksichtigung des Territorialitätsprinzips.[68] Hintergrund ist, dass die ertragswertorientierte Bewertung einer Funktion gemäß § 1 Abs. 3 AStG unter Zugrundelegen der prognostizierten Gewinnpotenziale zur Besteuerung von Zukunftserträgen des übernehmenden Unternehmens führt.[69] Die Besteuerung des Gewinnpotenzials hat zur Folge, dass künftige Gewinne eines ausländischen Steuerrechtssubjekts besteuert werden, für die im Inland weder unbeschränkte noch beschränkte Steuerpflicht besteht.[70] Dies betrifft insbesondere ausländische Standortvorteile, die in die Bewertung des Gewinnpotenzials einfließen und in der Folge im Inland besteuert werden.[71] Damit erfolgt ein Eingriff in das Besteuerungsrecht des Sitzstaates des übernehmenden Rechtsträgers.[72] "Es geht nicht allein um die Realisierung unter deutscher Steuerjurisdiktion entstandener stiller Reserven, besteuert werden sollen zukünftige, im Ausland erst entstehende Gewinne [...]."[73] Mit anderen Worten werden im Ausland geschaffene Chancen, Risiken und sonstige Vorteile in die deutsche Besteuerungsgrundlage hereingezogen.[74] "Diese wären ohne die Funktionsverlagerung nicht angefallen und sind der deutschen Steuerjurisdiktion nicht zurechenbar; das Quellenprinzip wird verletzt."[75] Die Sicherstellung der Besteuerung in Deutschland geschaffener Werte mutiert zu einer Ausdehnung des Besteuerungsanspruchs auf Wertbestandteile, die im Ausland noch zu schaffen sind.[76] Vor diesem Hintergrund ist die Vereinbarkeit der Neuregelung mit dem Territorialitätsprinzip äußerst fraglich.[77] Eine Klärung wird durch die Rechtsprechung in den nächsten Jahren erfolgen müssen.

---

68 Vgl. Hey, J. (2007), S. 1308; Jahndorf, C. (2008), S. 111; Wassermeyer, F. (2008), S. 67; Looks, C. / Scholz, C. (2007), S. 2542.
69 Vgl. Blumers, W. (2007), S. 1760.
70 Vgl. Frotscher, G. (2008), S. 57; Jahndorf, C. (2008), S. 111.
71 Vgl. Welling, B. / Tiemann, K. (2008), S. 68. Ausführlich Tz. 4.3.3.4.
72 Vgl. Blumers, W. (2007), S. 1760.
73 Hey, J. (2007), S. 1308.
74 Vgl. Looks, C. / Scholz, C. (2007), S. 2542.
75 Kahle, H. (2007b), S. 654. Vgl. Frotscher, G. (2008), S. 53 f.
76 Vgl. Oestreicher, A. / Hundeshagen, C. (2008a), S. 1637.
77 A.A. Naumann, M. (2007), S. 205.

Nach heutigem Kenntnisstand ist zu befürchten, dass die Neuregelung über die Besteuerung von Funktionsverlagerung aufgrund dieser Problematiken zwingend zur Doppelbesteuerung führt. Der Sitzstaat des aufnehmenden Unternehmens wird das unabgestimmte Verhalten des deutschen Gesetzgebers zumindest nicht uneingeschränkt akzeptieren. Der Steuerpflichtige wird in diesen Fällen einer klassischen Doppelbesteuerung ausgesetzt. Diese könnte allenfalls dadurch vermieden werden, dass das in Deutschland besteuerte Gewinnpotenzial im Ausland steuermindernd zum Abzug gebracht werden könnte, was eine Aktivierung mit Abschreibungsmöglichkeit voraussetzen würde.[78] "Es ist jedoch nicht anzunehmen, dass der ausländische Staat dies zulässt."[79]

Insbesondere im Bereich der bestehenden Doppelbesteuerungsabkommen hat das verlagernde Unternehmen nur dann Anspruch auf eine korrespondierende Berichtigung im ausländischen Staat, wenn zwischen den beteiligten Staaten Konsens bezüglich des fremdüblichen Verrechnungspreises besteht.[80] Während Deutschland den Drittvergleichsgrundsatz nach Maßgabe des § 1 AStG beurteilen wird, wird sich der ausländische Staat auf das OECD-Musterabkommen bzw. die OECD-Verrechnungspreisrichtlinien berufen. Erhebliche Divergenzen ergeben sich vor allem beim hypothetischen Fremdvergleich betreffend die Mittelwertvermutung, betreffend die gesetzliche Preisanpassungsklausel sowie betreffend der Annahme, dass die für den Fremdvergleich herangezogenen Dritten alle wesentlichen Umstände der Geschäftsbeziehung kennen.[81] § 1 AStG schafft ein Sonderrecht, das mit dem OECD-Musterabkommen bzw. den OECD-Verrechnungspreisrichtlinien nicht zu vereinbaren ist.[82] Um die drohende Doppelbesteuerung zu vermeiden, sollte der Steuerpflichtige bilaterale Vorabzusagen (advance pricing agreements) einfordern.[83]

78 Vgl. Jahndorf, C. (2008), S. 111; Kahle, H. (2007b), S. 654.
79 Jahndorf, C. (2008), S. 111. Vgl. Kroppen, H. / Rasch, S. (2008), S. 549; Kroppen, H. / Rasch, S. / Eigelshoven, A. (2007), S. 321; Hey, J. (2007), S. 1307; Blumers, W. (2007), S. 1357. Ausführlich Tz. 3.3.1.
80 Vgl. Kahle, H. (2007b), S. 654.
81 Vgl. Jenzen, H. (2007), S. 3135; Kroppen, H. / Rasch, S. (2008), S. 549; Frotscher, G. (2008), S. 54 f.; Welling, B. / Tiemann, K. (2008), S. 68 f.
82 Vgl. Frotscher, G. (2008), S. 55.
83 Vgl. Waldens, S. (2007), S. 214; Endres, D. / Spengel, C. / Reister, T. (2007), S. 487; Kahle, H. (2007b), S. 654.

2.3 Begriff „Funktion“

§ 1 Abs. 3 Satz 9 AStG enthält eine gesetzliche Definition des Begriffs „Funktionsverlagerung“. Danach liegt eine Funktionsverlagerung vor, wenn eine Funktion einschließlich der dazugehörigen Chancen und Risiken und der mit übertragenen oder überlassenen Wirtschaftsgüter und sonstigen Vorteile verlagert wird. Der Begriff „Funktion“ selbst wird gesetzlich allerdings nicht definiert, obwohl dieser "Ausgangspunkt für die Besteuerung von Funktionsverlagerungen ist"[84]. "Diese Regelung grenzt an eine Tautologie, bleibt doch ungewiss, was unter einer Funktion zu verstehen ist."[85]

Entsprechend der Gesetzesbegründung ist eine Funktion als organischer Teil eines Unternehmens anzusehen, ohne dass ein Teilbetrieb im steuerlichen Sinne vorliegen muss.[86] Die Finanzverwaltung definiert eine Funktion nach der FVerlV als Zusammenfassung gleichartiger betrieblicher Aufgaben, die von bestimmten Stellen oder Abteilungen eines Unternehmens erledigt werden.[87] Die Teilbetriebsvoraussetzungen sind auch nach Auffassung der Finanzverwaltung nicht konstitutiv.[88] Allerdings muss eine Funktion über eine gewisse Eigenständigkeit verfügen, die es erlaubt, der Funktion bestimmte Erträge und Aufwendungen zuzuordnen.[89] Nach diesem Verständnis handelt es sich bei einer Funktion um einen betrieblichen Teilorganismus, also eine Gesamtheit von Wirtschaftsgütern.[90] "Beide Definitionen sind gleichermaßen weit wie nichtssagend."[91] Die gewählten Definitionen sind so unpräzise und umfassend, dass sich alles, was über die Verlagerung eines Wirtschaftsguts hinausgeht, unter den Begriff der Funktion subsumieren lässt.[92]

Unter Bezugnahme auf allgemeine betriebswirtschaftliche Erkenntnisse stellt eine Funktion ein Bündel aus mehreren Aufgaben dar und umfasst immer nur einen Teilbe-

84 Begründung zum Entwurf der FVerlagV vom 04. Juni 2007, S. 5.

85 Baumhoff, H. / Ditz, X. / Greinert, M. (2007b), S. 1650. Vgl. Wassermeyer, F. (2008), S. 67; Jahndorf, C. (2008), S. 104; Borstell, T. / Schäperclaus, J. (2008), S. 276; Wolter, H / Pitzal, C. (2008), S. 795; Frischmuth, M. (2008), S. 871.

86 Vgl. Gesetzentwurf BT-Drucksache 16/4841, S. 86.

87 Vgl. § 1 Abs. 1 Satz 1 FVerlV.

88 Vgl. § 1 Abs. 1 Satz 2 FVerlV.

89 Vgl. Begründung zur FVerlV, BR-Drucksache 352/08, S. 10.

90 Vgl. Frotscher, G. (2008), S. 52.

91 Wulf, M. (2007), S. 2283. Vgl. Kroppen, H. / Rasch, S. / Eigelshoven, A. (2007), S. 308.

92 Vgl. Bundessteuerberaterkammer (2007a), S. 2; Borstell, T. / Schäperclaus, J. (2008), S. 276.

reich der unternehmerischen Gesamtaufgabe ("Aufgabenbündel"[93]). Einzelne Funktionen sind das Ergebnis der Aufgabenteilung innerhalb eines Unternehmens und dienen der Erreichung des Unternehmensziels.[94] Danach kommen als Funktionen in Betracht: Geschäftsleitung, Materialbeschaffung, Produktion, Design, Verpackung, Vertrieb, Lagerhaltung, Montage, Bearbeitung von Produkten, Qualitätskontrolle, Finanzierung, Transport, Organisation, Verwaltung, Marketing, Werbung, Kundendienstforschung, Entwicklung etc.[95] Aber auch kleinere Dimensionen derartiger Aufgabenbündel können unter die Definition der Funktion subsumiert werden. So könnte beispielsweise eine Funktion nach diesem Verständnis nicht nur in der ‚Beschaffung' gesehen werden, sondern ebenso in der ‚Beschaffung von Vorprodukten' oder in der ‚Beschaffung eines spezifischen Vorprodukts für ein bestimmtes eigenes Produkt' usw. Führt man diesen Gedanken zu Ende, so erfüllt letztlich jede Zusammenfassung betrieblicher Tätigkeiten die Definition des Funktionsbegriffs.[96] Ein derart atomisierter Funktionsbegriff ist für Zwecke der Rechtsanwendung nicht praktikabel.[97] In der Praxis wird die Finanzverwaltung im Zweifel eine Funktion als gegeben ansehen.

Der Tatbestand der Funktionsverlagerung erfordert, dass eine bereits ausgeführte Tätigkeit vollständig oder zumindest teilweise an einem anderen Ort ausgeübt wird.[98] Die verlagerte Funktion muss im Inland eingestellt oder zumindest reduziert werden.[99] Nach der FVerlV liegt eine Funktionsverlagerung vor, wenn ein Unternehmen (das verlagernde Unternehmen) einem anderen, nahe stehenden Unternehmen (das übernehmende Unternehmen) Wirtschaftsgüter und sonstige Vorteile sowie damit verbundene Chancen und Risiken überträgt oder zur Nutzung überlässt, damit das übernehmende Unternehmen eine Funktion ausüben kann, die bisher von dem verlagernden Unternehmen ausgeübt worden ist, und dadurch die Ausübung der betreffenden Funktion durch das ver-

93 Borstell, T. / Schäperclaus, J. (2008), S. 276.

94 Vgl. Gabler (2000), S. 1168; Baumhoff, H. / Ditz, X. / Greinert, M. (2007b), S. 1650; Blumers, W. (2007), S. 1757.

95 Vgl. Rödder, T. (2007b), S. 15; Richter, A. / Welling, B. (2008), S. 72; Frotscher, G. (2008), S. 50; Schwenke, M. (2007), S. 4; Günter, S. (2007), S. 1083.

96 A.A. Wolter, H / Pitzal, C. (2008), S. 796.

97 Vgl. Borstell, T. / Schäperclaus, J. (2008), S. 276.

98 Vgl. Wassermeyer, F. / Andresen, U. / Ditz, X. (2006), Rz. 4.3; Frotscher, G. (2007b), S. 2; Günter, S. (2007), S. 1083.

99 Vgl. Begründung zur FVerlV, BR-Drucksache 352/08, S. 11; Baumhoff, H. / Ditz, X. / Greinert, M. (2007b), S. 1650.

lagernde Unternehmen eingeschränkt wird.[100] Dies gilt auch in Fällen nur zeitweiser Übertragung einer Funktion.[101]

Konstitutives Merkmal einer Funktionsverlagerung ist die Übertragung der Funktion. Eine Übertragung liegt grundsätzlich dann vor, wenn das wirtschaftliche Eigentum übergegangen ist.[102] Zur Klärung dieser Frage wird nach allgemeinem Verständnis darauf abgestellt, wer nach dem Gesamtbild der Umstände Besitz, Gefahr, Nutzen und Lasten trägt.[103] Bestehen Zweifel ist nach der FVerlV von einer Nutzungsüberlassung auszugehen.[104] Insofern hat der Steuerpflichtige faktisch ein Wahlrecht zwischen sofortiger und vollständiger Aufdeckung der stillen Reserven, die auf die Funktion entfallen, und einer Nutzungsüberlassung des Verlagerungspotenzials mit der Folge der Lizenzierung.[105]

Abzugrenzen von Funktionsverlagerungen sind Vorgänge, bei denen nur Wirtschaftsgüter veräußert oder zur Nutzung überlassen werden oder wenn nur Dienstleistungen erbracht werden, es sei denn, diese Geschäftsvorfälle sind Teil einer Funktionsverlagerung.[106] Dasselbe gilt für Vorgänge, die formal den Tatbestand einer Funktionsverlagerung erfüllen, aber tatsächlich lediglich entsprechend dem Fremdvergleichsgrundsatz abgewickelt werden (z. B. fristgerechte Kündigung, Auslaufen einer Vertragsbeziehung) und deshalb von voneinander unabhängigen Dritten nicht als Funktionsverlagerung angesehen würden.[107] Ferner wird auch die Personalentsendung im Konzern regelmäßig nicht als Funktionsverlagerung zu besteuern sein.[108] Eine andere Beurteilung kann sich jedoch in Fällen ergeben, in denen das entsandte Personal seinen bisherigen Zuständigkeitsbereich aus dem entsendenden Unternehmen mitnimmt und nach der Entsendung im aufnehmenden Unternehmen die gleiche Tätigkeit ausübt und in Folge dessen Wirtschaftsgüter und Vorteile übertragen oder zur Nutzung überlassen werden bzw.

---

100 Vgl. § 1 Abs. 2 Satz 1 FVerlV.

101 Vgl. § 1 Abs. 2 Satz 2 FVerlV.

102 Vgl. BFH vom 12. September 1991, III R 233/90; BFH vom 11. Juni 1997, XI R 77/96; BFH vom 26. Januar 1970, IV R 144/66; BFH vom 27. September 1988, VII R 193/83.

103 Vgl. Baumhoff, H. / Ditz, X. / Greinert, M. (2007b), S. 1653.

104 Vgl. § 4 Abs. 2 FVerlV.

105 Vgl. Ditz, X. (2008), S. 105-110; Baumhoff, H. (2007), S. 151; Begründung zur FVerlV, BR-Drucksache 352/08, S. 20. Ausführlich Tz. 1.2.

106 Vgl. § 1 Abs. 7 Satz 1 FVerlV.

107 Vgl. Begründung zur FVerlV, BR-Drucksache 352/08, S. 15.

108 Vgl. § 1 Abs. 7 Satz 2 FVerlV.

Chancen und Risiken übergehen.[109] Weder eine Personalentsendung noch eine Funktionsverlagerung liegt vor, wenn Personal eines Unternehmens lediglich eine Dienstleistung gegenüber einem nahe stehenden Unternehmen erbringt, für die als solche ein fremdüblicher Verrechnungspreis zu ermitteln ist, ohne dass Chancen und Risiken des auf das nahe stehende Unternehmen übergehen.[110]

Einzelne Geschäftsvorfälle, die isoliert betrachtet keine Funktionsverlagerung darstellen würden, können nach der FVerlV zu einer Funktionsverlagerung zusammengefasst werden. Es kommt eine veranlagungszeitraumbezogene 5-Jahres-Beobachtungsfrist zur Anwendung.[111] Eine Funktionsverlagerung ist erst zu dem Zeitpunkt verwirklicht, zu dem sämtliche Voraussetzungen einer Funktionsverlagerung durch gemeinsame Verwirklichung wirtschaftlich erfüllt sind, d. h. eine "rückwirkende Funktionsverlagerung"[112] findet nicht statt. Erfasst werden sollen nach Auffassung der Finanzverwaltung Mißbrauchsfälle, in denen eine Funktionsverlagerung stufenweise über mehrere Jahre vollzogen wird.[113]

Nach allgemeinem Verständnis können Funktionsverlagerungen die folgenden Ausprägungen annehmen:[114]

1) Funktionsausgliederung

   Als Funktionsausgliederung wird die vollständige Übertragung einer Funktion einschließlich aller Ertragschancen und -risiken sowie Entscheidungskompetenzen vom Inland ins Ausland angesehen. Dabei geht regelmäßig auch das Eigentum an den für die Funktionsausübung erforderlichen Wirtschaftsgütern auf das aufnehmende Unternehmen über.

109 Vgl. § 1 Abs. 7 Satz 2 FVerlV; Begründung zur FVerlV, BR-Drucksache 352/08, S. 14.
110 Vgl. Begründung zur FVerlV, BR-Drucksache 352/08, S. 14 f.
111 Vgl. § 1 Abs. 2 Satz 3 FVerlV.
112 Begründung zur FVerlV, BR-Drucksache 352/08, S. 11.
113 Vgl. Begründung zur FVerlV, BR-Drucksache 352/08, S. 11.
114 Vgl. Schaumberg, H. (2007), S. 28 ff.; Baumhoff, H. / Ditz, X. / Greinert, M. (2007b), S. 1650; Kroppen, H. / Rasch, S. / Eigelshoven, A. (2007), S. 308; Frischmuth, M. (2007a), S. 387; Freytag, U. (2007), S. 241; Kahle, H. (2007b), S. 648; Jenzen, H. (2007), S. 3121 ff.; Schreiber, R. (2007), S. 43; Frotscher, G. (2008), S. 50; Frotscher, G. (2007b), S. 2; Günter, S. (2007), S. 1083; Jahndorf, C. (2008), S. 101 f.

2) Funktionsabschmelzung

Die Verminderung von unternehmerischen Funktionen, die darauf gerichtet ist, den Tätigkeitsbereich im Inland einzuschränken, wird als Funktionsabschmelzung bezeichnet. Im Gegensatz zur Funktionsausgliederung wird lediglich ein Teil einer Funktion mit allen damit verbundenen Ertragschancen und -risiken sowie Entscheidungskompetenzen übertragen.

3) Funktionsabspaltung

Bei der Funktionsabspaltung geht es im Wesentlichen um die Übertragung einer (Teil-)Funktion der Wertschöpfungskette unter Beibehaltung der wesentlichen Ertragschancen und -risiken im Inland. Übertragen wird nur ein Teil der betrieblichen Aufgabe. Chancen und Risiken verbleiben beim verlagernden Unternehmen. Die für die Funktionsausübung erforderlichen materiellen und immateriellen Wirtschaftsgüter werden in der Regel unentgeltlich beigestellt oder entgeltlich zur Nutzung überlassen.

4) Funktionsverdoppelung (bzw. -vervielfältigung)

Mit der Funktionsverdoppelung sind Fälle angesprochen, in denen parallel zu den bereits im inländischen Unternehmen ausgeübten Funktionen im Ausland neue gleichlaufende Funktionen unter Nutzung von inländischen Wirtschaftsgütern und Vorteilen aufgebaut werden. Die inländische Betätigung wird ohne Einschränkung fortgeführt.

Während die Funktionsausgliederung und die Funktionsabschmelzung zweifelsfrei als Funktionsverlagerungen i. S. des § 1 Abs. 3 Satz 9 AStG zu beurteilen sind, ist bei einer Funktionsabspaltung keine Funktionsverlagerung im engeren Sinne gegeben.[115] "Denn die im Zusammenhang mit der Funktion stehenden Chancen und Risiken verbleiben bei dem inländischen Unternehmen. Insofern vereinnahmt das inländische Unternehmen das entsprechende Gewinnpotenzial weiterhin."[116] Dies bestätigt die Finanzverwaltung in der FVerlV jedoch nur insoweit, dass keine Gesamtbewertung per Transferpaket er-

[115] Vgl. Rödder, T. (2007b), S. 16; Baumhoff, H. / Ditz, X. / Greinert, M. (2007b), S. 1650; Frischmuth, M. (2007a), S. 387 f.; Welling, B. / Tiemann, K. (2008), S. 70; Günter, S. (2007), S. 1083; Jahndorf, C. (2008), S. 106.

[116] Baumhoff, H. / Ditz, X. / Greinert, M. (2007b), S. 1650.

folgt, sondern eine Einzelbewertung zugelassen wird, wenn das übernehmende Unternehmen die übergehende Funktion ausschließlich gegenüber dem verlagernden Unternehmen ausübt und das Entgelt, das für die Ausübung der Funktion und die Erbringung der entsprechenden Leistung anzusetzen ist, nach der Kostenaufschlagsmethode zu ermitteln ist.[117] Dies betrifft im Wesentlichen Unternehmen mit Routinefunktionen (z. B. Auftragsfertigung, verlängerte Werkbank).[118] Eine Rückausnahme kommt zur Anwendung, wenn das übernehmende Unternehmen vom verlagernden Unternehmen ursprünglich unentgeltlich zur Verfügung gestellte Wirtschaftsgüter und Vorteile auch für Leistungen gegenüber unabhängigen Dritten und/oder anderen nahe stehenden Unternehmen verwendet und für diese Leistungen Marktpreise erzielt oder nach dem Fremdvergleichsgrundsatz erzielen müsste, die regelmäßig höher sind als das nach der Kostenaufschlagsmethode berechnete Entgelt.[119] In diesen Fällen ist zum Zeitpunkt der erstmaligen Erbringung gegenüber anderen Unternehmen eine Gesamtbewertung per Transferpaket vorzunehmen. "Damit wird deutlich, dass eine (Dienst-)Leistung solange keine Funktion sein kann, wie sie nur gegenüber einem Konzernunternehmen erbracht werden kann, da die Lebensfähigkeit des Aufgabenträgers von dieser singulären Geschäftsbeziehung abhängt."[120]

Auch Funktionsverdoppelungen können nach herrschender Meinung nicht unter die Funktionsverlagerungen i. S. des § 1 Abs. 3 Satz 9 AStG subsumiert werden.[121] Im Gesetz heißt es ausdrücklich „verlagert“. Eine Verlagerung findet bei Funktionsverdoppelungen allerdings nicht statt, da die Chancen und Risiken weiterhin im Inland verbleiben.[122] Insofern hat die Finanzverwaltung in dem ersten Entwurf der FVerlV einen "Regelbruch"[123] begangen, da die Grundsätze für die Besteuerung von Funktionsverlage-

117 Vgl. § 2 Abs. 2 Satz 1 FVerlV; Rödder, T. (2007b), S. 16; Baumhoff, H. / Ditz, X. / Greinert, M. (2007b), S. 1650.
118 Vgl. Kroppen, H. / Rasch, S. (2008), S. 555.
119 Vgl. § 2 Abs. 2 Satz 2 FVerlV.
120 Borstell, T. / Schäperclaus, J. (2008), S. 280 f.
121 Vgl. Kahle, H. (2007b), S. 648; Rödder, T. (2007b), S. 16; Baumhoff, H. / Ditz, X. / Greinert, M. (2007b), S. 1650; Bundessteuerberaterkammer (2007a), S. 3; Jenzen, H. (2007), S. 3122; Frischmuth, M. (2007a), S. 387; Frischmuth, M. (2007d), S. 909 ff.; Frotscher, G. (2008), S. 50 f.; Welling, B. / Tiemann, K. (2008), S. 70; Richter, A. / Welling, B. (2008), S. 73; Ohne Verfasser (2008), S. 41; Schwenke, M. (2007), S. 12 f.; Frotscher, G. (2007a), S. 3; Günter, S. (2007), S. 1083; Jahndorf, C. (2008), S. 106; Kroppen, H. / Rasch, S. (2008), S. 551.
122 Vgl. BT-Drucksache 16/8027, Tz. 9 f.
123 Frischmuth, M. (2007a), S. 387.

rungen auch auf Funktionsverdoppelungen angewendet werden sollten.[124] Dabei wollte sich die Finanzverwaltung offensichtlich auf die Ermächtigungsgrundlage des § 1 Abs. 3 Satz 13 AStG berufen, da sich im Gesetzeswortlaut selbst keine Rechtsgrundlage für die Besteuerung von Funktionsverdoppelungen findet.[125] Aus Sicht der Finanzverwaltung war die entsprechende Anwendung erforderlich, "weil Funktionsverdoppelungen mit Funktionsverlagerungen wirtschaftlich vergleichbar sind und es betriebswirtschaftlich auch für die Verrechnungspreisbestimmung von Funktionsverdoppelungen auf die Gewinnaussichten (Investitionsrechnung) der beteiligten Unternehmen ankommt. Würden Fälle von Funktionsverdoppelungen nicht in gleicher Weise erfasst wie Funktionsverlagerungen, bestünde die Möglichkeit, die Mehrzahl von Funktionsverlagerungen als Funktionsverdoppelungen darzustellen, um insbesondere die Transferpaketbetrachtung zu Unrecht im Ansatz zu vermeiden."[126]

In der vom Bundesrat verabschiedeten Fassung der FVerlV hat die Finanzverwaltung diese Auffassung zur Behandlung von Funktionsverdoppelungen revidiert. Mangels Einschränkung der Funktion beim bisher ausübenden Unternehmen soll der Tatbestand der Funktionsverlagerung nunmehr in Fällen der Funktionsverdoppelung nicht erfüllt sein.[127] Der sachliche Unterschied zu Funktionsverlagerungen hinsichtlich der Bestimmung der Verrechnungspreise besteht nach der geänderten Auffassung der Finanzverwaltung darin, dass die Summe der Einzelpreise der übertragenen bzw. zur Nutzung überlassenen Wirtschaftsgüter und Vorteile und der erbrachten Dienstleistungen dem Preis für das Transferpaket entspricht.[128] Die Finanzverwaltung hat sich somit der herrschenden Meinung angeschlossen.

Zur Vermeidung von Mißbrauchsfällen, bei denen in engem zeitlichen Zusammenhang mit einer Funktionsverdoppelung Geschäftsvorfälle stattfinden, die zu einer Einschränkung der bisher ausgeübten Funktion führen, wird die Finanzverwaltung eine fünfjährige Überwachung durchführen.[129] Mit anderen Worten wird eine ursprünglich angenommene Funktionsverdoppelung zu einer Funktionsverlagerung mit Gesamtbewertung

[124] Vgl. § 1 Abs. 4 Satz 2 FVerlagV-E vom 04. Juni 2007.
[125] Vgl. Bundessteuerberaterkammer (2007a), S. 3.
[126] Begründung zum Entwurf der FVerlagV vom 04. Juni 2007, S. 7.
[127] Vgl. § 1 Abs. 6 Satz 1 FVerlV.
[128] Vgl. Begründung zur FVerlV, BR-Drucksache 352/08, S. 13.
[129] Vgl. Schwenke, M. (2008), S. 105-110.

per Transferpaket umqualifiziert, wenn Geschäftsvorfälle innerhalb von 5 Jahren nach Aufnahme der Funktion durch das nahe stehende Unternehmen zu einer Einschränkung der bisher ausgeübten Funktion führen.[130] Diese Umqualifikation erfolgt nicht rückwirkend, sondern zum Zeitpunkt der Einschränkung der bisher ausgeübten Funktion. Eine Ausnahme gilt, wenn der Steuerpflichtige glaubhaft macht, dass die Einschränkung der bisher ausgeübten Funktion nicht in unmittelbarem wirtschaftlichen Zusammenhang mit der Funktionsverdoppelung steht.[131] Die Glaubhaftmachung erfordert eine plausible Darlegung aller tatsächlichen, objektiven Umstände.[132]

2.4 Stufenverhältnis des § 1 Abs. 3 AStG

In § 1 Abs. 3 AStG hat der Gesetzgeber eine Reihenfolge hinsichtlich der Anwendung der Verrechnungspreismethoden kodifiziert. Diese ist uneingeschränkt auf Funktionsverlagerungen anzuwenden. Es gilt das folgende Stufenverhältnis:

1. Stufe: Konkrete **uneingeschränkt** vergleichbare Fremdvergleichspreise (§ 1 Abs. 3 Satz 1 AStG)

⇩

2. Stufe: Konkrete **eingeschränkt** vergleichbare Fremdvergleichspreise (§ 1 Abs. 3 Satz 2 AStG)

⇩

3. Stufe: **Hypothetische** Fremdvergleichspreise (§ 1 Abs. 3 Sätze 5 ff. AStG)

Abbildung 3: Das Stufenverhältnis des § 1 Abs. 3 AStG

Der maßgebliche Verrechungspreis soll nach der Vorstellung des Gesetzgebers vorrangig anhand der sogenannten Standardmethoden (Preisvergleichsmethode, Wiederverkaufspreismethode, Kostenaufschlagsmethode) bestimmt werden. Dies setzt allerdings voraus, dass sich Fremdvergleichswerte ermitteln lassen, die nach Vornahme sachgerechter Anpassungen im Hinblick auf die ausgeübten Funktionen, die eingesetzten Wirtschaftsgüter und die übernommenen Chancen und Risiken (Funktionsanalyse) für diese Methoden uneingeschränkt vergleichbar sind. Uneingeschränkte Vergleichbarkeit wird

130 Vgl. § 1 Abs. 6 Satz 2 FVerlV.

131 Vgl. § 1 Abs. 6 Satz 2 FVerlV.

132 Vgl. Begründung zur FVerlV, BR-Drucksache 352/08, S. 14.

von der Finanzverwaltung allerdings sehr eng definiert.[133] Diese ist gegeben, wenn die Geschäftsbedingungen identisch sind oder Unterschiede bei den Geschäftsbedingungen keine wesentlichen Auswirkungen auf die Preisgestaltung haben oder Unterschiede in den Geschäftsbedingungen durch hinreichend genaue Anpassungen beseitigt worden sind. Eine Vergleichbarkeit ist ausgeschlossen, wenn spezielle, besonders wertvolle immaterielle Wirtschaftsgüter von Bedeutung sind oder sich die maßgeblichen Funktionen und Risiken erheblich unterscheiden.[134] Die Anwendung des uneingeschränkten Fremdvergleichs wird sich daher auf homogene Wirtschaftsgüter beschränken und im Bereich von Funktionsverlagerungen praktisch keine Anwendung finden.[135] Sofern mehrere Fremdvergleichswerte identifiziert werden können, bilden diese eine Bandbreite. "Der Steuerpflichtige darf also den aus seiner Sicht vorteilhaftesten Wert als Verrechnungspreis ansetzen."[136]

"In allen Fällen, in denen keine uneingeschränkt vergleichbaren Werte ermittelt werden können, wird vom Steuerpflichtigen gefordert, eingeschränkt vergleichbare Fremdvergleichswerte [...] für die Anwendung einer geeigneten Verrechnungspreismethode zu verwenden."[137] Bei diesen sind sachgerechte Anpassungen vorzunehmen. Eine sich ergebende Bandbreite von eingeschränkt vergleichbaren Fremdvergleichspreisen ist nach § 1 Abs. 3 Satz 3 AStG einzuengen. Die Einengung ist entsprechend den Verwaltungsgrundsätzen[138] vorzunehmen.[139] Insofern erfolgt die Einengung der Bandbreite insbesondere nach Maßgabe der Interquartils-Methode.[140] Dabei wird sowohl das untere als auch das obere Viertel der ermittelten Preisbandbreite ausgeblendet. Innerhalb der eingeengten Bandbreite kann der Steuerpflichtige – ebenso wie beim uneingeschränkten Fremdvergleich – den aus seiner Sicht vorteilhaftesten Wert ansetzen.

Liegt der vom Steuerpflichtigen angesetzte Verrechnungspreis allerdings beim uneingeschränkten außerhalb der maßgeblichen Bandbreite respektive beim eingeschränkten Fremdvergleich außerhalb der maßgeblichen eingeengten Bandbreite ist nach § 1 Abs. 3

133 Vgl. BMF vom 12. April 2005, BStBl. I S. 570, Tz. 3.4.12.7.
134 Vgl. BMF vom 12. April 2005, BStBl. I S. 570, Tz. 3.4.12.7.
135 Vgl. Rödder, T. (2007b), S. 14; Baumhoff, H. / Ditz, X. / Greinert, M. (2007a), S. 1463.
136 Baumhoff, H. / Ditz, X. / Greinert, M. (2007a), S. 1463.
137 Gesetzentwurf BT-Drucksache 16/4841, S. 85.
138 Vgl. BMF vom 12. April 2005, BStBl. I S. 570.
139 Vgl. Gesetzentwurf BT-Drucksache 16/4841, S. 85.
140 Vgl. Rödder, T. (2007b), S. 14; Baumhoff, H. / Ditz, X. / Greinert, M. (2007a), S. 1463.

Satz 4 AStG eine Korrektur auf den Median vorzunehmen. Bei diesem rein statistischen Begriff handelt es sich um einen speziellen Mittelwert und zwar den Merkmalswert, der die kleineren 50 % von den größeren 50 % der Werte trennt.[141] Eine Korrektur auf den aus Sicht des Steuerpflichtigen vorteilhaftesten Wert ist somit ausgeschlossen, obwohl jeder Wert innerhalb der maßgeblichen Bandbreite fremdvergleichskonform ist.[142] Entsprechend der Gesetzesbegründung "könnte das deutsche Besteuerungsrecht [ansonsten] ohne sachliche Begründung ungerechtfertigt zugunsten der ausländischen Besteuerung geschmälert werden"[143].

Der hypothetische Fremdvergleich kommt nur zur Anwendung, wenn ein konkreter Fremdvergleich mit uneingeschränkt oder eingeschränkt vergleichbaren Fremdvergleichspreisen nicht durchgeführt werden kann. Wenn also bei einer Funktionsverlagerung Fremdvergleichswerte verfügbar sind, dann liegt systematisch ein Anwendungsfall des konkreten (un-)eingeschränkten Fremdvergleichs vor.[144] Für die Anwendung des hypothetischen Fremdvergleichs verbleibt kein Raum.[145] "Allerdings zeigt die praktische Erfahrung, dass hierfür benötigte empirische Daten aus Vergleichstransaktionen häufig nicht vorliegen."[146] In der Praxis wird man sich mangels Fremdvergleichswerten für Funktionsverlagerungen zwangsläufig im Bereich der hypothetischen Fremdvergleichsbetrachtung befinden. "Eine denkbare Ausnahme wäre der (eher theoretische) Fall, dass eine unternehmerische Funktion sowohl an nahe stehende wie an fremde Unternehmen unter vergleichbaren Bedingungen übertragen wird."[147]

Der hypothetische Fremdvergleich stellt eine Simulation des Preisbildungsprozesses dar.[148] "Bei diesem 'Denkmodell' wird basierend auf den tatsächlichen Umständen eines Geschäftsvorfalls fingiert, welche Bedingungen fremde Dritte für die fragliche Transaktion zugrunde gelegt hätten."[149] Bezugspunkt dieser Simulation ist die Rechtsfigur des

141 Vgl. Gabler (2000), S. 2090.
142 Vgl. Freytag, U. (2007), S. 239.
143 Gesetzentwurf BT-Drucksache 16/4841, S. 85.
144 Vgl. Frotscher, G. (2007b), S. 1.
145 Vgl. Kahle, H. (2007b), S. 649.
146 Scholz, M. (2007), S. 521. Vgl. Günter, S. (2007), S. 1084; Jahndorf, C. (2008), S. 107; Bernhardt, L. / Ham, S. / Kluge, S. (2008b), S. 845. A.A. Baumhoff, H. / Ditz, X. / Greinert, M. (2008), S. 1948.
147 Baumhoff, H. (2007), S. 131.
148 Vgl. Gesetzentwurf BT-Drucksache 16/4841, S. 85.
149 Freytag, U. (2007), S. 240.

ordentlichen und gewissenhaften Geschäftsleiters. Aufgrund der großen Bedeutung des hypothetischen Fremdvergleichs im Bereich der Funktionsverlagerung wird dieser ausführlich an späterer Stelle behandelt.[150]

[150] Siehe Tz. 4.

3 Entscheidung über eine Funktionsverlagerung

3.1 Entscheidungsmodell

Im Vorfeld einer Funktionsverlagerung wird sich ein rational handelnder Entscheidungsträger eines investitionstheoretischen Kalküls bedienen, um keine Fehlentscheidung zu treffen.[151] Dieses Kalkül muss wegen der Entscheidungsrelevanz der Besteuerung alle bei der Funktionsverlagerung auftretenden Steuerwirkungen berücksichtigen. Insbesondere betrifft dies die Besteuerung der Funktionsverlagerung im Inland auf der Grundlage des § 1 AStG und das dadurch begründete Abschreibungspotenzial im Ausland.[152] Darüber hinaus ist die Integration der Anteilseignerebene erforderlich, um die auftretenden Besteuerungsebenen vollständig abzubilden.[153]

Dem Entscheidungsmodell liegt eine Struktur zugrunde, bei der eine im Inland unbeschränkt steuerpflichtige natürliche Person unmittelbar Alleingesellschafter einer im Inland unbeschränkt steuerpflichtigen Mutter-Kapitalgesellschaft ist. Die Mutter-Kapitalgesellschaft hält sämtliche Anteile an einer (bereits bestehenden) Tochter-Kapitalgesellschaft, die Sitz und Geschäftsleitung im Ausland unterhält und folglich nicht der unbeschränkten Steuerpflicht im Inland unterliegt. Gegenüber der Mutter-Kapitalgesellschaft entfaltet die Tochter-Kapitalgesellschaft eine steuerliche Abschirmwirkung, d. h. ein Fall der Hinzurechnungsbesteuerung nach den §§ 7-14 AStG liegt annahmegemäß nicht vor. Auch Fälle des Missbrauchs von rechtlichen Gestaltungsmöglichkeiten im Sinne von § 42 AO werden nicht berücksichtigt.

---

151 Vgl. Serg, O. (2006), S. 225.

152 Vgl. Looks, C. / Scholz, C. (2007), S. 2541.

153 Vgl. Drukarczyk, J. (2003), S. 45; IDW-Prüfungsstandard S1; Wagner, F.W. (1999a), S.67 ff.; Looks, C. / Scholz, C. (2007), S. 2544; Günter, S. (2007), S.1086.

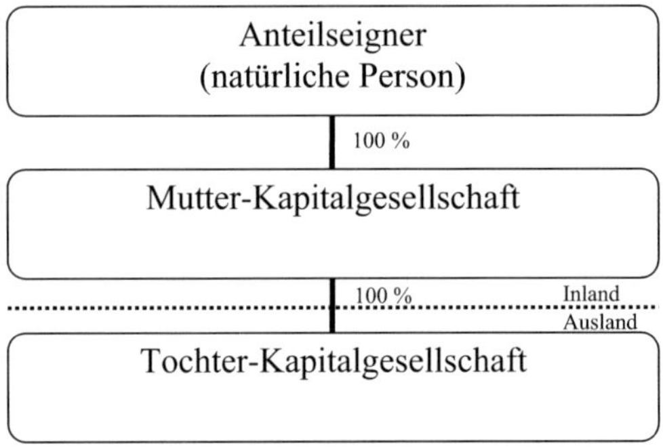

Abbildung 4: Struktur des Entscheidungsmodells

Im Rahmen des Entscheidungsmodells werden Ertragswerte ermittelt. Dem Ertragswert bei weiterer Ausübung der Funktion in der Mutter-Kapitalgesellschaft wird der Ertragswert bei Verlagerung der Funktion auf die Tochter-Kapitalgesellschaft gegenüber gestellt. Dabei entspricht der Planungshorizont der (endlichen) Funktionslebensdauer, da eine Kapitalisierung auf Basis der ewigen Rente "unangemessen"[154], "praxisfern"[155], "unrealistisch und nicht fremdvergleichskonform"[156] wäre. Ursache ist, dass bei Funktionen i. S. des § 1 AStG zeitliche Aspekte wie z. B. Produktlebenszyklen, Absatzmarktentwicklungen und Bedarfswandlungen am Markt eine besondere Rolle spielen.[157] Auch die herrschende Meinung schlägt bei der Bewertung von Funktionen einen endlichen Planungshorizont vor.[158]

Die Ertragswerte enthalten jeweils nur die Cash-Flows der betrachteten Funktion. Insofern handelt es sich bezogen auf ein Unternehmen um eine isolierende Betrachtung der betreffenden Funktion. Eine Funktionsverlagerung wird nur stattfinden, wenn der Ertragswert bei Funktionsverlagerung den Ertragswert bei weiterer Ausübung der Funktion in der Mutter-Kapitalgesellschaft übersteigt.

154 Jenzen, H. (2007), S. 3126.
155 Jenzen, H. (2007), S. 3126.
156 Baumhoff, H. (2007), S. 134.
157 Vgl. Baumhoff, H. (2007), S. 134 f.
158 Vgl. Flick, H. / Wassermeyer, F. / Baumhoff, H. (2007), § 1 AStG Rz. 593 und 600.1; Jenzen, H. (2007), S. 3126; Baumhoff, H. (2007), S. 134; Baumhoff, H. / Ditz, X. / Greinert, M. (2007b), S. 1653; Kuckhoff, H. / Schreiber, R. (1999a), S. 328; Bodenmüller, R. (2004), S. 204 ff.

Im ersten Schritt der Untersuchung wird ein Standardmodell für die Entscheidung über eine Funktionsverlagerung entwickelt. Dieses soll eine idealtypische Entscheidungssituation abbilden und ist folglich mit vergleichsweise restriktiven Modellprämissen ausgestaltet. Ausgehend vom Standardmodell werden in weiteren Schritten Modellvarianten (Bewertungs-, Verlust- und Finanzierungsmodell) erarbeitet. Dabei werden die Modellprämissen des Standardmodells teilweise aufgegeben bzw. modifiziert, um speziellen Entscheidungssituationen Rechnung zu tragen. Der Verrechnungspreis für die verlagerte Funktion wird jeweils exogen vorgegeben.[159]

3.2 Standardmodell

3.2.1 Prämissen des Standardmodells

Im Folgenden werden die Modellprämissen, die dem Standardmodell zugrunde liegen, dargestellt und erläutert:

<u>Positive Periodengewinne</u>

Die Prämisse der positiven Periodengewinne erstreckt sich sowohl auf die Mutter- als auch auf die Tochterkapitalgesellschaft. Ausgeschlossen werden Verlustsituationen, die zu handelsrechtlichen Ausschüttungsrestriktionen führen können, sowie die Thematik der steuerlichen Verlustverrechnung. Entsteht in einer Periode aus der betrachteten Funktion ein Verlust, sind somit annahmegemäß Gewinne aus anderen Unternehmensbereichen vorhanden, die den Verlust aus der betrachteten Funktion überkompensieren.

<u>Zahlungsgleiche Gewinne</u>

Die Gewinne aus der Funktion entsprechen den Cash-Flows. Einzige nicht zahlungsgleiche Gewinnkomponente ist annahmegemäß die Abschreibung des Funktionsverrechnungspreises[160] in der Tochter-Kapitalgesellschaft. Der Verrechnungspreis wird im Ausland bei der Tochter-Kapitalgesellschaft in vollem Umfang steuerlich anerkannt. Die Abschreibung erfolgt linear über die Funktionslebensdauer n.

---

[159] Zur Konkretisierung des Funktionsverrechnungspreises siehe Tz. 4.

[160] Vgl. § 1 Abs. 3 AStG.

Vollkommener Kapitalmarkt

Der vollkommene Kapitalmarkt ist eine der grundlegenden Annahmen für viele in der Investitions- und Finanzierungstheorie wichtige Modelle wie beispielsweise das Capital Asset Pricing Model[161], die Arbitrage Pricing Theory[162] und das Modigliani-Miller-Theorem[163]. Ein Kapitalmarkt gilt dann als vollkommen, wenn die folgenden Bedingungen erfüllt sind:

1) Homogene Erwartungen und Rationalverhalten: Alle Marktteilnehmer treffen ihre individuellen Entscheidungen aufgrund der gleichen, allgemein bekannten Erwartungen über die Zukunft.

2) Mengenanpassungsverhalten: Der Preis für jeden Zahlungsstrom ist gleich, unabhängig davon, ob die Wirtschaftssubjekte als Käufer oder Verkäufer auftreten. Daraus folgt, dass Soll- und Habenzinssätze identisch sind. Kredite stehen in unbegrenzter Höhe zur Verfügung.

3) Transaktionskostenlosigkeit: Die Benutzung des Marktes durch die Wirtschaftssubjekte löst keine Transaktionskosten aus.

Aus diesen Bedingungen folgt, dass ein gleichgewichtiger vollkommener Kapitalmarkt keine Möglichkeit der Arbitrage bietet, er ist arbitragefrei. Auf dem Kapitalmarkt kommt ein allgemeiner Zinssatz i für alle Transaktionen zur Anwendung.

Eigenfinanzierung der Steuerbelastung durch die Funktionsverlagerung

Bei der Verlagerung einer Funktion auf die Tochter-Kapitalgesellschaft entsteht nach Maßgabe des § 1 AStG eine Steuerbelastung auf Ebene der Mutter-Kapitalgesellschaft. Diese Steuerbelastung stellt aus Sicht der Mutter-Kapitalgesellschaft einen Liquiditätsabfluss dar, dem kein Liquiditätszufluss gegenüber steht. Insoweit erfolgt durch die Mutter-Kapitalgesellschaft annahmegemäß eine Eigenfinanzierung.

161 Vgl. Sharpe, W. (1964), S. 425-442; Brealey, R. / Myers, S. (1996), S. 143-172 und 173-190.
162 Vgl. Ross, S. (1976), S. 341-360.
163 Vgl. Modigliani, F. / Miller, M. (1958), S. 261-297.

Steuerliche Rahmenbedingungen im Inland

Hinsichtlich der steuerlichen Rahmenbedingungen im Inland wird die Rechtslage nach der Unternehmensteuerreform 2008 zugrunde gelegt. Die Mutter-Kapitalgesellschaft unterliegt somit einem tariflichen Körperschaftsteuersatz in Höhe von 15 %[164] zuzüglich Solidaritätszuschlag in Höhe von 5,5 %[165]. Als Gewerbebetrieb kraft Rechtsform unterliegt die Mutter-Kapitalgesellschaft zudem der Gewerbesteuer.[166] Die Gewerbesteuer ist nach § 4 Abs. 5b EStG nicht als Betriebsausgabe abzugsfähig. Die Gewerbesteuermesszahl beträgt 3,5 %.[167] Gewerbesteuerliche Hinzurechnungs- bzw. Kürzungstatbestände gemäß den §§ 8 und 9 GewStG liegen annahmegemäß nicht vor. In Abhängigkeit vom Gewerbesteuerhebesatz H beträgt der kombinierte Ertragsteuersatz:

$$(1) \quad s^{Inland} = s^{kst} * \left(1 + s^{solz}\right) + 0{,}035 * H$$
$$= 0{,}15825 + 0{,}035 * H$$

Dem Anteilseigner fließen aus der Mutter-Kapitalgesellschaft Cash-Flows zu, die in der Regel als Gewinnausschüttungen i. S. des § 20 Abs. 1 Nr. 1 EStG zu qualifizieren sind. Diese unterliegen nach § 32d Abs. 1 EStG dem Abgeltungsteuersatz in Höhe 25 % zuzüglich Solidaritätszuschlag in Höhe von 5,5 %. Annahmegemäß ist der Anteilseigner kein Mitglied einer steuererhebenden Religionsgemeinschaft. Die prozentuale Steuerbelastung der Gewinnausschüttungen beträgt somit 26,375 % und ermittelt sich wie folgt:

$$(2) \quad s^{est} = s^{ab} * \left(1 + s^{solz}\right) = 0{,}26375$$

Von Fällen der Veranlagungsoption nach § 32d Abs. 6 EStG respektive den Ausnahmetatbeständen nach § 32d Abs. 2 EStG wird abstrahiert. Das Teileinkünfteverfahren, nach dem Gewinnausschüttungen i. S. des § 20 Abs. 1 Nr. 1 EStG bei im Betriebsvermögen von Einzelunternehmen und Personengesellschaften gehaltenen Kapitalgesellschaftsanteilen zu 60 % der Einkommensteuer entsprechend dem persönlichen Steuersatz des Gesellschafters unterliegen,[168] wird nicht berücksichtigt, da Anteilseigner an-

---

164 Vgl. § 23 Abs. 1 KStG.
165 Vgl. § 4 Satz 1 SolZG.
166 Vgl. § 2 Abs. 2 Satz 1 GewStG.
167 Vgl. § 11 Abs. 2 GewStG.
168 Vgl. § 3 Nr. 40 d) EStG.

nahmgemäß unmittelbar beteiligte natürliche Personen sind. Neben den Gewinnausschüttungen unterliegt auch die Alternativanlage des Anteilseigners der Abgeltungsteuer.

Um zeitliche Verschiebungen und somit Zinseffekte ausblenden zu können, erfolgen sämtliche Steuerzahlungen annahmegemäß im Jahr der Steuerentstehung.

<u>Steuerliche Rahmenbedingungen im Ausland</u>

Die Gewinne der Tochter-Kapitalgesellschaft unterliegen dem ausländischen Körperschaftsteuersatz $s^{Ausland}$. Das ausländische Körperschaftsteuerrecht entspricht annahmegemäß systematisch dem inländischen Steuerrecht.

<u>Konditionen der Funktionsverlagerung</u>

Die Funktionsverlagerung findet annahmegemäß auf schuldrechtlicher Basis zu einem Transaktionspreis von Null statt. Eine gesellschaftsrechtliche Veranlassung wird ausgeschlossen.

<u>Gewinnverwendung</u>

Die Gewinne, die auf Ebene der Mutter-Kapitalgesellschaft respektive auf Ebene der Tochter-Kapitalgesellschaft entstehen, werden annahmegemäß bestmöglich i. S. einer Endvermögensmaximierung beim Anteilseigner verwendet. Diese investitionstheoretische Prämisse unterstellt implizit, dass der Anteilseigner keine finanziellen Mittel für Konsumzwecke benötigt, sondern seinen Konsum aus anderen Quellen finanzieren kann.

3.2.2 Gewinnverwendung – Ausschütten oder Thesaurieren

3.2.2.1 Gewinnverwendung ohne Funktionsverlagerung

3.2.2.1.1 Ausschüttung an den Anteilseigner

Um den Ertragswert aus Sicht des Anteilseigners zu optimieren, muss auf Ebene der Mutter- bzw. Tochter-Kapitalgesellschaft über die Verwendung der Gewinne entschieden werden. Grundsätzlich besteht die Möglichkeit, Gewinne auszuschütten und beim Anteilseigner im Privatbereich anzulegen, oder Gewinne auf Unternehmensebene anzulegen und erst am Ende des Planungshorizonts an den Anteilseigner auszuschütten. Vorteilhaftigkeitskriterium ist das Endvermögen des Anteilseigners am Ende des Planungshorizonts.

Die Entscheidung über die Gewinnverwendung ist für den Fall ohne und bei Funktionsverlagerung getrennt zu beurteilen. Dies gilt, da ohne Funktionsverlagerung die Gewinne aus der betrachteten Funktion auf Ebene der Mutter-Kapitalgesellschaft und bei Funktionsverlagerung auf Ebene der Tochter-Kapitalgesellschaft entstehen.

Wird eine Verlagerung der Funktion auf die Tochter-Kapitalgesellschaft nicht vorgenommen, bestehen bezüglich der Verwendung der Gewinne, die auf Ebene der Mutter-Kapitalgesellschaft entstehen, drei Alternativen:

1) Ausschüttung an den Anteilseigner.

2) Thesaurierung auf Ebene der Mutter-Kapitalgesellschaft und Ausschüttung an den Anteilseigner am Ende des Planungshorizonts.

3) Einlage der Gewinne in die Tochter-Kapitalgesellschaft und (zweistufige) Ausschüttung an den Anteilseigner am Ende des Planungshorizonts.

Diese Alternativen müssen in einem ersten Schritt einzeln betrachtet und anschließend miteinander verglichen werden, um Handlungsempfehlungen ableiten zu können.

Bei Ausschüttung der Gewinne an den Anteilseigner stellt sich das Endvermögen des Anteilseigners am Ende des Planungshorizonts wie folgt dar:

$$(3) \quad EV_n^{AS} = \overbrace{EBT^{Inland} * \left(1 - s^{Inland}\right) * \left(1 - s^{est}\right)}^{KMA} * \left[1 + i * \left(1 - s^{est}\right)\right]^n$$

Für die private Kapitalanlage verbleibt dem Anteilseigner der Funktionsgewinn, gemindert um die inländischen Ertragsteuern und die Abgeltungsteuer. Die Zinserträge auf Ebene des Anteilseigners unterliegen der Abgeltungsteuer.

<u>Beispiel:</u>

$s^{Inland}=$ 0,3 $i=$ 0,1

$s^{est}=$ 0,25 $EBT^{Inland}=$ 1.000

Ebene	t	1	2	3	4	5
M-KapGes	EBT^{Inland}	1.000,00				
	S^{Inland}	-300,00				
	E^{Inland}	700,00				
AE	AS	700,00				
	ZI	0,00	52,50	56,44	60,67	65,22
	KMA	525,00	564,38	606,70	652,21	701,12
	S^{est}	-175,00	-13,13	-14,11	-15,17	-16,31
	EV					**701,12**

Abbildung 5: Endvermögen bei Ausschüttung an AE (keine Funktionsverlagerung)

3.2.2.1.2 Thesaurierung in der Mutter-Kapitalgesellschaft

Werden die Gewinne der Mutter-Kapitalgesellschaft thesauriert, erfolgt die Kapitalanlage auf Ebene der Mutter-Kapitalgesellschaft und eine Ausschüttung an den Anteilseigner erst am Ende des Planungshorizonts, d. h. im Zeitpunkt n. Als Kapitalanlage steht der Funktionsgewinn vermindert um die inländische Ertragsteuerbelastung zur Verfügung. Die Zinserträge unterliegen der inländischen Ertragsteuerbelastung. Am Ende des Planungshorizonts unterliegt die aufgezinste Kapitalanlage bei Ausschüttung der Abgeltungsteuer.

Für das Endvermögen des Anteilseigners gilt:

$$(4) \quad EV_n^{Thes} = \overbrace{EBT^{Inland} * \left(1 - s^{Inland}\right)}^{KMA} * \left[1 + i * \left(1 - s^{Inland}\right)\right]^n * \left(1 - s^{est}\right)$$

Beispiel:

s^{Inland}= 0,3 i= 0,1

s^{est}= 0,25 EBT^{Inland}= 1.000

Ebene	t	1	2	3	4	5
M-KapGes	EBT^{Inland}	1.000,00				
	ZI	0,00	70,00	74,90	80,14	85,75
	KMA	700,00	749,00	801,43	857,53	917,56
	S^{Inland}	-300,00	-21,00	-22,47	-24,04	-25,73
	E^{Inland}	700,00	49,00	52,43	56,10	60,03
AE	AS					917,56
	S^{est}					-229,39
	EV					**688,17**

Abbildung 6: Endvermögen bei Thesaurierung (keine Funktionsverlagerung)

3.2.2.1.3 Einlage der Gewinne in die Tochter-Kapitalgesellschaft

Alternativ besteht die Möglichkeit, die Gewinne der Mutter-Kapitalgesellschaft in die Tochter-Kapitalgesellschaft einzulegen, auf Ebene der Tochter-Kapitalgesellschaft anzulegen und am Ende des Planungshorizonts an den Anteilseigner auszuschütten. Diese Ausschüttung muss zweistufig erfolgen, d. h. in einem ersten Schritt müssen die Gewinne an die Mutter-Kapitalgesellschaft und im Anschluss an den Anteilseigner ausgeschüttet werden.

Auf Ebene der Mutter-Kapitalgesellschaft unterliegt die Ausschüttung von der Tochter-Kapitalgesellschaft im Zeitpunkt n der inländischen Besteuerung, soweit keine Einlagenrückgewähr i. S. des § 27 Abs. 1 Satz 3 KStG vorliegt. In diesem Umfang handelt es sich um eine Gewinnausschüttung i. S. des § 20 Abs. 1 Satz 1 Nr. 1 EStG. Nach § 8b Abs. 1 i. V. mit Abs. 5 KStG ist diese im Ergebnis jedoch nur zu 5 % steuerpflichtig. Dies gilt für Körperschaft- und Gewerbesteuer aufgrund des Schachtelprivilegs gleichermaßen.[169] Daneben ist zu beachten, dass auf die Gewinnausschüttungen i. S. des § 20 Abs. 1 Satz 1 Nr. 1 EStG im Ansässigkeitsstaat der Tochter-Kapitalgesellschaft

[169] Vgl. § 9 Nr. 2a Satz 4 GewStG.

eine ausländische Quellensteuer erhoben werden kann. Innerhalb der EU ist dies aufgrund der Mutter-Tochter-Richtlinie regelmäßig nicht der Fall.[170] Dies gilt, da nach Art. 3 Abs. 1 Buchstabe a) der Mutter-Tochter-Richtlinie bei einer Mindestbeteiligung von 15 % bzw. ab 01. Januar 2009 von 10 % keine Quellensteuer auf Gewinnausschüttungen erhoben wird. Die Umsetzung in inländisches Recht erfolgt durch § 43b EStG.

Wird eine Quellensteuer erhoben, stellt diese auf Ebene der Mutter-Kapitalgesellschaft eine Definitivbelastung dar, soweit eine Erstattung z. B. aufgrund eines DBA nicht Betracht kommt. Eine Anrechnung nach § 26 Abs. 1 KStG ist aufgrund der Steuerfreistellung nach § 8b Abs. 1 KStG nicht möglich, da auf die ausländischen Einkünfte keine inländische Steuer entfällt. Insofern besteht kein Anrechnungsvolumen.

Soweit die Ausschüttung von der Tochter- an die Mutter-Kapitalgesellschaft als Einlagenrückgewähr i. S. des § 27 Abs. 1 Satz 3 KStG zu qualifizieren ist, d. h. in Höhe der eingelegten Funktionsgewinne nach inländischer Ertragsteuerbelastung, ist eine Auskehrung an die Mutter-Kapitalgesellschaft ohne Steuerbelastung möglich. Steuerpflichtige Gewinnausschüttungen liegen insoweit nicht vor.[171] Die Thematik der Verwendungsreihenfolge beim Zugriff auf das steuerliche Einlagekonto nach § 27 Abs. 1 Satz 3 KStG stellt sich aufgrund der isolierten Betrachtung der Funktion nicht.[172]

Die Ausschüttung der Gewinne von der Mutter-Kapitalgesellschaft an den Anteilseigner unterliegt bei diesem in vollem Umfang der Abgeltungsteuer. Eine Einlagenrückgewähr i. S. des § 27 Abs. 1 Satz 3 KStG kommt nicht in Betracht.

Das Endvermögen des Anteilseigners ermittelt sich wie folgt:

[170] Vgl. Richtlinie 90/435/EWG des Rates vom 23. Juli 1990.
[171] Vgl. § 20 Abs. 1 Nr. 1 Satz 3 EStG.
[172] Siehe Tz. 3.2.1.

$$(5)\quad EV_n^{Einlage} = \left(1 - s^{est}\right) * \overbrace{EBT^{Inland} * \left(1 - s^{Inland}\right)}^{KMA = Einlage} *$$

$$\overbrace{\left[AF_n^{Ausland} - \overbrace{\left(AF_n^{Ausland} - 1\right) * \left(s^{qst} + 0{,}05 * s^{Inland}\right)}^{Steuerbelastung\ der\ ausgeschütteten\ Zinsen\ bei\ M-KapGes} \right]}^{\pi}$$

$$mit \quad AF_n^{Ausland} = \left[1 + i * \left(1 - s^{Ausland}\right)\right]^n$$

Beispiel:

s^{Inland}=	0,3	$s^{Ausland}$=	0,2	i=	0,1
s^{est}=	0,25	s^{qst}=	0,05	EBT^{Inland}=	1.000

Ebene	t	1	2	3	4	5
M-KapGes	EBT^{Inland}	1.000,00				
	S^{Inland}	-300,00				
	E^{Inland}	700,00				
T-KapGes	Einlage	700,00				
	KMA	700,00	756,00	816,48	881,80	952,34
	ZI	0,00	70,00	75,60	81,65	88,18
	$S^{Ausland}$	0,00	-14,00	-15,12	-16,33	-17,64
	$E^{Ausland}$	0,00	56,00	60,48	65,32	70,54
M-KapGes	AS					252,34
	S^{qst}					-12,62
	S^{Inland}					-3,79
	KRZ					700,00
	E^{Inland}					235,94
	NZF					935,94
AE	AS					935,94
	S^{est}					-233,99
	EV					**701,96**

Abbildung 7: Endvermögen bei Einlage in T-KapGes (keine Funktionsverlagerung)

3.2.2.1.4 Handlungsempfehlungen

Um Handlungsempfehlungen ableiten zu können, müssen die verschiedenen Gewinnverwendungsalternativen miteinander verglichen werden. Ein rational handelnder Entscheidungsträger wird die Gewinnverwendungsalternative wählen, die das Endvermögen des Anteilseigners maximiert. Indifferenz zwischen den drei Gewinnverwendungsalternativen besteht unter folgender Bedingung:

$$(6) \quad EV_n^{AS} \stackrel{!}{=} EV_n^{Thes} \stackrel{!}{=} EV_n^{Einlage}$$

Betrachtet man zunächst die Indifferenz(teil-)bedingung hinsichtlich der Gewinnverwendungsalternativen Ausschüttung an den Anteilseigner respektive Thesaurierung in der Mutter-Kapitalgesellschaft

$$(7) \quad EV_n^{AS} \stackrel{!}{=} EV_n^{Thes}$$

muss gelten

$$(8) \quad [1 + i * (1 - s^{est})]^n \stackrel{!}{=} [1 + i * (1 - s^{Inland})]^n$$

Nach Einsetzen von Formel (1) und (2) resultiert:

$$(9) \quad [1 + i * (1 - 0{,}26375)]^n \stackrel{!}{=} [1 + i * (1 - \{0{,}15825 + 0{,}035 * H\})]^n$$

Aus dieser Indifferenz(teil-)bedingung kann der kritische Gewerbesteuerhebesatz ermittelt werden. Liegt der tatsächliche über dem kritischen Gewerbesteuerhebesatz, ist die Ausschüttung an den Anteilseigner vorteilhaft bzw. vice versa die Thesaurierung auf Ebene der Mutter-Kapitalgesellschaft. Der kritische Gewerbesteuerhebesatz beträgt:

$$(10) \quad H \stackrel{!}{=} 301{,}42\ \%$$

Der bundesdurchschnittliche Gewerbesteuerhebesatz beträgt 433,00 %.[173] Demzufolge sind die tatsächlichen Hebesätze regelmäßig höher als 301,42 % und die Thesaurierung

[173] Vgl. Spengel, C. / Reister, T. (2007), S. 279; Kavcic, C. / Vogel, A. (2008), S. 575; Beland, U. (2006), S. 31 f.

der Gewinne auf Ebene der Mutter-Kapitalgesellschaft ist im Vergleich zur Ausschüttung an den Anteilseigner suboptimal. Für die weitere Indifferenzbetrachtung hat die Thesaurierung der Gewinne auf Ebene der Mutter-Kapitalgesellschaft daher keine Entscheidungsrelevanz. Ein rationaler Entscheidungsträger wird ausschließlich die Ausschüttung der Gewinne an den Anteilseigner und die Einlage in die Tochter-Kapitalgesellschaft als Gewinnverwendungsalternativen in Erwägung ziehen. Die verbleibende Indifferenzbedingung lautet:

$$(11) \quad EV_n^{AS} \overset{!}{=} EV_n^{Einlage}$$

Durch Einsetzen von Formel (3) und (5) folgt:

$$(12) \quad \left[1 + i * \left(1 - s^{est}\right)\right]^n \overset{!}{=} \pi$$
$$mit \quad \pi = AF_n^{Ausland} - \left(AF_n^{Ausland} - 1\right) * \left(s^{qst} + 0{,}05 * s^{Inland}\right)$$
$$AF_n^{Ausland} = \left[1 + i * \left(1 - s^{Ausland}\right)\right]^n$$

Im Gegensatz zur oben betrachteten Indifferenz(teil-)bedingung ist die Vorteilhaftigkeit einer Gewinnverwendungsalternative von der Zeitkomponente n abhängig. Eine Kürzung der Zeitkomponente aus der Indifferenzbedingung ist nicht möglich. Dies bedeutet, dass die Entscheidung über die Gewinnverwendung im Zeitablauf, d. h. von Jahr zu Jahr, überprüft und gegebenenfalls geändert werden muss, um das Endvermögen des Anteilseigners zu maximieren. Die Vorteilhaftigkeit einer Gewinnverwendungsalternative ist im Ergebnis von fünf Variablen abhängig. Diese sind die Zeitkomponente (n), der ausländische Körperschaftsteuersatz ($s^{Ausland}$), die Quellensteuerbelastung (s^{qst}), der Kapitalmarktzins (i) und der Gewerbesteuerhebesatz (H).

Das folgende Beispiel stellt die Dependenzen der Variablen dar. Gesucht ist jeweils der kritische ausländische Körperschaftsteuersatz in Abhängigkeit von der Zeitkomponente und vom Kapitalmarktzins. Der Gewerbesteuerhebesatz wird mit H = 405 % fixiert, so dass eine inländische Ertragsteuerbelastung in Höhe von 30 % resultiert.[174] Variable Gewerbesteuerhebesätze werden ausgeblendet, da der Einfluss des Hebesatzes auf die

[174] Siehe Formel (1).

Entscheidung über die Gewinnverwendung von untergeordneter Bedeutung ist. Ein Gewerbesteuerhebesatz von rd. 400 % stellt zudem eine zutreffende Referenz für die tatsächlichen Hebesätze im Inland dar.

$s^{Inland}=$ 0,3 $s^{qst}=$ 0,05

$s^{est}=$ 0,25

n\i	0,1	0,2	0,3	0,4
5	0,2051	0,2101	0,2144	0,2176
10	0,2121	0,2206	0,2260	0,2296
15	0,2177	0,2273	0,2325	0,2357
20	0,2221	0,2318	0,2365	0,2391

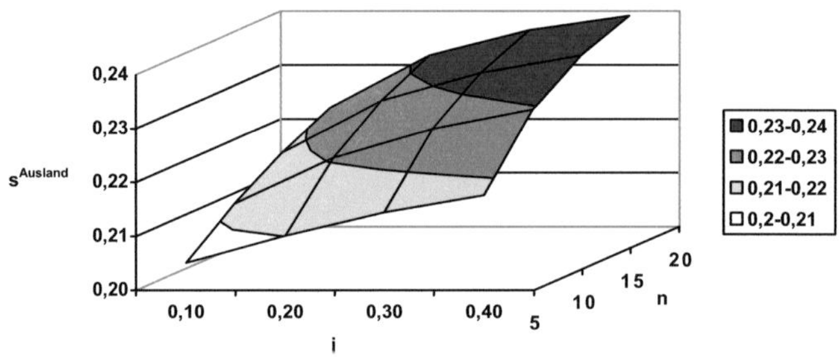

Abbildung 8: Ermittlung des ausländischen Indifferenz-Körperschaftsteuersatzes in Abhängigkeit von der Zeitkomponente und vom Zinsniveau

Mit zunehmender Zeitkomponente n steigt der kritische ausländische Körperschaftsteuersatz. Ursache ist, dass mit zunehmender Zeitkomponente der Vorteil der höheren Nachsteuerrendite auf Ebene der Tochter-Kapitalgesellschaft den Nachteil der zusätzlichen Steuerbelastung bei Ausschüttung der Zinsen an die Mutter-Kapitalgesellschaft überkompensiert. Die Veränderung ist im Zeitablauf jedoch eher geringfügig. Aus diesem Grund wird im folgenden Gang der Untersuchung keine jährliche Überprüfung der Entscheidung über die Gewinnverwendung durchgeführt. Vielmehr wird die zu Beginn des Planungshorizonts getroffene Gewinnverwendungsentscheidung über den gesamten Planungshorizont festgeschrieben.

Daneben ist ersichtlich, dass mit zunehmendem Kapitalmarktzins der kritische ausländische Körperschaftsteuersatz ebenfalls steigt. Auch bei diesem Effekt liegt die Ursache in der Überkompensation der höheren Nachsteuerrendite auf Ebene der Tochter-Kapitalgesellschaft im Vergleich zur zusätzlichen Ausschüttungsbelastung.

Im Ergebnis trifft der rationale Entscheidungsträger somit nur die Wahl zwischen Ausschüttung der Funktionsgewinne an den Anteilseigner und Einlage in die Tochter-Kapitalgesellschaft. Die Thesaurierung auf Ebene der Mutter-Kapitalgesellschaft ist regelmäßig suboptimal und wird aus diesem Grund nicht Gegenstand der weiteren Untersuchung sein. Entscheidungsgrundlage bezüglich der Gewinnverwendung ist die Indifferenzbedingung aus Formel (12).

3.2.2.2 Gewinnverwendung bei Funktionsverlagerung

3.2.2.2.1 Ausschüttung an den Anteilseigner

Bei Funktionsverlagerung auf die Tochter-Kapitalgesellschaft entstehen die Gewinne aus der verlagerten Funktion im Ausland. Werden diese von der ausländischen Tochter-Kapitalgesellschaft über die inländische Mutter-Kapitalgesellschaft an den inländischen Anteilseigner ausgeschüttet unterliegen die Funktionsgewinne einer Gesamtsteuerbelastung s^{gesamt}. Diese beinhaltet neben der Belastung der Gewinne mit ausländischer Körperschaftsteuer, die Ausschüttungsbelastung der Gewinne durch evtl. anfallende Quellensteuer, durch inländische Ertragsteuern unter Berücksichtigung von § 8b KStG sowie durch die Abgeltungsteuer beim Anteilseigner. Hinsichtlich der inländischen Ertragsteuerbelastung gilt, dass die im Ergebnis zu 5 % körperschaftsteuerpflichtigen Gewinnausschüttungen im gleichen Umfang auch der Gewerbesteuer unterliegen. Eine weitergehende Kürzung aufgrund des gewerbesteuerlichen Schachtelprivilegs kommt nicht in Betracht, da es sich insoweit nicht um Gewinne, sondern um (fiktiv) nicht abzugsfähige Betriebsausgaben handelt.[175] Sofern eine Quellensteuer auf die Gewinnausschüttung der Tochter-Kapitalgesellschaft erhoben wird, stellt diese eine Definitivbelastung dar, soweit keine Erstattung aufgrund eines DBA in Betracht kommt.[176] Die Gesamtbelastung beträgt formelmäßig:

[175] Vgl. § 9 Nr. 2a Satz 4 GewStG.

[176] Siehe Tz. 3.2.2.1.2.

$$(13) \quad s^{gesamt} = s^{est} + \left(1 - s^{est}\right) * \left[\begin{array}{l} s^{Ausland} + s^{qst} * \left(1 - s^{Ausland}\right) \\ \qquad + 0{,}05 * s^{Inland} * \left(1 - s^{Ausland}\right) \end{array} \right]$$

Bei Verlagerung der Funktion auf die Tochter-Kapitalgesellschaft bestehen bezüglich der Verwendung der Funktionsgewinne, die auf Ebene der Tochter-Kapitalgesellschaft entstehen, drei Alternativen:

1) Ausschüttung an den Anteilseigner.

2) Ausschüttung an die Mutter-Kapitalgesellschaft, Thesaurierung auf Ebene der Mutter-Kapitalgesellschaft und Ausschüttung an den Anteilseigner am Ende des Planungshorizonts.

3) Thesaurierung auf Ebene der Tochter-Kapitalgesellschaft und (zweistufige) Ausschüttung an den Anteilseigner am Ende des Planungshorizonts.

Für diese Alternativen werden in einem ersten Schritt wiederum die entsprechenden Endvermögen des Anteilseigners ermittelt und anschließend gegenüber gestellt, um Handlungsempfehlungen abzuleiten, die das Endvermögen des Anteilseigners maximieren.

Bei (zweistufiger) Ausschüttung der Funktionsgewinne an den Anteilseigner unterliegen diese der Gesamtsteuerbelastung aus Formel (13). Der verbleibende Betrag kann im privaten Bereich angelegt werden. Die Zinsen unterliegen dem Abgeltungsteuersatz.

Für das Endvermögen des Anteilseigners gilt:

$$(14) \quad EV_n^{AS} = \overbrace{EBT^{Ausland} * \left(1 - s^{gesamt}\right)}^{KMA} * \left[1 + i * \left(1 - s^{est}\right)\right]^n$$

Beispiel:

s^{Inland}=	0,3	$s^{Ausland}$=	0,2	i=	0,1
s^{est}=	0,25	s^{qst}=	0,05	$EBT^{Ausland}$=	1.000

Ebene	t	1	2	3	4	5
T-KapGes	$EBT^{Ausland}$	1.000,00				
	$S^{Ausland}$	-200,00				
	$E^{Ausland}$	800,00				
M-KapGes	AS	800,00				
	S^{qst}	-40,00				
	S^{Inland}	-12,00				
	E^{Inland}	748,00				
AE	AS	748,00				
	ZI	0,00	56,10	60,31	64,83	69,69
	KMA	561,00	603,08	648,31	696,93	749,20
	S^{est}	-187,00	-14,03	-15,08	-16,21	-17,42
	EV					**749,20**

Abbildung 9: Endvermögen bei Ausschüttung an den AE (Funktionsverlagerung)

3.2.2.2.2 Thesaurierung in der Mutter-Kapitalgesellschaft

Alternativ zur Ausschüttung der Gewinne an den Anteilseigner können diese zum Zweck der Kapitalanlage auf Ebene der Mutter-Kapitalgesellschaft thesauriert werden. Die Ausschüttung an den Anteilseigner erfolgt erst am Ende des Planungshorizonts. Bei dieser Gewinnverwendung unterliegen die Zinsen der inländischen Ertragsteuerbelastung.

Das Endvermögen ermittelt sich wie folgt:

$$(15)\quad EV_n^{Thes-M} = EBT^{Ausland} * \left(1 - s^{gesamt}\right) * \left[1 + i * \left(1 - s^{Inland}\right)\right]^n$$

Beispiel:

$s^{Inland}=$	0,3	$s^{Ausland}=$	0,2	$i=$	0,1
$s^{est}=$	0,25	$s^{qst}=$	0,05	$EBT^{Ausland}=$	1.000

Ebene	t	1	2	3	4	5
T-KapGes	$EBT^{Ausland}$	1.000,00				
	$S^{Ausland}$	-200,00				
	$E^{Ausland}$	800,00				
M-KapGes	AS	800,00				
	S^{qst}	-40,00				
	ZI	0,00	74,80	80,04	85,64	91,63
	KMA	748,00	800,36	856,39	916,33	980,48
	S^{Inland}	-12,00	-22,44	-24,01	-25,69	-27,49
	E^{Inland}	748,00	52,36	56,03	59,95	64,14
AE	AS					980,48
	S^{est}					-245,12
	EV					**735,36**

Abbildung 10: Endvermögen bei Thesaurierung auf Ebene der M-KapGes (Funktionsverlagerung)

3.2.2.2.3 Thesaurierung in der Tochter-Kapitalgesellschaft

Werden die Funktionsgewinne auf Ebene der Tochter-Kapitalgesellschaft thesauriert und erst am Ende des Planungshorizonts an den Anteilseigner (zweistufig) ausgeschüttet, werden die Zinsen mit dem ausländischen Körperschaftsteuersatz besteuert.

Das Endvermögen des Anteilseigners ermittelt sich wie folgt:

$$(16)\quad EV_n^{Thes-T} = EBT^{Ausland} * \left(1 - s^{gesamt}\right) * \left[1 + i * \left(1 - s^{Ausland}\right)\right]^n$$

Beispiel:

$s^{Inland}=$	0,3	$s^{Ausland}=$	0,2	$i=$	0,1
$s^{est}=$	0,25	$s^{qst}=$	0,05	$EBT^{Ausland}=$	1.000

Ebene	t	1	2	3	4	5
T-KapGes	$EBT^{Ausland}$	1.000,00				
	ZI	0,00	80,00	86,40	93,31	100,78
	KMA	800,00	864,00	933,12	1.007,77	1.088,39
	$S^{Ausland}$	-200,00	-16,00	-17,28	-18,66	-20,16
	$E^{Ausland}$	800,00	64,00	69,12	74,65	80,62
M-KapGes	AS					1.088,39
	S^{qst}					-54,42
	S^{Inland}					-16,33
	E^{Inland}					1.017,65
AE	AS					1.017,65
	S^{est}					-254,41
	EV					**763,23**

Abbildung 11: Endvermögen bei Thesaurierung auf Ebene der T-KapGes (Funktionsverlagerung)

3.2.2.2.4 Handlungsempfehlungen

Um Vorteilhaftigkeitsaussagen über die Gewinnverwendung treffen zu können, muss eine Indifferenzbetrachtung durchgeführt werden. Die Indifferenzbedingung lautet:

$$(17)\quad EV_n^{AS} \overset{!}{=} EV_n^{Thes-M} \overset{!}{=} EV_n^{Thes-T}$$

Durch Einsetzen der Formeln (14), (15) und (16) und Umstellen resultiert eine Indifferenzbedingung, die ausschließlich von dem Steuerniveau abhängig ist, dem die Zinsen der Kapitalanlage unterliegen.

Bei Indifferenz muss gelten:

$$(18)\quad s^{est} \overset{!}{=} s^{Inland} \overset{!}{=} s^{Ausland}$$

Wie bereits dargestellt ist die Steuerbelastung auf Ebene des Anteilseigners mit Abgeltungsteuer (s^{est}) für alle Gewerbesteuerhebesätze größer 301,42 % (und somit regelmäßig) geringer als die inländische Ertragsteuerbelastung s^{Inland}.[177] Insofern ist die Thesaurierung der Funktionsgewinne auf Ebene der Mutter-Kapitalgesellschaft im Vergleich zur Ausschüttung an den Anteilseigner nachteilig. Im Rahmen der weiteren Untersuchung wird diese Gewinnverwendung daher nicht mehr berücksichtigt. Hinsichtlich der Vorteilhaftigkeit der Thesaurierung der Gewinne auf Ebene der Tochter-Kapitalgesellschaft gegenüber der Ausschüttung an den Anteilseigner gilt Folgendes: Ist der ausländische Körperschaftsteuersatz niedriger als der Abgeltungsteuersatz s^{est} in Höhe von 26,375 %, werden die Gewinne thesauriert. Vice versa werden die Gewinne an den Anteilseigner ausgeschüttet.

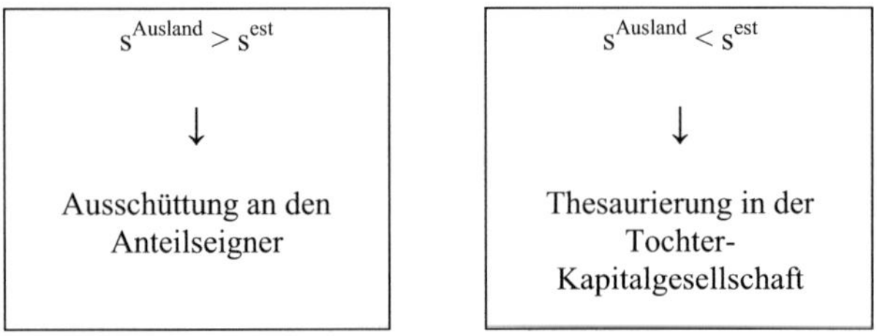

Abbildung 12: Entscheidung über die Gewinnverwendung bei der T-KapGes (Funktionsverlagerung)

3.2.2.2.5 Gewinnverwendung bei der Mutter-Kapitalgesellschaft

3.2.2.2.5.1 Ausschüttung der Gewinne an den Anteilseigner bei Tochter-Kapitalgesellschaft

Bei Funktionsverlagerung auf die Tochter-Kapitalgesellschaft ist zu berücksichtigen, dass bei der Mutter-Kapitalgesellschaft durch die Verlagerung eine Steuerbelastung auf den Verrechnungspreis nach Maßgabe des § 1 AStG entsteht. Diese reduziert die Liquidität der Mutter-Kapitalgesellschaft und schränkt deren Gewinnverwendungsmöglichkeiten im Zeitpunkt der Funktionsverlagerung ein. Aus diesem Grund bedarf es auch im Fall der Funktionsverlagerung einer Vorteilhaftigkeitsaussage bezüglich der Gewinnverwendung auf Ebene der Mutter-Kapitalgesellschaft. Insoweit kann auf die Ergeb-

[177] Siehe Tz. 3.2.2.1.4.

nisse bei der Gewinnverwendung ohne Funktionsverlagerung zurückgegriffen werden.[178] Danach kommen als Gewinnverwendungsalternativen die Ausschüttung der Gewinne an den Anteilseigner und die Einlage in die Tochter-Kapitalgesellschaft in Betracht.[179] Die Thesaurierung der Gewinne auf Ebene der Mutter-Kapitalgesellschaft ist regelmäßig nachteilig. Im Folgenden wird untersucht, welche Gewinnverwendungsalternativen auf Ebene der Mutter-Kapitalgesellschaft bei gegebener Gewinnverwendung auf Ebene der Tochter-Kapitalgesellschaft zur Disposition stehen.

Schüttet die Tochter-Kapitalgesellschaft ihre Gewinne an den Anteilseigner aus, gilt bei Funktionsverlagerung:

$$(19) \quad s^{Ausland} > s^{est}$$

bzw.

$$(20) \quad s^{Ausland} > 0{,}26375$$

Setzt man die Abgeltungsteuerbelastung s^{est} in Höhe von 26,375 % in die Indifferenzbedingung aus Formel (12) ein, resultiert folgende Indifferenzbedingung:

$$(21) \quad \overbrace{[1+i*0{,}73625]^n}^{\mu} \overset{!}{=} \pi$$
$$mit \quad \pi = AF_n^{Ausland} - \left(AF_n^{Ausland} - 1\right)*\left(s^{qst} + 0{,}05*s^{Inland}\right)$$
$$AF_n^{Ausland} = \left[1+i*\left(1-s^{Ausland}\right)\right]^n$$

Für alle Fälle, in denen der ausländische Körperschaftsteuersatz $s^{Ausland}$ höher ist als 26,375 %, gilt, dass der Indifferenzbestandteil μ den Bestandteil π überkompensiert. Es bleibt somit festzustellen, dass auf Ebene der Mutter-Kapitalgesellschaft die Gewinne stets an den Anteilseigner ausgeschüttet werden, wenn auf Ebene der Tochter-Kapitalgesellschaft die Ausschüttung an den Anteilseigner vorteilhaft ist.

---

[178] Siehe Tz. 3.2.2.1.

[179] Siehe Tz. 3.2.2.1.4.

Beispiel:

s^{Inland}=	0,3	s^{qst}=	0,05	n=	10
s^{est}=	0,26375	i=	0,1		

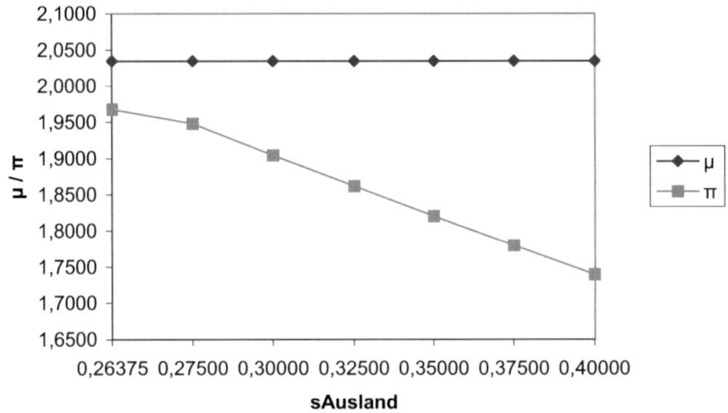

Abbildung 13: Gewinnverwendung bei Funktionsverlagerung I

3.2.2.2.5.2 Thesaurierung der Gewinne bei Tochter-Kapitalgesellschaft

Im Fall der Funktionsverlagerung gilt bei Thesaurierung der Gewinne auf Ebene der Tochter-Kapitalgesellschaft:

$$(22)\quad s^{Ausland} < s^{est}$$

bzw.

$$(23)\quad s^{Ausland} < 0{,}26375$$

Es gilt wiederum die Indifferenzbedingung aus Formel (21). Allerdings kann keine eindeutige Aussage über Vorteilhaftigkeit der Gewinnverwendung auf Ebene der Mutter-Kapitalgesellschaft getroffen werden. Sowohl die Ausschüttung der Gewinne an den Anteilseigner als auch die Einlage der Gewinne in die Tochter-Kapitalgesellschaft sind in Erwägung zu ziehen. Die Vorteilhaftigkeit hängt von fünf Faktoren ab: dem ausländischen Körperschaftsteuersatz ($s^{Ausland}$), der Zeitkomponente (n), dem Zinssatz (i), dem Quellensteuersatz (s^{qst}) und dem Gewerbesteuerhebesatz (H). Folgende Tendenzaussagen sind ableitbar:

1) Mit sinkendem ausländischen Körperschaftsteuersatz wird die Einlage der Gewinne in die Tochter-Kapitalgesellschaft vorteilhafter.

2) Mit zunehmender Zeitkomponente wird die Einlage der Gewinne in die Tochter-Kapitalgesellschaft vorteilhafter.

3) Mit steigendem Quellensteuersatz wird die Ausschüttung an den Anteilseigner attraktiver.

4) Mit steigendem Gewerbesteuerhebesatz wird die Ausschüttung an den Anteilseigner attraktiver.

Beispiel:

$s^{Inland}=$	0,3	$s^{qst}=$	0,05	n=	10
$s^{est}=$	0,26375	i=	0,1		

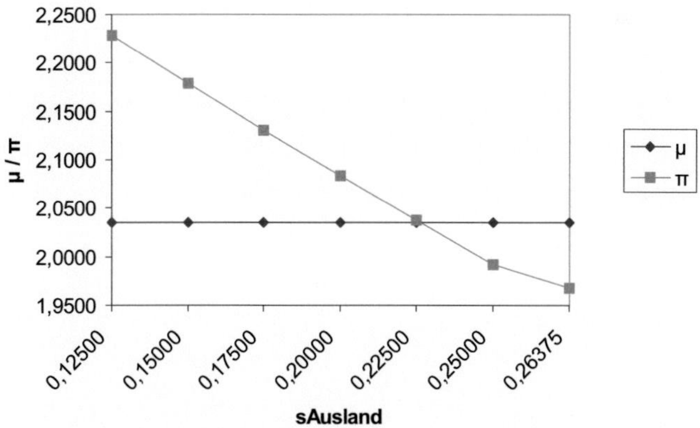

Abbildung 14: Gewinnverwendung bei Funktionsverlagerung II

3.2.2.2.6 Überblick über die möglichen Konstellationen der Gewinnverwendung

Zusammenfassend kommen bezüglich der Gewinnverwendung bei Funktionsverlagerung folgende Konstellationen der Gewinnverwendung auf Ebene der Tochter- und Mutter-Kapitalgesellschaft in Betracht:

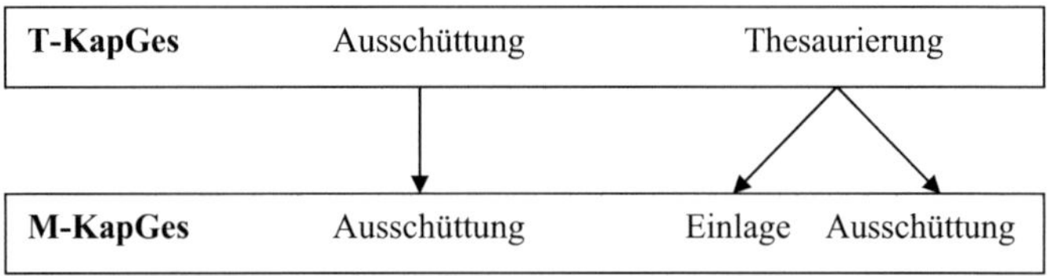

Abbildung 15: Konstellationen der Gewinnverwendung bei Funktionsverlagerung

3.2.3 Ertragswertkalkül ohne Funktionsverlagerung

3.2.3.1 Ausschüttung der Gewinne an den Anteilseigner

Findet eine Funktionsverlagerung auf die Tochter-Kapitalgesellschaft nicht statt, kommen hinsichtlich der Gewinnverwendung zwei Alternativen in Betracht: Ausschüttung an den Anteilseigner und Einlage in die Tochter-Kapitalgesellschaft.[180] Das Ertragswertkalkül ist an die entsprechende Gewinnverwendungsalternative anzupassen.

Wird die Funktion im Inland ausgeübt, entstehen die Funktionsgewinne auf Ebene der Mutter-Kapitalgesellschaft und unterliegen der inländischen Ertragsteuerbelastung s^{Inland}. Bei Ausschüttung der Nachsteuergewinne an den Anteilseigner werden diese mit dem Abgeltungsteuersatz s^{est} besteuert.

Der Ertragswert bei Ausschüttung der Gewinne an den Anteilseigner ermittelt sich wie folgt:

[180] Siehe Tz. 3.2.2.1.4.

$$(24)\quad EW^{AS} = \left(1 - s^{est}\right) * \left(1 - s^{Inland}\right) * \sum_{t=1}^{n} \left(EBITDA_t^{Inland} * q^{-t}\right)$$

$$mit \quad q = 1 + i * \left(1 - s^{est}\right)$$

Beispiel:

s^{Inland}=	0,3	$s^{Ausland}$=	0,35	i=	0,1
s^{est}=	0,25	s^{qst}=	0,05		

π =	1,3460
$((1+i*(1-s^{est}))^n$ =	1,4356

Ebene	t	0	1	2	3	4	5
M-KapGes	$EBITDA^{Inland}$		1.000,00	1.000,00	1.000,00	1.000,00	1.000,00
	S^{Inland}		-300,00	-300,00	-300,00	-300,00	-300,00
	E^{Inland}		700,00	700,00	700,00	700,00	700,00
AE	AS		700,00	700,00	700,00	700,00	700,00
	S^{est}		-175,00	-175,00	-175,00	-175,00	-175,00
	NZF		525,00	525,00	525,00	525,00	525,00
	DKF		1,075000	1,155625	1,242297	1,335469	1,435629
	Diskon. NZF		488,37	454,30	422,60	393,12	365,69
	EW	**2.124,09**					

Abbildung 16: Ertragswert bei Ausschüttung an den AE (keine Funktionsverlagerung)

3.2.3.2 Einlage der Gewinne in die Tochter-Kapitalgesellschaft

Der Ertragswert bei Einlage der Gewinne in die Tochter-Kapitalgesellschaft besteht aus zwei Bestandteilen.

Der erste Teil berücksichtigt die Nachsteuergewinne, die auf Ebene der Mutter-Kapitalgesellschaft entstehen. Diese werden nach Einlage in die Tochter-Kapitalgesellschaft angelegt. Die Einlage erhöht das steuerliche Einlagekonto i. S. des § 27 KStG bei der Tochter-Kapitalgesellschaft. Die Zinserträge unterliegen aufgrund der Abschirmwirkung dem ausländischen Körperschaftsteuersatz $s^{Ausland}$. Die am Ende des Planungshorizonts aufgezinste Einlage wird an den Anteilseigner ausgeschüttet und unterliegt bei diesem der Abgeltungsteuer.

Der zweite Teil erfasst die Ausschüttungsbelastung der Zinserträge, die in der Tochter-Kapitalgesellschaft erzielt werden. Eine Ausschüttungsbelastung entsteht, soweit die Ausschüttung der Tochter-Kapitalgesellschaft an die Mutter-Kapitalgesellschaft die Summe der Einlagen übersteigt, d. h. in Höhe der aufgelaufenen Zinserträge nach ausländischer Körperschaftsteuerbelastung. Die Ausschüttungsbelastung setzt sich aus einer evtl. anfallenden Quellensteuer sowie der Besteuerung nach Maßgabe des § 8b Abs. 1 i. V. mit Abs. 5 KStG auf Ebene der Mutter-Kapitalgesellschaft zusammen. Um diese Ausschüttungsbelastung ist die im ersten Teil ermittelte Ausschüttung an den Anteilseigner zu hoch. Aus diesem Grund ist die Ausschüttung an den Anteilseigner um die Ausschüttungsbelastung zu reduzieren.

Für den Ertragswert gilt:

$$(25)\quad EW^{Einlage} = \overbrace{\sum_{t=1}^{n}\left(1-s^{est}\right)*\overbrace{\left(1-s^{Inland}\right)*EBITDA_t^{Inland}}^{Einlage=KMA}*p^{n-t}*q^{-n}}^{1.Teil}$$

$$-\overbrace{\sum_{t=1}^{n}\begin{array}{l}\left(1-s^{est}\right)*\left(s^{qst}+0{,}05*s^{Inland}\right)*\\ \overbrace{\left(1-s^{Inland}\right)*\left(EBITDA_t^{Inland}*p^{n-t}-EBITDA_t^{Inland}\right)}^{aufgelaufene\ Zinsen\ nach\ s^{Ausland}}*q^{-n}\end{array}}^{2.Teil}$$

$$mit\quad q = 1+i*(1-s^{est}) \qquad p = 1+i*\left(1-s^{Ausland}\right)$$

Nach Umstellen resultiert:

$$(26)\quad EW = \left(1-s^{est}\right)*\left(1-s^{Inland}\right)*q^{-n}*\left[\sum_{t=1}^{n}\left(EBITDA_t^{Inland}*p^{n-t}\right)-\left(s^{qst}+0{,}05*s^{Inland}\right)*\sum_{t=1}^{n}\left[EBITDA_t^{Inland}*\left(p^{n-t}-1\right)\right]\right]$$

$$mit\quad q = 1+i*(1-s^{est}) \qquad p = 1+i*\left(1-s^{Ausland}\right)$$

Beispiel:

s^{Inland}=	0,3	$s^{Ausland}$=	0,2	i=	0,1
s^{est}=	0,25	s^{qst}=	0,05		

π = 1,4388

$((1+i*(1-s^{est}))^n$ = 1,4356

Ebene	t	0	1	2	3	4	5
M-KapGes	$EBITDA^{Inland}$		1.000,00	1.000,00	1.000,00	1.000,00	1.000,00
	S^{Inland}		-300,00	-300,00	-300,00	-300,00	-300,00
	E^{Inland}		700,00	700,00	700,00	700,00	700,00
T-KapGes	Einlage		700,00	700,00	700,00	700,00	700,00
	KMA		700,00	1.456,00	2.272,48	3.154,28	4.106,62
	ZI		0,00	70,00	145,60	227,25	315,43
	$S^{Ausland}$		0,00	-14,00	-29,12	-45,45	-63,09
	$E^{Ausland}$		0,00	56,00	116,48	181,80	252,34
M-KapGes	AS						606,62
	S^{qst}						-30,33
	S^{Inland}						-9,10
	KRZ						3.500,00
	E^{Inland}		0,00	0,00	0,00	0,00	567,19
	NZF		0,00	0,00	0,00	0,00	4.067,19
AE	AS		0,00	0,00	0,00	0,00	4.067,19
	S^{est}		0,00	0,00	0,00	0,00	-1.016,80
	NZF		0,00	0,00	0,00	0,00	3.050,39
	DKF		1,075000	1,155625	1,242297	1,335469	1,435629
	Diskon. NZF		0,00	0,00	0,00	0,00	2.124,78
	EW	**2.124,78**					

Abbildung 17: Ertragswert bei Einlage in T-KapGes (keine Funktionsverlagerung)

3.2.4 Ertragswertkalkül bei Funktionsverlagerung

3.2.4.1 Ausschüttung der Gewinne an den Anteilseigner

Bei Verlagerung der Funktion auf die ausländische Tochter-Kapitalgesellschaft entstehen die Funktionsgewinne im Ausland. Hinsichtlich der Gewinnverwendung kommt die Ausschüttung der Gewinne an den Anteilseigner und die Thesaurierung auf Ebene der Tochter-Kapitalgesellschaft in Betracht.[181] Die Thesaurierung der Gewinne auf Ebene der Mutter-Kapitalgesellschaft ist regelmäßig nachteilig.

Werden die Gewinne der Tochter-Kapitalgesellschaft bei Funktionsverlagerung an den Anteilseigner ausgeschüttet, schüttet auch die Mutter-Kapitalgesellschaft ihre Gewinne an den Anteilseigner aus.[182] Der Ertragswert setzt sich aus drei Bestandteilen zusammen.

Der erste Teil enthält die Funktionsgewinne der Tochter-Kapitalgesellschaft unter Berücksichtigung der Abschreibung des Verrechnungspreises. Diese unterliegen bei (zweistufiger) Ausschüttung an den Anteilseigner der Gesamtsteuerbelastung s^{gesamt}.

Die Abschreibungen des Verrechnungspreises stellen eine nicht zahlungsgleiche Gewinnkomponente dar. D. h. es sind auf Ebene der Tochter-Kapitalgesellschaft liquide Mittel vorhanden, die nicht in Form von Gewinnausschüttungen durch die Mutter-Kapitalgesellschaft an den Anteilseigner ausgeschüttet werden können. Diese sind Gegenstand des zweiten Teils. Im Verhältnis zwischen Tochter- und Mutter-Kapitalgesellschaft können diese liquiden Mittel in Form von Kapitalrückzahlungen aus dem steuerlichen Einlagekonto i. S. des § 27 KStG ausgeschüttet werden. Das steuerliche Einlagekonto hat sich durch die Funktionsverlagerung um den Verrechnungspreis erhöht. Insoweit fällt weder eine Quellensteuerbelastung noch eine Ausschüttungsbelastung bei der Mutter-Kapitalgesellschaft an, da keine Gewinnausschüttungen i. S. des § 20 Abs. 1 Nr. 1 EStG vorliegen.[183] Die Thematik der Verwendungsreihenfolge beim Zugriff auf das steuerliche Einlagekonto nach § 27 Abs. 1 Satz 3 KStG stellt sich aufgrund der isolierten Betrachtung der Funktion nicht. Im Verhältnis zwischen Mutter-Kapitalgesellschaft und Anteilseigner liegen hingegen Gewinnausschüttungen i. S. des § 20 Abs. 1 Nr. 1 EStG vor, die beim Anteilseigner der Abgeltungsteuer unterliegen, da das steuerliche Einlagekonto der Mutter-Kapitalgesellschaft durch die Funktionsverlagerung nicht berührt wurde.

181 Siehe Tz. 3.2.2.2.4.
182 Siehe Tz. 3.2.2.2.6.
183 Vgl. § 20 Abs. 1 Nr. 1 Satz 3 EStG.

Der dritte Teil berücksichtigt die Konsequenzen, die durch die Besteuerung der Funktionsverlagerung auf Ebene der Mutter-Kapitalgesellschaft entstehen. In Höhe der inländischen Ertragsteuerbelastung auf den Verrechnungspreis reduziert sich die Ausschüttung an den Anteilseigner im Zeitpunkt der Funktionsverlagerung.

Für den Ertragswert gilt:

$$(27)\quad EW = \overbrace{\left(1 - s^{gesamt}\right) * \sum_{t=1}^{n} \left(EBITDA_t^{Ausland} - AfA_t\right) * q^{-t}}^{1.Teil} \\ \overbrace{+ \left(1 - s^{est}\right) * \sum_{t=1}^{n} AfA_t * q^{-t}}^{2.Teil} \\ \overbrace{- \left(1 - s^{est}\right) * s^{Inland} * VP}^{3.Teil} \\ mit \quad q = 1 + i * (1 - s^{est}) \\ AfA_t = \frac{VP}{n}$$

Nach Umstellen ergibt sich folgender Ertragswert:

$$(28)\quad EW = \left(1 - s^{gesamt}\right) * \sum_{t=1}^{n} \left[\left(EBITDA_t^{Ausland} - AfA_t\right) * q^{-t}\right] \\ + VP * \left(1 - s^{est}\right) * \left[\sum_{t=1}^{n} \left(n^{-1} * q^{-t}\right) - s^{Inland}\right] \\ mit \quad q = 1 + i * (1 - s^{est}) \\ AfA_t = \frac{VP}{n}$$

<u>Beispiel:</u>

s^{Inland}=	0,3	$s^{Ausland}$=	0,35	i=	0,1
s^{est}=	0,25	s^{qst}=	0,05	VP=	5.000

Ebene	t	0	1	2	3	4	5
T-KapGes	$EBITDA^{Ausland}$		1.100,00	1.100,00	1.100,00	1.100,00	1.100,00
	AfA^{VP}		-1.000,00	-1.000,00	-1.000,00	-1.000,00	-1.000,00
	KMA		0,00	0,00	0,00	0,00	0,00
	ZI		0,00	0,00	0,00	0,00	0,00
	$S^{Ausland}$		-35,00	-35,00	-35,00	-35,00	-35,00
	$E^{Ausland}$		65,00	65,00	65,00	65,00	65,00
M-KapGes	VP	5.000,00					
	AS		65,00	65,00	65,00	65,00	65,00
	S^{qst}		-3,25	-3,25	-3,25	-3,25	-3,25
	S^{Inland}	-1.500,00	-0,98	-0,98	-0,98	-0,98	-0,98
	KRZ		1.000,00	1.000,00	1.000,00	1.000,00	1.000,00
	E^{Inland}	-1.500,00	60,78	60,78	60,78	60,78	60,78
	NZF	-1.500,00	1.060,78	1.060,78	1.060,78	1.060,78	1.060,78
AE	AS	-1.500,00	1.060,78	1.060,78	1.060,78	1.060,78	1.060,78
	S^{est}	375,00	-265,19	-265,19	-265,19	-265,19	-265,19
	NZF	-1.125,00	795,58	795,58	795,58	795,58	795,58
	DKF	1,000000	1,075000	1,155625	1,242297	1,335469	1,435629
	Diskon. NZF	-1.125,00	740,08	688,44	640,41	595,73	554,17
	EW	**2.093,83**					

Abbildung 18: Ertragswert bei Ausschüttung an AE (Funktionsverlagerung)

3.2.4.2 Thesaurierung der Gewinne bei der Tochter-Kapitalgesellschaft

3.2.4.2.1 Ausschüttung der Gewinne der Mutter-Kapitalgesellschaft an den Anteilseigner

Bei dieser Gewinnverwendungsalternative ist zu beachten, dass die Steuerbelastung auf den Verrechnungspreis auf Ebene der Mutter-Kapitalgesellschaft entsteht, während die Funktionsgewinne auf Ebene der Tochter-Kapitalgesellschaft anfallen. Aus diesem Grund ist neben der Entscheidung über die Gewinnverwendung auf Ebene der Tochter-Kapitalgesellschaft eine zusätzliche Entscheidung über die Gewinnverwendung auf Ebene der Mutter-Kapitalgesellschaft zu treffen. Die bisherige Untersuchung hat gezeigt, dass auf Ebene der Mutter-Kapitalgesellschaft entweder die Ausschüttung der Gewinne an den Anteilseigner oder die Einlage in die Tochter-Kapitalgesellschaft in Betracht kommt.[184]

Bei Ausschüttung der Gewinne der Mutter-Kapitalgesellschaft an den Anteilseigner, besteht der Ertragswert aus fünf Teilen.

Gegenstand des ersten Teils sind die aufgezinsten Funktionsgewinne der Tochter-Kapitalgesellschaft unter Berücksichtigung der Abschreibungen auf den Verrechnungspreis und der Gesamtsteuerbelastung s^{gesamt} bei (zweistufiger) Ausschüttung der (aufgezinsten) Gewinne an den Anteilseigner am Ende des Planungshorizonts.

Durch die Abschreibungen auf den Verrechnungspreis sind liquide Mittel bei der Tochter-Kapitalgesellschaft vorhanden, denen kein Gewinn in gleicher Höhe gegenüber steht. Diese werden auf Ebene der Tochter-Kapitalgesellschaft bis zum Ende des Planungshorizonts angelegt (zweiter Teil). Die Zinserträge unterliegen der ausländischen Körperschaftsteuer.

Die Steuerbelastung bei (zweistufiger) Ausschüttung dieser aufgezinsten liquiden Mittel am Ende des Planungshorizonts wird durch den dritten und vierten Teil erfasst. Soweit die Summe der Abschreibungen, d. h. der Verrechnungspreis, ausgeschüttet wird, handelt es sich im Verhältnis zur Mutter-Kapitalgesellschaft um eine Kapitalrückzahlung aus dem steuerlichen Einlagekonto i. S. des § 27 KStG.[185] Eine Steuerbelastung mit Abgeltungsteuer entsteht nur bei Ausschüttung dieser liquiden Mittel von der Mutter-Kapitalgesellschaft an den Anteilseigner, da in diesem Verhältnis keine Kapitalrückzahlung vorliegt (dritter Teil).

Daneben unterliegen die Zinserträge (nach ausländischer Körperschaftsteuer) bei (zweistufiger) Ausschüttung an den Anteilseigner am Ende des Planungshorizonts als Gewinnausschüttungen i. S. des § 20 Abs. 1 Nr. 1 EStG einer evtl. anfallenden Quellensteuer, der inländischen Ertragsteuerbelastung auf Ebene der Mutter-Kapitalgesellschaft

[184] Siehe Tz. 3.2.2.2.6.
[185] Siehe Tz. 3.2.4.1.

unter Berücksichtigung von § 8b KStG sowie der Abgeltungsteuer auf Ebene des Anteilseigners. Diese Steuerbelastung ist Gegenstand des vierten Teils.

Im fünften Teil werden die Konsequenzen, die durch die Besteuerung der Funktionsverlagerung auf Ebene der Mutter-Kapitalgesellschaft entstehen, berücksichtigt. In Höhe der inländischen Ertragsteuerbelastung auf den Verrechnungspreis reduziert sich die Ausschüttung an den Anteilseigner im Zeitpunkt der Funktionsverlagerung.

Der Ertragswert berechnet sich wie folgt:

$$(29)\quad EW = \overbrace{\left(1-s^{gesamt}\right)*\sum_{t=1}^{n}\left(EBITDA_t^{Ausland}-AfA_t\right)*p^{n-t}*q^{-n}}^{1.Teil}$$
$$\overbrace{+\sum_{t=1}^{n}AfA_t*p^{n-t}*q^{-n}}^{2.Teil}$$
$$\overbrace{-s^{est}*VP*q^{-n}}^{3.Teil}$$
$$\overbrace{-\left[s^{est}+\left(1-s^{est}\right)*\left(s^{qst}+0{,}05*s^{Inland}\right)\right]*\left[\sum_{t=1}^{n}\left(AfA_t*p^{n-t}\right)-\sum_{t=1}^{n}AfA_t\right]*q^{-n}}^{4.Teil}$$
$$\overbrace{-\left(1-s^{est}\right)*s^{Inland}*VP}^{5.Teil}$$

$$mit\quad q=1+i*(1-s^{est})\qquad p=1+i*(1-s^{Ausland})$$
$$AfA_t=\frac{VP}{n}\qquad \sum_{t=1}^{n}AfA_t=VP$$

Nach Umstellen ergibt sich folgende Formel für den Ertragswert:

$$(30)\quad EW=\left(1-s^{gesamt}\right)*q^{-n}*\sum_{t=1}^{n}\left[\left(EBITDA_t^{Ausland}-AfA_t\right)*p^{n-t}\right]$$
$$+VP*\left\{\begin{matrix}q^{-n}*\left[\sum_{t=1}^{n}\left(n^{-1}*p^{n-t}\right)-s^{est}-\left[s^{est}+\left(1-s^{est}\right)*\left(s^{qst}+0{,}05*s^{Inland}\right)\right]*\left[\sum_{t=1}^{n}\left(n^{-1}*p^{n-t}\right)-1\right]\right]\\-\left(1-s^{est}\right)*s^{Inland}\end{matrix}\right\}$$
$$mit\quad q=1+i*(1-s^{est})\qquad p=1+i*(1-s^{Ausland})$$
$$AfA_t=\frac{VP}{n}$$

Beispiel:

s^{Inland}=	0,3	$s^{Ausland}$=	0,22	i=	0,1
s^{est}=	0,25	s^{qst}=	0,05	VP=	5.000

π = 1,4261

$((1+i*(1-s^{est}))^n$ = 1,4356

Ebene	t	0	1	2	3	4	5
T-KapGes	$EBITDA^{Ausland}$		1.100,00	1.100,00	1.100,00	1.100,00	1.100,00
	AfA^{VP}		-1.000,00	-1.000,00	-1.000,00	-1.000,00	-1.000,00
	KMA		1.078,00	2.240,08	3.492,81	4.843,25	6.299,02
	ZI		0,00	107,80	224,01	349,28	484,32
	$S^{Ausland}$		-22,00	-45,72	-71,28	-98,84	-128,55
	$E^{Ausland}$		78,00	162,08	252,73	350,44	455,77
M-KapGes	VP	5.000,00					
	AS		0,00	0,00	0,00	0,00	1.299,02
	S^{qst}		0,00	0,00	0,00	0,00	-64,95
	S^{Inland}	-1.500,00	0,00	0,00	0,00	0,00	-19,49
	KRZ		0,00	0,00	0,00	0,00	5.000,00
	E^{Inland}	-1.500,00	0,00	0,00	0,00	0,00	1.214,59
	NZF	-1.500,00	0,00	0,00	0,00	0,00	6.214,59
AE	AS	-1.500,00	0,00	0,00	0,00	0,00	6.214,59
	S^{est}	375,00	0,00	0,00	0,00	0,00	-1.553,65
	NZF	-1.125,00	0,00	0,00	0,00	0,00	4.660,94
	DKF	1,000000	1,075000	1,155625	1,242297	1,335469	1,435629
	Diskon. NZF	-1.125,00	0,00	0,00	0,00	0,00	3.246,62
	EW	**2.121,62**					

Abbildung 19: Ertragswert bei Thesaurierung in T-KapGes Alt.1 (Funktionsverlagerung)

3.2.4.2.2 Einlage der Gewinne der Mutter-Kapitalgesellschaft in die Tochter-Kapitalgesellschaft

Legt die Mutter-Kapitalgesellschaft ihre Gewinne in die Tochter-Kapitalgesellschaft zur Kapitalanlage ein und werden diese zusammen mit den Funktionsgewinnen bis zum Ende des Planungshorizonts bei der Tochter-Kapitalgesellschaft thesauriert, besteht der Ertragswert aus sechs Teilen.

Die Teile eins bis vier entsprechen dem Ertragswertkalkül bei Ausschüttung der Gewinne der Mutter-Kapitalgesellschaft an den Anteilseigner.[186] Die Teile fünf und sechs beinhalten die Folgen aus der Besteuerung der Funktionsverlagerung auf Ebene der Mutter-Kapitalgesellschaft.

Einerseits reduziert sich die Ausschüttung an den Anteilseigner am Ende des Planungshorizonts (fünfter Teil). Dies gilt, da die Einlage der Mutter- in die Tochter-Kapitalgesellschaft um die inländische Ertragsteuerbelastung auf den Verrechnungspreis geringer ist. Die reduzierte Ausschüttung an den Anteilseigner berechnet sich als Summe aus der verringerten Einlage und den entgangenen Zinserträgen, die auf Ebene der Tochter-Kapitalgesellschaft bis zum Ende des Planungshorizonts nach ausländischer Körperschaftsteuerbelastung hätten erzielt werden können. Darüber hinaus ist die Abgeltungsteuer auf Ebene des Anteilseigners zu berücksichtigen.

Andererseits ist die negative Wirkung des fünften Teils im sechsten Teil teilweise zu korrigieren. Berücksichtigt wird, dass durch die entgangenen Zinserträge bei der Tochter-Kapitalgesellschaft auch die Ausschüttungsbelastung sinkt. Diese setzt sich aus evtl. anfallender Quellensteuer, inländischer Ertragsteuer unter Berücksichtigung von § 8b KStG sowie der Abgeltungsteuer beim Anteilseigner zusammen.

[186] Siehe Tz. 3.2.4.2.1.

Insgesamt gilt für den Ertragswert:

$$(31)\quad EW = \overbrace{\left(1-s^{gesamt}\right)*\sum_{t=1}^{n}\left(EBITDA_t^{Ausland}-AfA_t\right)*p^{n-t}*q^{-n}}^{1.Teil}$$
$$+\overbrace{\sum_{t=1}^{n}AfA_t*p^{n-t}*q^{-n}}^{2.Teil}$$
$$\overbrace{-s^{est}*VP*q^{-n}}^{3.Teil}$$
$$\overbrace{-\left[s^{est}+\left(1-s^{est}\right)*\left(s^{qst}+0{,}05*s^{Inland}\right)\right]*\left[\sum_{t=1}^{n}\left(AfA_t*p^{n-t}\right)-\sum_{t=1}^{n}AfA_t\right]*q^{-n}}^{4.Teil}$$
$$\overbrace{-\left(1-s^{est}\right)*s^{Inland}*VP*p^{n}*q^{-n}}^{5.Teil}$$
$$\overbrace{+\left(1-s^{est}\right)*\left(s^{qst}+0{,}05*s^{Inland}\right)*q^{-n}*\overbrace{\left(s^{Inland}*VP*p^{n}-s^{Inland}*VP\right)}^{entgangene\ Zinserträge}}^{6.Teil}$$

$$mit\quad q=1+i*(1-s^{est})\qquad p=1+i*(1-s^{Ausland})$$
$$AfA_t=\frac{VP}{n}\qquad \sum_{t=1}^{n}AfA_t=VP$$

Nach Umstellen ergibt sich folgender Ertragswert:

$$(32)\quad EW=\left(1-s^{gesamt}\right)*q^{-n}*\sum_{t=1}^{n}\left[\left(EBITDA_t^{Ausland}-AfA_t\right)*p^{n-t}\right]$$
$$+VP*q^{-n}*$$
$$\left\{\begin{array}{l}\left(1-s^{est}\right)*s^{Inland}*\left[\left(s^{qst}+0{,}05*s^{Inland}\right)*\left(p^{n}-1\right)-p^{n}\right]+\\ \sum_{t=1}^{n}\left(n^{-1}*p^{n-t}\right)-s^{est}-\left[s^{est}+\left(1-s^{est}\right)*\left(s^{qst}+0{,}05*s^{Inland}\right)\right]*\left[\sum_{t=1}^{n}\left(n^{-1}*p^{n-t}\right)-1\right]\end{array}\right\}$$

$$mit\quad q=1+i*\left(1-s^{est}\right)\qquad p=1+i*\left(1-s^{Ausland}\right)$$
$$AfA_t=\frac{VP}{n}$$

Beispiel:

s^{Inland}=	0,3	$s^{Ausland}$=	0,2	i=	0,1
s^{est}=	0,25	s^{qst}=	0,05	VP=	5.000

$\pi =$ 1,4388

$((1+i*(1-s^{est}))^n =$ 1,4356

Ebene	t	0	1	2	3	4	5
T-KapGes	$EBITDA^{Ausland}$		1.100,00	1.100,00	1.100,00	1.100,00	1.100,00
	AfA^{VP}		-1.000,00	-1.000,00	-1.000,00	-1.000,00	-1.000,00
	KMA		1.080,00	2.246,40	3.506,11	4.866,60	6.335,93
	ZI		0,00	108,00	224,64	350,61	486,66
	$S^{Ausland}$		-20,00	-41,60	-64,93	-90,12	-117,33
	$E^{Ausland}$		80,00	166,40	259,71	360,49	469,33
M-KapGes	VP	5.000,00					
	AS		0,00	0,00	0,00	0,00	1.335,93
	S^{qst}		0,00	0,00	0,00	0,00	-66,80
	S^{Inland}	-1.500,00	0,00	0,00	0,00	0,00	-20,04
	KRZ		0,00	0,00	0,00	0,00	5.000,00
	E^{Inland}	-1.500,00	0,00	0,00	0,00	0,00	1.249,09
	NZF	-1.500,00	0,00	0,00	0,00	0,00	6.249,09
T-KapGes	Einlage	-1.500,00					
	KMA	-1.500,00	-1.620,00	-1.749,60	-1.889,57	-2.040,73	-2.203,99
	ZI	0,00	-150,00	-162,00	-174,96	-188,96	-204,07
	$S^{Ausland}$	0,00	30,00	32,40	34,99	37,79	40,81
	$E^{Ausland}$	0,00	-120,00	-129,60	-139,97	-151,17	-163,26
M-KapGes	AS						-703,99
	S^{qst}						35,20
	S^{Inland}						10,56
	KRZ						-1.500,00
	E^{Inland}						-658,23
	NZF						-2.158,23
AE	AS	0,00	0,00	0,00	0,00	0,00	4.090,86
	S^{est}	0,00	0,00	0,00	0,00	0,00	-1.022,72
	NZF	0,00	0,00	0,00	0,00	0,00	3.068,15
	DKF	1,000000	1,075000	1,155625	1,242297	1,335469	1,435629
	Diskon. NZF	0,00	0,00	0,00	0,00	0,00	2.137,14
	EW	**2.137,14**					

Abbildung 20: Ertragswert bei Thesaurierung in T-KapGes Alt. 2 (Funktionsverlagerung)

3.2.5 Ergebnis

Bei der Entscheidung über eine Funktionsverlagerung ins Ausland bedarf es eines Entscheidungskalküls, das die wesentlichen investitionstheoretischen und steuerlichen Rahmenbedingungen auf Ebene der Tochter- und Mutter-Kapitalgesellschaft sowie auf Ebene des Anteilseigners berücksichtigt. Vorab ist eine Entscheidung über die Gewinnverwendung zu treffen, um die Maximierung der ökonomischen (Nutzen-)Position des Anteilseigners zu erreichen. Das Standardmodell kann dabei bei der idealtypischen Entscheidungsfindung über die Funktionsverlagerung zugrunde gelegt werden. Im Folgenden werden auf Basis des Standardmodells Entscheidungsmodelle entwickelt, denen modifizierte Entscheidungssituationen zugrunde liegen (Bewertungs-, Verlust- und Finanzierungsmodell).

3.3 Bewertungsmodell

3.3.1 Hintergrund

Das Bewertungsmodell stellt eine Modifikation des Standardmodells dar. Ziel ist es, die Auswirkungen von Bewertungsunterschieden zwischen funktionsabgebendem und -aufnehmendem Land auf den Ertragswert bei Funktionsverlagerung abzubilden. Eine mögliche Ursache für einen Bewertungsunterschied kann die Anwendung eines anderen Bewertungsmaßstabs im funktionsaufnehmenden Land sein. Betrachtet man beispielsweise Deutschland, so bemisst sich der Wert der ins Ausland verlagerten Funktion zumindest subsidiär ergänzend[187] nach dem Fremdvergleichspreis nach Maßgabe des § 1 AStG, während bei Verlagerung einer Funktion unter Wert ins Inland (von einer Mutter- auf eine Tochter-Kapitalgesellschaft) der Tatbestand der verdeckten Einlage zu prüfen ist. Bewertungsmaßstab der verdeckten Einlage ist allerdings nicht der Fremdvergleichspreis, sondern regelmäßig der Teilwert.[188] Der Teilwert ist der Betrag, den ein Erwerber des ganzen Betriebs im Rahmen des Gesamtkaufpreises für das einzelne Wirtschaftsgut ansetzen würde; dabei ist davon auszugehen, dass der Erwerber den Betrieb fortführt.[189] Dies muss vor dem Hintergrund des Prinzips der Einzelbewertung interpretiert werden, so dass der Teilwert nicht durch Aufteilung des nach dem Ertragswertver-

[187] Siehe Tz. 2.1.
[188] Vgl. § 6 Abs. 6 Satz 2 i. V. mit § 6 Abs. 1 Nr. 5 EStG.
[189] Vgl. § 6 Abs. 1 Nr. 1 Satz 3 EStG.

fahren ermittelten Unternehmenswerts auf die einzelnen Wirtschaftsgüter bestimmt werden kann.[190] Bewertungsunterschiede zwischen Teilwert und Fremdvergleichspreis werden folglich insbesondere bei Anwendung des hypothetischen Fremdvergleichs bestehen, der eine ertragswertorientierte Verrechnungspreisermittlung vorsieht. Die Bewertung nach Maßgabe des § 1 Abs. 3 AStG kann bei einer Funktionsverlagerung ins Inland allenfalls als Argumentationshilfe gegenüber der Finanzverwaltung dienen.[191]

Daneben ist es denkbar, dass das funktionsaufnehmende Land zwar auch den Fremdvergleichspreis als Bewertungsmaßstab anwendet, aber die Ermittlungsmethodik im Ausland von der deutschen Regelung des § 1 AStG abweicht. Dies könnte z. B. hinsichtlich der Mittelwertvermutung beim hypothetischen Fremdvergleich der Fall sein, die nach § 1 Abs. 3 Satz 7 AStG zur Anwendung kommt, wenn der Steuerpflichtige keinen anderen Wert innerhalb des Einigungsbereichs glaubhaft macht.[192] Diese gesetzgeberische Fixierung auf den Mittelwert als Verrechnungspreis verschließt viele Türen in Streitfragen mit den Staaten, die eine Transferpaketbetrachtung nicht kennen oder geregelt haben und dieser eventuell ablehnend gegenüberstehen. Außerdem ist der hypothetische Fremdvergleich inklusive ausschließlicher Mittelwertbetrachtung vornehmlich eine deutsche Fremdvergleichsmethodik. Diese rein nationale Sichtweise trägt mit Sicherheit nicht zur Akzeptanz der Funktionsverlagerungsbesteuerung im internationalen Umfeld bei.[193] Nach derzeitigem Kenntnisstand dürfte die steuerliche Geltendmachung höherer Anschaffungskosten im Zusammenhang mit der "Flucht-Steuer"[194] bei Funktionsverlagerungen in vielen Ländern schwierig sein.[195] "Die Regeln über die Funktionsverlagerung führen damit erkennbar – und das wird von der Finanzverwaltung wohl billigend in Kauf genommen – zur Doppelbesteuerung."[196]

Bewertungsunterschiede können sich ferner ergeben, wenn der Verrechnungspreis für die Funktionsverlagerung im Ausland insgesamt respektive teilweise nicht anerkannt

---

190 Vgl. Schmidt, L. (2007), § 6 Rz. 215.

191 Vgl. Begründung des Referentenentwurfs eines Unternehmensteuerreformgesetzes vom 05. Februar 2007, S. 123.

192 Siehe Tz. 4.3.9.

193 Vgl. Frischmuth, M. (2007a), S. 390. A.A. BT-Drucksache 16/8027, Tz. 20.

194 Endres, D. / Spengel, C. / Reister, T. (2007), S. 487. Vgl. Jahndorf, C. (2008), S. 111.

195 Vgl. Spengel, C. / Reister, T. (2007), S. 281; Schäfer, H. / Schlarb, E. (2007), S. 36; Haas, W. (2008), S. 105-110.

196 Blumers, W. (2007), S. 1757. Vgl. Frotscher, G. (2008), S. 57. Ausführlich Tz. 2.2.

wird und folglich insoweit nicht steuerwirksam abgeschrieben werden kann. Dies trifft beispielsweise auf die Länder USA, Irland, Polen und Ungarn zu. In anderen Ländern wie z. B. Österreich, Mexiko und Singapur hängt die Anerkennung des Verrechnungspreises unter anderem davon ab, ob die Funktionsverlagerung betriebswirtschaftlich oder ausschließlich steuerlich motiviert ist.

Insofern ist die Anerkennung des Verrechnungspreises für die verlagerte Funktion vom Steuerrecht des funktionsaufnehmenden Landes abhängig und nicht immer gewährleistet. Dies zeigt die folgende Übersicht, in der Aussagen über die steuerliche Anerkennung des Verrechnungspreises in repräsentativen Ländern aus Europa, Nordamerika und Asien getroffen werden.

Business-driven structures:

	Western Europe								**Eastern Europe**			**North America**			**Asia**			
Country	AT	BE	FR	DE	IE	NL	CH	UK	PL	HU	CZ	CA	MX	US	CN	IN	JP	SG
Challenge	D	D	D	Y	N	Y	N	Y	N	N	N	Y	Y	N	D	D	Y	N
Deductible	Y	Y	N	Y	N	Y	Y	N	N	N	Y	Y	Y	N	N	D	Y	D

Tax-oriented structures:

	Western Europe								**Eastern Europe**			**North America**			**Asia**			
Country	AT	BE	FR	DE	IE	NL	CH	UK	PL	HU	CZ	CA	MX	US	CN	IN	JP	SG
Challenge	Y	Y	Y	Y	Y	Y	Y	Y	Y	Y	Y	Y	Y	Y	Y	Y	Y	D
Deductible	D	Y	N	Y	N	Y	Y	N	N	N	Y	Y	D	N	N	D	Y	D

Legend: Y - Yes; D - Depends; N - No
Challenge - Challenged by transferor's local tax authority
Deductible - Tax deductibility allowed by transferee's local tax authority

Quelle: PwC AG: Business Restructuring – The smoke behind global taxation: An international perspective (A PwC Global Survey, April 2007)

Abbildung 21: Steuerliche Anerkennung des Verrechnungspreises im funktionsaufnehmenden Land

3.3.2 Ertragswertkalkül ohne Funktionsverlagerung

Findet keine Funktionsverlagerung statt, erfolgt im Inland keine Besteuerung nach Maßgabe des § 1 AStG. Die Thematik der Anerkennung des Verrechnungspreises im

Ausland stellt sich somit mangels Auslandsberührung nicht. Für die Ertragswerte ohne Funktionsverlagerung gelten in Abhängigkeit von der Gewinnverwendung die Formeln (24) bzw. (26) des Standardmodells weiterhin.

3.3.3 Ertragswertkalkül bei Funktionsverlagerung

3.3.3.1 Ausschüttung der Gewinne an den Anteilseigner

Um Bewertungsunterschiede zwischen funktionsabgebendem und -aufnehmendem Land in die Ertragswertkalküle bei Funktionsverlagerung zu integrieren, wird die Variable x eingeführt. Diese repräsentiert den Anteil des Verrechnungspreises, der im Ausland steuerlich anerkannt wird. Die modifizierten Ertragswerte bei Funktionsverlagerung werden im Folgenden in Abhängigkeit von der optimalen Gewinnverwendung entwickelt.[197]

Werden die Gewinne der Tochter-Kapitalgesellschaft bei Funktionsverlagerung an den Anteilseigner ausgeschüttet, ermittelt sich der Ertragswert bei vollständiger Anerkennung des Verrechnungspreises nach Formel (27).[198] Der erste und zweite Teil dieses Ertragswertkalküls sind um die Variable x zu erweitern, da diese die steuerliche Anerkennung des Verrechnungspreises im Ausland beinhalten. Eine Veränderung des dritten Teils kommt nicht in Betracht. Dieser berücksichtigt ausschließlich die Wirkungen der Besteuerung im Inland und wird durch die Anerkennung des Verrechnungspreises für die verlagerte Funktion im Ausland nicht berührt.

Der modifizierte Ertragswert lautet:

[197] Siehe Tz. 3.2.2.2.
[198] Siehe Tz. 3.2.4.1.

$$(33)\quad EW^{\text{mod}} = \overbrace{(1 - s^{gesamt}) * \sum_{t=1}^{n} \left(EBITDA_t^{Ausland} - x * AfA_t\right) * q^{-t}}^{1.Teil}$$
$$+ \overbrace{(1 - s^{est}) * x * \sum_{t=1}^{n} AfA_t * q^{-t}}^{2.Teil}$$
$$\overbrace{-(1 - s^{est}) * s^{Inland} * VP}^{3.Teil}$$
$$mit \quad q = 1 + i * (1 - s^{est}) \qquad AfA_t = \frac{VP}{n}$$

Um die Auswirkungen der (teilweisen) Nicht-Anerkennung des Verrechnungspreises gegenüber der vollständigen Anerkennung zu ermitteln, wird der modifizierte Ertragswert aus Formel (33) dem Ertragswert aus Formel (27) gegenüber gestellt. Die Differenz der Ertragswerte gibt an, um welchen Betrag der Anteilseigner durch die (teilweise) Nicht-Anerkennung im Ausland schlechter gestellt wird.

$$(34)\quad \Delta = EW - EW^{\text{mod}}$$
$$= (1 - x) * \left\{ \overbrace{(1 - s^{est}) * \sum_{t=1}^{n} AfA_t * q^{-t}}^{1.Teil} - \overbrace{(1 - s^{gesamt}) * \sum_{t=1}^{n} AfA_t * q^{-t}}^{2.Teil} \right\}$$
$$mit \quad q = 1 + i * (1 - s^{est}) \qquad AfA_t = \frac{VP}{n}$$

Die Verschlechterung der ökonomischen (Nutzen-)Position des Anteilseigners ist Ergebnis von zwei gegenläufigen Effekten.

Einerseits reduziert sich der Ertragswert bei Funktionsverlagerung um den im Ausland nicht anerkannten Teil der Abschreibungen auf den Verrechnungspreis. Bei vollständiger Anerkennung kann dieser in Form einer Kapitalrückzahlung ohne Steuerbelastung von der Tochter-Kapitalgesellschaft an die Mutter-Kapitalgesellschaft ausgeschüttet und in Form einer Gewinnausschüttung mit Abgeltungsbesteuerung an den Anteilseigner weitergeleitet werden (erster Teil).

Diesem negativen steht der positive Effekt gegenüber, dass durch die (teilweise) Nicht-Anerkennung des Verrechnungspreises im Ausland aufgrund der geringeren Abschreibungen höhere Gewinne in der Tochter-Kapitalgesellschaft erzielt werden. Bei (zweistufiger) Ausschüttung an den Anteilseigner unterliegen diese der Gesamtsteuerbelastung s^{gesamt} (zweiter Teil).

Nach Umstellen von Formel (34) ermittelt sich der Betrag, um den sich die ökonomische (Nutzen-)Position des Anteilseigners durch die (teilweise) Nicht-Anerkennung des Verrechnungspreises verschlechtert, wie folgt:

$$(35) \quad \Delta = (1-x) * \left(s^{gesamt} - s^{est}\right) * AfA_t * \sum_{t=1}^{n} q^{-t}$$

$$mit \quad q = 1 + i * (1 - s^{est}) \qquad AfA_t = \frac{VP}{n}$$

Im Ergebnis führt die (teilweise) Nicht-Anerkennung des Verrechnungspreises im funktionsaufnehmenden Land dazu, dass die nicht anerkannten Abschreibungen auf den Verrechnungspreis anstatt ausschließlich der Abgeltungsteuer beim Anteilseigner der Gesamtsteuerbelastung s^{gesamt} unterliegen. Diese übersteigt die Abgeltungsteuer.[199] Der negative Effekt auf den Ertragswert des Anteilseigners (erster Teil) überkompensiert folglich den positiven Gegeneffekt (zweiter Teil), so dass die (teilweise) Nicht-Anerkennung des Verrechnungspreises stets eine Verschlechterung der ökonomischen (Nutzen-)Position des Anteilseigners zur Folge hat.

3.3.3.2 Thesaurierung der Gewinne bei der Tochter-Kapitalgesellschaft

3.3.3.2.1 Ausschüttung der Gewinne der Mutter-Kapitalgesellschaft an den Anteilseigner

Bei Thesaurierung der Funktionsgewinne in der Tochter-Kapitalgesellschaft bedarf es neben der Entscheidung über die Gewinnverwendung bei der Tochter-Kapitalgesellschaft einer Entscheidung über die Gewinnverwendung auf Ebene der Mutter-Kapitalgesellschaft.[200] In Betracht kommen die Ausschüttung der Gewinne an den Anteilseigner und die Einlage der Gewinne der Mutter-Kapitalgesellschaft in die Tochter-Kapitalgesellschaft.[201]

---

199 Dies ergibt sich aus einem Vergleich der Formeln (2) und (13).

200 Siehe Tz. 3.2.2.2.5.

201 Siehe Tz. 3.2.2.2.6.

Um die Bewertungsunterschiede im Ertragswertkalkül abbilden zu können, wird der Ertragswert bei Ausschüttung der Gewinne an den Anteilseigner aus Formel (29) um die Variable x erweitert. Anzupassen sind die Teile eins bis vier. Der fünfte Teil betrifft ausschließlich die inländischen Besteuerungswirkungen gemäß § 1 AStG und ist daher nicht zu verändern. Für den modifizierten Ertragswert gilt:

$$(36)\quad EW^{\text{mod}} = \overbrace{\left(1-s^{gesamt}\right)*\sum_{t=1}^{n}\left(EBITDA_t^{Ausland}-x*AfA_t\right)*p^{n-t}*q^{-n}}^{1.Teil}$$
$$\overbrace{+\sum_{t=1}^{n}x*AfA_t*p^{n-t}*q^{-n}}^{2.Teil}$$
$$\overbrace{-s^{est}*x*VP*q^{-n}}^{3.Teil}$$
$$\overbrace{-\left[s^{est}+\left(1-s^{est}\right)*\left(s^{gst}+0{,}05*s^{Inland}\right)\right]*\left[\sum_{t=1}^{n}\left(x*AfA_t*p^{n-t}\right)-\sum_{t=1}^{n}x*AfA_t\right]*q^{-n}}^{4.Teil}$$
$$\overbrace{-\left(1-s^{est}\right)*s^{Inland}*VP}^{5.Teil}$$

$$mit\quad q=1+i*(1-s^{est})\qquad p=1+i*(1-s^{Ausland})$$
$$AfA_t=\frac{VP}{n}\qquad \sum_{t=1}^{n}AfA_t=VP$$

Der Betrag, um den sich die ökonomische (Nutzen-)Position des Anteilseigners durch die (teilweise) Nicht-Anerkennung verschlechtert, ermittelt sich wiederum als Differenz der Ertragswerte. Diese berechnet sich wie folgt:

$$(37)\quad \Delta = EW - EW^{\text{mod}}$$
$$=\left(1-x\right)*\left\{\begin{array}{l}\overbrace{-\left(1-s^{gesamt}\right)*AfA_t*\sum_{t=1}^{n}p^{n-t}*q^{-n}}^{1.Teil}\overbrace{+AfA_t*\sum_{t=1}^{n}p^{n-t}*q^{-n}}^{2.Teil}\overbrace{-VP*s^{est}*q^{-n}}^{3.Teil}\\ \overbrace{-VP*q^{-n}*\left[s^{est}+\left(1-s^{est}\right)*\left(s^{gst}+0{,}05*s^{Inland}\right)\right]*\left(\sum_{t=1}^{n}n^{-1}*p^{n-t}-1\right)}^{4.Teil}\end{array}\right\}$$

$$mit\quad q=1+i*(1-s^{est})\qquad p=1+i*(1-s^{Ausland})$$
$$AfA_t=\frac{VP}{n}$$

Die Verschlechterung der ökonomischen (Nutzen-)Position des Anteilseigners besteht aus vier Teilen.

Im ersten Teil wird der positive Effekt berücksichtigt, der dadurch entsteht, dass die (teilweise) Nicht-Anerkennung des Verrechungspreises im funktionsaufnehmenden Land aufgrund der geringeren Abschreibungen zu höheren Gewinnen und somit Zinserträgen in der Tochter-Kapitalgesellschaft führt. Diese unterliegen bei (zweistufiger) Ausschüttung an den Anteilseigner der Gesamtsteuerbelastung s^{gesamt}.

Dem gegenüber ergibt sich ein insgesamt negativer Effekt (zweiter bis vierter Teil). Dieser besteht im Wesentlichen aus der verringerten Kapitalrückzahlung am Ende des Planungshorizonts, da eine Erhöhung des steuerlichen Einlagekontos der Tochter-Kapitalgesellschaft um den nicht anerkannten Teil des Verrechnungspreises nicht erfolgt, sowie den verringerten aufgelaufenen Zinserträgen am Ende des Planungshorizonts, die auf den niedrigeren Kapitalmarktanlagen beruhen (zweiter Teil).

Im dritten und vierten Teil wird berücksichtigt, dass sich die Steuerbelastungen durch die (teilweise) Nicht-Anerkennung des Verrechnungspreises reduzieren. Dies betrifft zum einen die Abgeltungsbesteuerung der verringerten Kapitalrückzahlung bei (zweistufiger) Ausschüttung an den Anteilseigner, da im Verhältnis von Mutter-Kapitalgesellschaft zu Anteilseigner eine steuerpflichtige Gewinnausschüttung vorliegt (dritter Teil). Zum anderen reduziert sich aufgrund der geringeren aufgelaufenen Zinserträge am Ende des Planungshorizonts, die auf der Kapitalmarktanlage der Abschreibungen beruhen, die Ausschüttungsbelastung bei (zweistufiger) Ausschüttung an den Anteilseigner (vierter Teil).

Nach Umstellen ergibt sich folgende Verschlechterung der ökonomischen (Nutzen-) Position des Anteilseigners:

$$(38)\quad \Delta=(1-x)*VP*\left\{\begin{array}{l}-\left(1-s^{gesamt}\right)*n^{-1}*\sum_{t=1}^{n}p^{n-t}*q^{-n}+n^{-1}*\sum_{t=1}^{n}p^{n-t}*q^{-n}-s^{est}*q^{-n}\\-q^{-n}*\left[s^{est}+\left(1-s^{est}\right)*\left(s^{qst}+0{,}05*s^{Inland}\right)\right]*\left(\sum_{t=1}^{n}n^{-1}*p^{n-t}-1\right)\end{array}\right\}$$

$$mit\quad q=1+i*(1-s^{est})\qquad p=1+i*(1-s^{Ausland})$$

Da der negative Effekt (zweiter Teil) auf den Ertragswert bei Funktionsverlagerung die positiven Effekte (erster, dritter und vierter Teil) überkompensiert, wird der Anteilseigner bei (teilweiser) Nicht-Anerkennung des Verrechnungspreises im Ausland regelmäßig schlechter gestellt als bei vollständiger Anerkennung des Verrechungspreises. Die ökonomische (Nutzen-)Position des Anteilseigners verringert sich.

3.3.3.2.2 Einlage der Gewinne der Mutter-Kapitalgesellschaft in die Tochter-Kapitalgesellschaft

Die Variable x ist in den Ertragswert entsprechend Formel (31) zu integrieren, um die Bewertungsunterschiede zwischen funktionsabgebendem und -aufnehmendem Land zu erfassen. Dies betrifft allerdings nur die Teile eins bis vier, da nur diese die steuerliche Anerkennung des Verrechnungspreises im Ausland zum Gegenstand haben. Der fünfte und sechste Teil behandelt die inländischen Besteuerungswirkungen gemäß § 1 AStG und ist somit nicht anzupassen.

Für den modifizierten Ertragswert gilt:

$$(39)\quad EW^{\text{mod}} = \overbrace{\left(1-s^{gesamt}\right)*\sum_{t=1}^{n}\left(EBITDA_t^{Ausland}-x*AfA_t\right)*p^{n-t}*q^{-n}}^{1.Teil}$$
$$\overbrace{+\sum_{t=1}^{n}x*AfA_t*p^{n-t}*q^{-n}}^{2.Teil}$$
$$\overbrace{-s^{est}*x*VP*q^{-n}}^{3.Teil}$$
$$\overbrace{-\left[s^{est}+\left(1-s^{est}\right)*\left(s^{qst}+0{,}05*s^{Inland}\right)\right]*\left[\sum_{t=1}^{n}\left(x*AfA_t*p^{n-t}\right)-\sum_{t=1}^{n}x*AfA_t\right]*q^{-n}}^{4.Teil}$$
$$\overbrace{-\left(1-s^{est}\right)*s^{Inland}*VP*p^{n}*q^{-n}}^{5.Teil}$$
$$\overbrace{+\left(1-s^{est}\right)*\left(s^{qst}+0{,}05*s^{Inland}\right)*q^{-n}*\left(s^{Inland}*VP*p^{n}-s^{Inland}*VP\right)}^{6.Teil}$$

$$mit\quad q=1+i*(1-s^{est})\qquad p=1+i*(1-s^{Ausland})$$
$$AfA_t=\frac{VP}{n}\qquad \sum_{t=1}^{n}AfA_t=VP$$

Die Verschlechterung der ökonomischen (Nutzen-)Position des Anteilseigners durch die (teilweise) Nicht-Anerkennung des Verrechnungspreises im Ausland ermittelt sich wie folgt:

$$(40)\quad \Delta = EW - EW^{\text{mod}}$$
$$=\left(1-x\right)*\left\{\begin{array}{l}-\left(1-s^{gesamt}\right)*AfA_t*\sum_{t=1}^{n}p^{n-t}*q^{-n}+AfA_t*\sum_{t=1}^{n}p^{n-t}*q^{-n}-VP*s^{est}*q^{-n}\\-VP*q^{-n}*\left[s^{est}+\left(1-s^{est}\right)*\left(s^{qst}+0{,}05*s^{Inland}\right)\right]*\left(\sum_{t=1}^{n}n^{-1}*p^{n-t}-1\right)\end{array}\right\}$$

$$mit\quad q=1+i*(1-s^{est})\qquad p=1+i*(1-s^{Ausland})$$
$$AfA_t=\frac{VP}{n}$$

Nach Umstellen ergibt sich:

$$(41)\quad \Delta = (1-x)*VP*\left\{\begin{array}{l} -\left(1-s^{gesamt}\right)*n^{-1}*\sum_{t=1}^{n}p^{n-t}*q^{-n}+n^{-1}*\sum_{t=1}^{n}p^{n-t}*q^{-n}-s^{est}*q^{-n} \\ -q^{-n}*\left[s^{est}+\left(1-s^{est}\right)*\left(s^{qst}+0{,}05*s^{Inland}\right)\right]*\left(\sum_{t=1}^{n}n^{-1}*p^{n-t}-1\right) \end{array}\right\}$$

$$mit\quad q=1+i*(1-s^{est})\qquad p=1+i*(1-s^{Ausland})$$

Ein Vergleich der Formeln (38) und (41) zeigt, dass sich die Verschlechterung der ökonomischen (Nutzen-)Position des Anteilseigners bei diesen beiden Gewinnverwendungsalternativen, Ausschüttung der Gewinne der Mutter-Kapitalgesellschaft respektive Einlage in die Tochter-Kapitalgesellschaft, entsprechen. Dies ist nicht verwunderlich, da sich die Gewinnverwendungsalternativen nur hinsichtlich der inländischen Besteuerungswirkungen nach Maßgabe des § 1 AStG unterscheiden und sich diese durch die Integration der Bewertungsunterschiede in die Ertragswertkalküle nicht verändern. Insofern kann auf die bisherigen Ausführungen verwiesen werden.[202]

3.3.4 Ergebnis

Bei einer Funktionsverlagerung ins Ausland wird in Deutschland nach Maßgabe des § 1 AStG ein Verrechnungspreis ermittelt und der Besteuerung zugrunde gelegt. Dieser Verrechnungspreis wird in vielen funktionsaufnehmenden Ländern allerdings nicht korrespondierend anerkannt. In Betracht kommt eine teilweise oder sogar vollständige Nicht-Anerkennung des Verrechnungspreises im Ausland. "Es steht [...] zu befürchten, dass Streitigkeiten über den steuerlich maßgeblichen Verrechnungspreis und internationale Besteuerungskonflikte zunehmen werden. Denn andere Staaten werden eine Ausweitung des deutschen Besteuerungssubstrats zu ihren Lasten nicht hinnehmen."[203]

Folge einer (teilweisen) Nicht-Anerkennung ist, dass sich der Ertragswert bei Funktionsverlagerung respektive die ökonomische (Nutzen-)Position des Anteilseigners verringert. Der Anteilseigner wird schlechter gestellt. Dem gegenüber bleibt der Er-

---

[202] Siehe Tz. 3.3.3.1.

[203] Bundessteuerberaterkammer (2007b), S. 36. A.A. BT-Drucksache 16/8027, Tz. 20.

tragswert ohne Funktionsverlagerung unverändert. Dies kann dazu führen, dass die Funktionsverlagerung nicht durchgeführt wird, da der Ertragswert ohne Verlagerung den Ertragswert bei Verlagerung übersteigt. Als Entscheidungsgrundlage für die Funktionsverlagerung kann in diesen Fällen das Bewertungsmodell verwendet werden.

Die Verringerung des Ertragswerts bei Funktionsverlagerung beruht im Wesentlichen auf zwei Effekten. Zum einen geht durch die (teilweise) Nicht-Anerkennung des Verrechnungspreises im Ausland Abschreibungspotenzial verloren. Dies führt aufgrund der höheren Gewinne zu höheren Steuerbelastungen im Ausland. Zum anderen verringert sich der Zugang beim steuerlichen Einlagekonto der Tochter-Kapitalgesellschaft um den nicht anerkannten Verrechnungspreis. Somit ist der Umfang der steuerfreien Kapitalrückzahlungen zwischen Tochter- und Mutter-Kapitalgesellschaft geringer.

3.4 Verlustmodell

3.4.1 Hintergrund

Im Rahmen des Verlustmodells wird die Prämisse der positiven Periodengewinne beim Standardmodell teilweise aufgegeben. Ziel des Verlustmodells ist es, Entscheidungssituationen mit Verlustvorträgen auf Ebene der Mutter- oder Tochter-Kapitalgesellschaft abzubilden. Bestehen Verlustvorträge, müssen diese bei der Entscheidung über eine Funktionsverlagerung berücksichtigt werden. Insoweit können – gegebenenfalls unter Berücksichtigung der Mindestbesteuerung – Steuerbelastungen weitgehend vermieden werden. Hinsichtlich der Gewinnverwendung müssen die handelsrechtlichen Ausschüttungsrestriktionen beachtet werden.

Gegenstand des Entscheidungsmodells ist die Verlagerung einer gewinnbringenden Funktion von der Mutter- auf die Tochter-Kapitalgesellschaft. Gewinnbringend wird i. S. eines Totalgewinns über den gesamten Planungshorizont verstanden. Die Prämisse wird gesetzt, damit die Verlustvorträge, die bei Mutter- oder Tochter-Kapitalgesellschaft vorhanden sind, aufgrund des Steuerentlastungspotenzials Entscheidungsrelevanz besitzen. Ferner würde sich bei nicht gewinnbringenden Funktionen anstelle der Entscheidung über eine Verlagerung die Entscheidung der Stilllegung stellen.

Verfügt die Mutter-Kapitalgesellschaft über Verlustvorträge, wird die Verlagerung einer gewinnbringenden Funktion ins Ausland aus steuerlicher Sicht tendenziell nachteilig sein. Dies gilt, da die Mutter-Kapitalgesellschaft ohne Funktionsverlagerung die Funktionsgewinne in vollem Umfang mit den Verlustvorträgen verrechnen kann. In Abhängigkeit von der Höhe der Funktionsgewinne entsteht in Deutschland allenfalls aufgrund der Mindestbesteuerung nach § 10d Abs. 2 EStG i. V. mit § 10a Satz 2 GewStG eine Steuerbelastung. Eine Steuerbelastung auf die Funktionsgewinne kann somit bei entsprechenden Verlustvorträgen weitgehend vermieden werden.

Wird die Funktion hingegen auf die Tochter-Kapitalgesellschaft verlagert, fließen die Funktionsgewinne der Mutter-Kapitalgesellschaft als Gewinnausschüttungen i. S. des § 20 Abs. 1 Nr. 1 EStG zu. Diese unterliegen im Inland nach § 8b Abs. 1 i. V. mit Abs. 5 KStG zu 5 % der Besteuerung. Eine Verlustverrechnung ist folglich nur in geringem Umfang möglich. Darüber hinaus unterliegen die Funktionsgewinne auf Ebene der Tochter-Kapitalgesellschaft der ausländischen Körperschaftsteuerbelastung sowie bei Ausschüttung einer evtl. anfallenden definitiven Quellensteuerbelastung.[204] Aufgrund dieser steuerlichen Rahmenbedingungen werden im Folgenden ausschließlich Situationen betrachtet, bei denen die Tochter-Kapitalgesellschaft über Verlustvorträge verfügt und eine Funktionsverlagerung zur Verlustnutzung in Erwägung gezogen wird.

3.4.2 Prämissen des Verlustmodells

Dem Verlustmodell liegen im Wesentlichen dieselben Prämissen zugrunde, die beim Standardmodell zur Anwendung kommen.[205] Inwieweit von den Prämissen des Standardmodells Abstand genommen wird bzw. diese modifiziert werden, wird im Folgenden erläutert:

Positive Periodengewinne

Durch die Prämisse der positiven Periodengewinne werden Verlustsituationen beim Standardmodell ausgeblendet. Diese Prämisse wird insoweit aufgegeben, als die Tochter-Kapitalgesellschaft über Verlustvorträge verfügt. Insofern sind auf Ebene der Toch-

[204] Siehe Tz. 3.2.2.1.3.
[205] Siehe Tz. 3.2.1.

ter-Kapitalgesellschaft die Verlustverrechnung sowie bezüglich der Gewinnverwendung die handelsrechtlichen Ausschüttungsrestriktionen zu berücksichtigen. Darüber hinaus ist Gegenstand der Entscheidung eine gewinnbringende Funktion i. S. eines Totalgewinns über den Planungshorizont, d. h. Periodenverluste werden nicht mehr ausgeblendet.

Hinsichtlich der Mutter-Kapitalgesellschaft wird die Prämisse der positiven Periodengewinne aufrecht erhalten.

Rahmenbedingungen bei der Tochter-Kapitalgesellschaft

Die Tochter-Kapitalgesellschaft ist vor der Funktionsverlagerung annahmegemäß ein leerer Verlustmantel und ausschließlich durch Eigenkapital finanziert. Das Eigenkapital der Tochter-Kapitalgesellschaft setzt sich einerseits aus gewinnunabhängigen Bestandteilen (gezeichnetes Kapital, Kapitalrücklage) und andererseits aus Bestandteilen zusammen, die durch Gewinne respektive Verluste entstanden sind (Gewinn-/Verlustvortrag). Das gezeichnete Kapital ist annahmegemäß voll eingezahlt und ein Sonderausweis analog § 28 KStG besteht nicht. Handels- und steuerrechtliche Verlustvorträge entsprechen sich. Die daraus resultierende Struktur der Handels-/Steuerbilanz der Tochter-Kapitalgesellschaft vor der Funktionsverlagerung ist Ausdruck der isolierenden Betrachtungsweise, die allen Entscheidungsmodellen zugrunde liegt.[206] Die Struktur der Handels-/Steuerbilanz hat folgendes Aussehen:

Aktiva		Passiva	
		gezeichnetes Kapital	x
		Kapitalrücklage	y
		Verlustvortrag	-(x+y)
	0		0

Abbildung 22: Handels-/Steuerbilanz der T-KapGes beim Verlustmodell

[206] Siehe Tz. 3.1.

Steuerliche Rahmenbedingungen im Ausland

Die Gewinne der Tochter-Kapitalgesellschaft unterliegen dem ausländischen Körperschaftsteuersatz $s^{Ausland}$. Das ausländische Körperschaftsteuerrecht entspricht annahmegemäß systematisch dem inländischen Steuerrecht. Allerdings werden Restriktionen bei der Verlustverrechnung, die in Deutschland durch die Mindestbesteuerung gemäß § 10d Abs. 2 EStG i. V. mit § 10a Satz 2 GewStG entstehen sowie die Möglichkeit des Verlustrücktrags, nicht in das Modell integriert. Grund für die Nicht-Berücksichtigung ist, dass diese Regelungen zur Verlustverrechnung im internationalen Vergleich nicht üblich sind.[207]

Mantelkaufrestriktionen sind bei der Verlustverrechnung nicht zu berücksichtigen, da eine Anwendung nur in Betracht kommt, wenn (auch) Anteilsübertragungen stattfinden.

Der Verrechnungspreis wird im Ausland annahmegemäß in vollem Umfang anerkannt und führt zu einem Zugang auf dem steuerlichen Einlagekonto entsprechend § 27 Abs. 1 Satz 1 KStG. Bilanziell wird der Zugang in der Kapitalrücklage gezeigt.

Gewinnverwendung bei der Mutter-Kapitalgesellschaft

Hinsichtlich der Gewinnverwendung bei der Mutter-Kapitalgesellschaft ist eine Entscheidung zwischen Ausschüttung an den Anteilseigner und Einlage in die Tochter-Kapitalgesellschaft zu treffen. Die Thesaurierung der Gewinne auf Ebene der Mutter-Kapitalgesellschaft ist regelmäßig nachteilig.[208] Bei Einlage der Gewinne in die Tochter-Kapitalgesellschaft, die über Verlustvorträge verfügt, wird davon ausgegangen, dass aufgrund der handelsrechtlichen Ausschüttungsrestriktionen eine Auskehrung am Ende des Planungshorizonts im Rahmen der Liquidation der Tochter-Kapitalgesellschaft erfolgt.

Gewinnverwendung bei der Tochter-Kapitalgesellschaft

Die Tochter-Kapitalgesellschaft besitzt Verlustvorträge. Diese führen zu handelsrechtlichen Ausschüttungsrestriktionen. Insoweit können die Gewinne, die auf Ebene der Tochter-Kapitalgesellschaft entstehen, nicht frei disponiert werden. Vielmehr muss dem

---

207 Vgl. BDI / PwC (2007); BMF (2006).

208 Siehe Tz. 3.2.2.1.4.

Anteilseigner bewusst sein, dass laufende Gewinnausschüttungen (zumindest solange Verlustvorträge bestehen) nicht zu erwarten sind. Aus diesem Grund erfolgt die Gewinnverwendung bei der Tochter-Kapitalgesellschaft annahmegemäß im Rahmen einer Liquidationsauskehrung am Ende des Planungshorizonts.

3.4.3 Ertragswertkalkül ohne Funktionsverlagerung

3.4.3.1 Ausschüttung der Gewinne an den Anteilseigner

Das Ertragswertkalkül für den Fall, dass keine Funktionsverlagerung stattfindet, differiert in Abhängigkeit der Gewinnverwendung. In Betracht kommen die Ausschüttung der Funktionsgewinne an den Anteilseigner und die Einlage der Funktionsgewinne in die Tochter-Kapitalgesellschaft.[209]

Wird die gewinnbringende Funktion nicht auf die Tochter-Kapitalgesellschaft verlagert und schüttet die Mutter-Kapitalgesellschaft ihre Gewinne an den Anteilseigner aus, wird die Ebene der Tochter-Kapitalgesellschaft nicht berührt. Somit bleiben die Verlustvorträge der Tochter-Kapitalgesellschaft ungenutzt und Ausschüttungsrestriktionen sind nicht zu beachten. Das Ertragswertkalkül verändert sich in dieser Konstellation gegenüber dem Standardmodell nicht. Der Ertragswert ermittelt sich nach Formel (24).

3.4.3.2 Einlage der Gewinne in die Tochter-Kapitalgesellschaft

Bei Einlage der Gewinne der Mutter-Kapitalgesellschaft in die Tochter-Kapitalgesellschaft erfolgt eine (zweistufige) Ausschüttung an den Anteilseigner erst im Rahmen der Liquidation der Tochter-Kapitalgesellschaft am Ende des Planungshorizonts. Diese Liquidationsauskehrung ist differenziert in zwei Teilen zu betrachten.

Im ersten Teil wird ermittelt, ob auf Ebene der Tochter-Kapitalgesellschaft bei Liquidation ein ausschüttbarer Gewinn i. S. des § 27 Abs. 1 Satz 5 KStG vorhanden ist. Dieser ergibt sich als Differenz aus dem gesamten Eigenkapital und dem gewinnunabhängigen Eigenkapital am Ende des Planungshorizonts. Das gesamte Eigenkapital setzt sich aus

[209] Siehe Tz. 3.2.2.1.4.

dem gewinnunabhängigen Eigenkapital und dem Gewinn-/Verlustvortrag(-) zusammen, wobei das gewinnunabhängige Eigenkapital die Summe aus gezeichnetem Kapital, Kapitalrücklage sowie Einlagen darstellt.

Gesamtes Eigenkapital$_n$
./. gezeichnetes Kapital
./. Kapitalrücklage$_n$ = steuerliches Einlagekonto$_n$
= ausschüttbarer Gewinn$_n$

Abbildung 23: Ermittlung des ausschüttbaren Gewinns

Ist der ausschüttbare Gewinn negativ, erfolgt eine Begrenzung auf Null.[210] Die Auskehrung des ausschüttbaren Gewinns unterliegt bei der Mutter-Kapitalgesellschaft nach § 20 Abs. 1 Nr. 2 EStG der inländischen Ertragsteuerbelastung und ist im Ergebnis zu 5 % steuerpflichtig.[211] Dies gilt gleichermaßen auch für die Gewerbesteuer. Daneben fällt u. U. eine definitive Quellensteuerbelastung an. Die anschließende Ausschüttung von der Mutter-Kapitalgesellschaft an den Anteilseigner stellt eine Gewinnausschüttung i. S. des § 20 Abs. 1 Nr. 1 EStG dar, die der Abgeltungsteuer unterliegt.

Im zweiten Teil wird die Behandlung der Liquidationsauskehrung dargestellt, soweit kein ausschüttbarer Gewinn als verwendet gilt. Dies ist in Höhe der Kapitalmarktanlage am Ende des Planungshorizonts abzüglich des ausschüttbaren Gewinns aus dem ersten Teil der Fall. Insoweit liegen auf Ebene der Mutter-Kapitalgesellschaft steuerfreie Kapitalrückzahlungen vor.[212] Eine Quellensteuer wird nicht erhoben, da keine Gewinnausschüttungen vorliegen. Im Verhältnis zum Anteilseigner handelt es sich bei Ausschüttung aus der Mutter-Kapitalgesellschaft wiederum um Gewinnausschüttungen i. S. des § 20 Abs. 1 Nr. 1 EStG mit Abgeltungsbesteuerung.

210 Vgl. BMF vom 04. Juni 2003, BStBl. I S. 366 Rz. 14.
211 Vgl. § 8b Abs. 1 i. V. mit Abs. 5 KStG.
212 Vgl. § 20 Abs. 1 Nr. 2 Satz 1 2. HS EStG.

Es resultiert folgender Ertragswert:

$$(42)\quad EW = \overbrace{Max\left\{\begin{matrix}\left(EK_n^{T,gesamt} - EK_n^{T,kein\ Gewinn}\right)*\left(1-s^{qst}-0{,}05*s^{Inland}\right)* \\ \left(1-s^{est}\right)\quad ;\quad 0\end{matrix}\right\}*q^{-n}}^{1.Teil}$$
$$\overbrace{+\left[KMA_n - Max\left\{EK_n^{T,gesamt} - EK_n^{T,kein\ Gewinn}\ ;\ 0\right\}\right]*\left(1-s^{est}\right)*q^{-n}}^{2.Teil}$$

$$\begin{aligned}
mit\quad & EK_n^{T,gesamt} = EK_n^{T,kein\ Gewinn} + GV/VV(-)_n^T \\
& EK_n^{T,kein\ Gewinn} = gez.Kapital^T + Kapitalrücklage^T + \sum_{t=1}^{n} Einlage_t \\
& Einlage_t = \left(1-s^{Inland}\right)*EBITDA_t^{Inland} \\
& GV/VV(-)_n^T = GV/VV(-)_{n-1}^T + E_n^{Ausland} \\
& E_n^{Ausland} = ZI_n^{Ausland} - S_n^{Ausland} \\
& ZI_n^{Ausland} = i*KMA_{n-1}^{Ausland} \\
& KMA_n^{Ausland} = KMA_{n-1}^{Ausland} + E_n^{Ausland} + Einlage_t \\
& S_n^{Ausland} = s^{Ausland}*Max\left\{ZI_n^{Ausland} + VV(-)_{n-1}^T\ ;\ 0\right\} \\
& q = 1 + i*\left(1-s^{est}\right)
\end{aligned}$$

Nach Umstellen ergibt sich für den Ertragswert:

$$(43)\quad EW = \left\{\begin{matrix}\left(1-s^{qst}-0{,}05*s^{Inland}\right)*Max\left\{EK_n^{T,gesamt} - EK_n^{T,kein\ Gewinn}\ ;\ 0\right\} \\ +\left[KMA_n - Max\left\{EK_n^{T,gesamt} - EK_n^{T,kein\ Gewinn}\ ;\ 0\right\}\right]\end{matrix}\right\}$$
$$*\left(1-s^{est}\right)*q^{-n}$$

Beispiel:

s^{Inland}=	0,3	$s^{Ausland}$=	0,4	i=	0,1
s^{est}=	0,25	s^{qst}=	0,05		

gez. Kapital =	1.100
Kapitalrücklage$_{t=0}$ =	0
GV/VV (-) =	-1.100

Ebene	t	0	1	2	3	4	5
M-KapGes	$EBITDA^{Inland}$		1.000,00	1.000,00	1.000,00	1.000,00	1.000,00
	S^{Inland}		-300,00	-300,00	-300,00	-300,00	-300,00
	E^{Inland}		700,00	700,00	700,00	700,00	700,00
T-KapGes	Einlage		700,00	700,00	700,00	700,00	700,00
	KMA		700,00	1.470,00	2.317,00	3.248,70	4.273,57
	ZI		0,00	70,00	147,00	231,70	324,87
	$EBITDA^{Ausland}$		0,00	70,00	147,00	231,70	324,87
	VVR		0,00	-70,00	-147,00	-231,70	-324,87
	$EBITDA^{Ausland,nach\ VVR}$		0,00	0,00	0,00	0,00	0,00
	$S^{Ausland}$		0,00	0,00	0,00	0,00	0,00
	$E^{Ausland}$		0,00	70,00	147,00	231,70	324,87
	Eigenkapital						
	Gezeichnetes Kapital	1.100,00	1.100,00	1.100,00	1.100,00	1.100,00	1.100,00
	Kapitalrücklage	0,00	700,00	1.400,00	2.100,00	2.800,00	3.500,00
	GV/VV (-)	-1.100,00	-1.100,00	-1.030,00	-883,00	-651,30	-326,43
	Summe	0,00	700,00	1.470,00	2.317,00	3.248,70	4.273,57
M-KapGes	AS						0,00
	S^{qst}						0,00
	S^{Inland}						0,00
	KRZ						4.273,57
	E^{Inland}		0,00	0,00	0,00	0,00	0,00
	NZF		0,00	0,00	0,00	0,00	4.273,57
AE	AS						4.273,57
	S^{est}						-1.068,39
	NZF		0,00	0,00	0,00	0,00	3.205,18
	DKF		1,075000	1,155625	1,242297	1,335469	1,435629
	Diskon. NZF		0,00	0,00	0,00	0,00	2.232,59
	EW	**2.232,59**					

Abbildung 24: Ertragswert bei Einlage der Gewinne in T-KapGes (keine Funktionsverlagerung)

3.4.4 Ertragswertkalkül bei Funktionsverlagerung

3.4.4.1 Ausschüttung der Gewinne der Mutter-Kapitalgesellschaft an den Anteilseigner

Bei Funktionsverlagerung auf die Tochter-Kapitalgesellschaft bedarf es einer Gewinnverwendungsentscheidung bei der Mutter-Kapitalgesellschaft. Zur Disposition stehen die Ausschüttung der Gewinne an den Anteilseigner und die Einlage der Gewinne in die Tochter-Kapitalgesellschaft.[213] Die Funktionsgewinne auf Ebene der Tochter-Kapitalgesellschaft werden annahmegemäß thesauriert und im Rahmen einer Liquidationsauskehrung am Ende des Planungshorizonts ausgeschüttet.[214]

Bei Funktionsverlagerung ins Ausland entstehen die Funktionsgewinne bei der Tochter-Kapitalgesellschaft. Die Liquidationsauskehrung am Ende des Planungshorizonts besteht bei Ausschüttung der Gewinne der Mutter-Kapitalgesellschaft an den Anteilseigner aus drei Teilen.

Der erste und zweite Teil entsprechen im Wesentlichen dem Ertragswertkalkül ohne Funktionsverlagerung aus Formel (42). Abweichungen ergeben sich bei der Ermittlung des gewinnunabhängigen Eigenkapitals sowie beim Gewinn der Tochter-Kapitalgesellschaft. Letzterer setzt sich im Gegensatz zum Ertragswert ohne Funktionsverlagerung neben den Zinserträgen bei der Tochter-Kapitalgesellschaft aus den Funktionsgewinnen und Abschreibungen auf den Verrechnungspreis zusammen. Das gewinnunabhängige Eigenkapital besteht aus dem gezeichneten Kapital, der Kapitalrücklage sowie dem Verrechnungspreis, der im Zeitpunkt der Funktionsverlagerung einmalig die Kapitalrücklage erhöht.[215] Mangels periodischer Einlagen in die Tochter-Kapitalgesellschaft ist das gewinnunabhängige Eigenkapital über den Planungshorizont konstant.

Im dritten Teil werden die Auswirkungen der Besteuerung der Funktionsverlagerung auf Ebene der Mutter-Kapitalgesellschaft gemäß § 1 AStG berücksichtigt. Da die Mutter-Kapitalgesellschaft ihre Gewinne an den Anteilseigner ausschüttet, reduziert die

---

[213] Siehe Tz. 3.2.2.2.6.
[214] Siehe Tz. 3.4.2.
[215] Siehe Tz. 3.4.2.

Besteuerung der Funktionsverlagerung die Ausschüttung an den Anteilseigner in Höhe der inländischen Ertragsteuerbelastung auf den Verrechnungspreis. Um die verringerte Ausschüttung an den Anteilseigner vollständig abzubilden, muss zudem die Abgeltungsteuer integriert werden.

Für den Ertragswert gilt:

$$(44)\quad EW = \overbrace{Max\left\{\begin{matrix}\left(EK_n^{T,gesamt} - EK^{T,kein\ Gewinn}\right)*\left(1-s^{qst}-0{,}05*s^{Inland}\right)* \\ \left(1-s^{est}\right)\ ;\ 0\end{matrix}\right\}*q^{-n}}^{1.Teil}$$
$$\overbrace{+\left[KMA_n - Max\left\{EK_n^{T,gesamt} - EK^{T,kein\ Gewinn}\ ;\ 0\right\}\right]*\left(1-s^{est}\right)*q^{-n}}^{2.Teil}$$
$$\overbrace{-VP*s^{Inland}*\left(1-s^{est}\right)}^{3.Teil}$$

$$mit\quad EK_n^{T,gesamt} = EK^{T,kein\ Gewinn} + GV/VV(-)_n^T$$
$$EK^{T,kein\ Gewinn} = gez.Kapital^T + Kapitalrücklage^T + VP = const.$$
$$GV/VV(-)_n^T = GV/VV(-)_{n-1}^T + E_n^{Ausland}$$
$$E_n^{Ausland} = EBITDA_n^{Ausland} - AfA_n + ZI_n^{Ausland} - S_n^{Ausland}$$
$$ZI_n^{Ausland} = i*KMA_{n-1}^{Ausland}$$
$$KMA_n^{Ausland} = KMA_{n-1}^{Ausland} + EBITDA_n^{Ausland} + ZI_n^{Ausland} - S_n^{Ausland}$$
$$S_n^{Ausland} = s^{Ausland}*Max\left\{\begin{matrix}EBITDA_n^{Ausland} - AfA_n + ZI_n^{Ausland} \\ +VV(-)_{n-1}^T\ ;\ 0\end{matrix}\right\}$$
$$q = 1+i*\left(1-s^{est}\right)$$

Nach Umstellen ergibt sich folgender Ertragswert:

$$(45)\quad EW = \left(1-s^{est}\right)*\left\{\begin{matrix}\left[\begin{matrix}\left(1-s^{qst}-0{,}05*s^{Inland}\right)*Max\left\{EK_n^{T,gesamt} - EK^{T,kein\ Gewinn}\ ;\ 0\right\} \\ +\left[KMA_n - Max\left\{EK_n^{T,gesamt} - EK^{T,kein\ Gewinn}\ ;\ 0\right\}\right]\end{matrix}\right]*q^{-n} \\ -VP*s^{Inland}\end{matrix}\right\}$$

Beispiel:

s^{Inland}=	0,3	$s^{Ausland}$=	0,4	i=	0,1
s^{est}=	0,25	s^{qst}=	0,05	VP=	5.000

gez. Kapital =	1.100
Kapitalrücklage$_{t=0}$ =	0
GV/VV (-) =	-1.100

Ebene	t	0	1	2	3	4	5
T-KapGes	$EBITDA^{Ausland}$		1.000,00	1.000,00	1.000,00	1.000,00	1.000,00
	AfA		-1.000,00	-1.000,00	-1.000,00	-1.000,00	-1.000,00
	KMA		1.000,00	2.100,00	3.310,00	4.641,00	6.103,06
	ZI		0,00	100,00	210,00	331,00	464,10
	$EBT^{Ausland}$		0,00	100,00	210,00	331,00	464,10
	VVR		0,00	-100,00	-210,00	-331,00	-459,00
	$EBT^{Ausland,nach\ VVR}$		0,00	0,00	0,00	0,00	5,10
	$S^{Ausland}$		0,00	0,00	0,00	0,00	-2,04
	$E^{Ausland}$		0,00	100,00	210,00	331,00	462,06
	Eigenkapital						
	Gezeichnetes Kapital	1.100,00	1.100,00	1.100,00	1.100,00	1.100,00	1.100,00
	Kapitalrücklage	0,00	5.000,00	5.000,00	5.000,00	5.000,00	5.000,00
	Verrechnungspreis	5.000,00					
	Gewinn-/Verlustvortrag (-)	-1.100,00	-1.100,00	-1.000,00	-790,00	-459,00	3,06
	Summe	5.000,00	5.000,00	5.100,00	5.310,00	5.641,00	6.103,06
M-KapGes	VP	5.000,00					
	AS						3,06
	S^{qst}						-0,15
	S^{Inland}	-1.500,00					-0,05
	KRZ						6.100,00
	E^{Inland}	-1.500,00	0,00	0,00	0,00	0,00	2,86
	NZF	-1.500,00	0,00	0,00	0,00	0,00	6.102,86
AE	AS	-1.500,00					6.102,86
	S^{est}	375,00					-1.525,72
	NZF	-1.125,00	0,00	0,00	0,00	0,00	4.577,15
	DKF	1,000000	1,075000	1,155625	1,242297	1,335469	1,435629
	Diskon. NZF	-1.125,00	0,00	0,00	0,00	0,00	3.188,25
	EW	**2.063,25**					

Abbildung 25: Ertragswert beim Verlustmodell Alt. 1 (Funktionsverlagerung)

3.4.4.2 Einlage der Gewinne der Mutter-Kapitalgesellschaft in die Tochter-Kapitalgesellschaft

Werden die Gewinne der Mutter-Kapitalgesellschaft zur Kapitalanlage in die Tochter-Kapitalgesellschaft eingelegt, ermittelt sich der Ertragswert bei Funktionsverlagerung aus zwei Teilen. Diese entsprechen im Wesentlichen dem Ertragswert bei Funktionsverlagerung aus Formel (44), dem als Gewinnverwendung bei der Mutter-Kapitalgesellschaft die Ausschüttung an den Anteilseigner zugrunde liegt. Die abweichende Gewinnverwendung bei der Mutter-Kapitalgesellschaft wird über das gewinnunabhängige Eigenkapital sowie die Kapitalmarktanlage im Zeitpunkt t=0 in den Ertragswert integriert. In Höhe der inländischen Ertragsteuerbelastung auf den Verrechnungspreis nach Maßgabe des § 1 AStG liegt eine Einlageminderung (EM) vor, die einmalig die Kapitalrücklage sowie die Kapitalmarktanlage der Tochter-Kapitalgesellschaft reduziert. Das gewinnunabhängige Eigenkapital bleibt über den Planungshorizont unverändert, d. h. es ist zeitkonstant.

Es ergibt sich folgender Ertragswert:

$$(46)\quad EW = \overbrace{Max\left\{\begin{matrix}\left(EK_n^{T,gesamt} - EK^{T,kein\ Gewinn}\right)*\left(1-s^{qst}-0{,}05*s^{Inland}\right)* \\ \left(1-s^{est}\right)\ ;\ 0\end{matrix}\right\}*q^{-n}}^{1.Teil}$$
$$\overbrace{+\left[KMA_n - Max\left\{EK_n^{T,gesamt} - EK^{T,kein\ Gewinn}\ ;\ 0\right\}\right]*\left(1-s^{est}\right)*q^{-n}}^{2.Teil}$$

$$\begin{aligned}
mit\quad & EK_n^{T,gesamt} = EK^{T,kein\ Gewinn} + GV/VV(-)_n^T \\
& EK^{T,kein\ Gewinn} = gez.Kapital^T + Kapitalrücklage^T + VP + EM(-)^T \\
& \qquad\qquad = const. \\
& EM(-)^T = s^{Inland} * VP \\
& GV/VV(-)_n^T = GV/VV(-)_{n-1}^T + E_n^{Ausland} \\
& E_n^{Ausland} = EBITDA_n^{Ausland} - AfA_n + ZI_n^{Ausland} - S_n^{Ausland} \\
& ZI_n^{Ausland} = i * KMA_{n-1}^{Ausland} \\
& KMA_{t=0}^{Ausland} = -VP * s^{Inland} \\
& KMA_n^{Ausland} = KMA_{n-1}^{Ausland} + EBITDA_n^{Ausland} + ZI_n^{Ausland} - S_n^{Ausland} \\
& S_n^{Ausland} = s^{Ausland} * Max\left\{\begin{matrix}EBITDA_n^{Ausland} - AfA_n + ZI_n^{Ausland} \\ + VV(-)_{n-1}^T\ ;\ 0\end{matrix}\right\} \\
& q = 1 + i*\left(1-s^{est}\right)
\end{aligned}$$

Umstellen von Formel (46) ergibt folgenden Ertragswert:

$$(47)\quad EW = \left\{\begin{matrix}\left(1-s^{qst}-0{,}05*s^{Inland}\right)*Max\left\{EK_n^{T,gesamt} - EK^{T,kein\ Gewinn}\ ;\ 0\right\} \\ +\left[KMA_n - Max\left\{EK_n^{T,gesamt} - EK^{T,kein\ Gewinn}\ ;\ 0\right\}\right]\end{matrix}\right\}$$
$$*\left(1-s^{est}\right)*q^{-n}$$

Beispiel:

s^{Inland}=	0,3	$s^{Ausland}$=	0,4	i=	0,1
s^{est}=	0,25	s^{qst}=	0,05	VP=	5.000

gez. Kapital = 1.100
$Kapitalrücklage_{t=0}$ = 0
GV/VV (-) = -1.100

Ebene	t	0	1	2	3	4	5
M-KapGes	VP	5.000,00					
	S^{Inland}	-1.500,00					
	E^{Inland}	-1.500,00					
	NZF	-1.500,00					
T-KapGes	EM (-)	-1.500,00					
	$EBITDA^{Ausland}$		1.000,00	1.000,00	1.000,00	1.000,00	1.000,00
	AfA		-1.000,00	-1.000,00	-1.000,00	-1.000,00	-1.000,00
	KMA	-1.500,00	-650,00	285,00	1.313,50	2.444,85	3.689,34
	ZI		-150,00	-65,00	28,50	131,35	244,49
	$EBT^{Ausland}$		-150,00	-65,00	28,50	131,35	244,49
	VVR		150,00	65,00	-28,50	-131,35	-244,49
	$EBT^{Ausland,nach\ VVR}$		0,00	0,00	0,00	0,00	0,00
	$S^{Ausland}$		0,00	0,00	0,00	0,00	0,00
	$E^{Ausland}$		-150,00	-65,00	28,50	131,35	244,49
	Eigenkapital						
	Gezeichnetes Kapital	1.100,00	1.100,00	1.100,00	1.100,00	1.100,00	1.100,00
	Kapitalrücklage	0,00	3.500,00	3.500,00	3.500,00	3.500,00	3.500,00
	VP	5.000,00					
	EM (-)	-1.500,00					
	GV/VV (-)	-1.100,00	-1.250,00	-1.315,00	-1.286,50	-1.155,15	-910,67
	Summe	3.500,00	3.350,00	3.285,00	3.313,50	3.444,85	3.689,34
M-KapGes	AS						0,00
	S^{qst}						0,00
	S^{Inland}						0,00
	KRZ						3.689,34
	E^{Inland}						0,00
	NZF						3.689,34
AE	AS						3.689,34
	S^{est}						-922,33
	NZF	0,00	0,00	0,00	0,00	0,00	2.767,00
	DKF	1,000000	1,075000	1,155625	1,242297	1,335469	1,435629
	EW	**1.927,38**					

Abbildung 26: Ertragswert beim Verlustmodell Alt. 2 (Funktionsverlagerung)

3.4.5 Ergebnis

Bestehen Verlustvorträge bei der Tochter-Kapitalgesellschaft im Ausland, kann die Verlagerung einer gewinnbringenden Funktion aus steuerlicher Sicht empfehlenswert und reizvoll sein. Durch die Verlagerung werden die Funktionsgewinne aus der deutschen Besteuerung in das ausländische Besteuerungsrecht transferiert. Die Tochter-Kapitalgesellschaft entfaltet eine Abschirmwirkung gegenüber der inländischen Besteuerung. Die im Ausland bestehenden Verlustvorträge können nach der Verlagerung durch die Funktionsgewinne genutzt werden. Bei der Entscheidungsfindung über die Funktionsverlagerung sind insbesondere die Ausschüttungsrestriktionen bei der verlusttragenden Tochter-Kapitalgesellschaft zu berücksichtigen. Das Verlustmodell kann in diesen Fällen die Grundlage für die Entscheidung über die Funktionsverlagerung bilden.

3.5 Finanzierungsmodell

3.5.1 Hintergrund

Wird eine Funktion von einer inländischen auf eine ausländische Kapitalgesellschaft verlagert, entsteht bei der verlagernden Gesellschaft nach Maßgabe des § 1 AStG eine Steuerbelastung. Diesem Liquiditätsabfluss steht kein Liquiditätszufluss gegenüber. Verfügt die verlagernde Gesellschaft nicht über ausreichende Liquiditätsreserven, muss die Steuerbelastung finanziert werden. Diese Finanzierungskomponente wird in das Entscheidungskalkül über die Funktionsverlagerung integriert. Grundlage ist das Standardmodell, das allerdings die Eigenfinanzierung der Steuerbelastung vorsieht. Insofern wird das Standardmodell um eine Fremdfinanzierungskomponente erweitert.

3.5.2 Prämissen des Finanzierungsmodells

Die Prämissen, die dem Finanzierungsmodell zugrunde liegen, entsprechen im Wesentlichen den Prämissen des Standardmodells.[216] Inwieweit von diesen Prämissen Abstand genommen wird, wird im Folgenden dargestellt:

[216] Siehe Tz. 3.2.1.

Eigenfinanzierung der Steuerbelastung durch die Funktionsverlagerung

Die Prämisse der Eigenfinanzierung wird im Rahmen des Finanzierungsmodells aufgegeben. An deren Stelle tritt eine Fremdfinanzierungskomponente. Diese sieht vor, dass die Mutter-Kapitalgesellschaft im Zeitpunkt der Funktionsverlagerung ein Bankdarlehen in Höhe der Steuerbelastung, die durch die Funktionsverlagerung nach Maßgabe des § 1 AStG entsteht, aufnimmt. Die Bedienung des Bankdarlehens erfolgt annahmegemäß durch die Liquidität, die aufgrund der Abschreibungen auf den Verrechnungspreis in der Tochter-Kapitalgesellschaft vorhanden ist. Diese Liquidität kann in Form von Kapitalrückzahlungen ohne Steuerbelastung an die Mutter-Kapitalgesellschaft transferiert werden.[217] Mit dieser Liquidität werden vorrangig die Zinsaufwendungen bedient und darüber hinaus das Bankdarlehen getilgt. In Abhängigkeit von der Steuerwirksamkeit der Zinsaufwendungen stehen zusätzliche liquide Mittel durch die Reduzierung der Steuerbelastung zur Verfügung. Alternativ zu diesem Tilgungsplan können auch andere Tilgungspläne mit dem Finanzierungsmodell abgebildet werden. Dazu bedarf es lediglich einer Anpassung des Formelapparates Til_t in den folgenden Ertragswertkalkülen.

Steuerliche Rahmenbedingungen im Inland

Aufgrund der Fremdfinanzierungskomponente entstehen bei der inländischen Mutter-Kapitalgesellschaft Zinsaufwendungen. Insoweit sind die Aussagen zu den steuerlichen Rahmenbedingungen im Inland, die im Rahmen des Standardmodells getroffen wurden, zu ergänzen.

Soweit Zinsaufwendungen steuerlich geltend gemacht werden können, mindern sie die Bemessungsgrundlage für Körperschaftsteuer, Solidaritätszuschlag und Gewerbesteuer. Bei der Gewerbesteuer ist jedoch die Hinzurechnung von Entgelten für Schulden nach § 8 Nr. 1 Buchstabe a) GewStG zu beachten. Danach sind 25 % der Entgelte für Schulden bei der Ermittlung des Gewerbeertrags hinzuzurechnen, soweit deren Summe den Freibetrag von EUR 100.000 übersteigt. Für die Zinsaufwendungen, die steuerlich nicht geltend gemacht werden können, gilt: "Im Rahmen der Gewerbesteuer werden nur Zinsaufwendungen in Höhe von 25 % dem Gewerbeertrag hinzugerechnet, soweit sie nach

[217] Siehe Tz. 3.2.4.1.

Anwendung der Zinsschranke abzugsfähig sind, während die nicht nach der Zinsschranke abzugsfähigen Zinsaufwendungen nicht einer weiteren gewerbesteuerlichen Hinzurechnung unterliegen, weil sie bereits über § 7 GewStG in der Ausgangsgröße vollumfänglich für die Ermittlung des Gewerbeertrags enthalten sind."[218] Der Satz der Steuerentlastung für die steuerwirksamen Zinsaufwendungen ermittelt sich unter Vernachlässigung des Freibetrags von EUR 100.000 wie folgt:

$$(48) \quad s^{Inland,FKZI} = s^{kst} * \left(1 + s^{solz}\right) + 0{,}035 * H * 0{,}75$$

Der Freibetrag von EUR 100.000 wird im Rahmen der weiteren Untersuchung ausgeblendet, d. h. annahmegemäß ist dieser Freibetrag bei der Mutter-Kapitalgesellschaft bereits ausgeschöpft.

In welchem Umfang Zinsaufwendungen steuerlich geltend gemacht werden können und somit steuerwirksam sind, wird durch die Zinsschrankenregelung des § 4h EStG i. V. mit § 8a KStG geregelt. Insoweit wird auf die nachfolgenden Ausführungen verwiesen.[219]

Positive Periodengewinne

Die Prämisse der positiven Periodengewinne bleibt gegenüber dem Standardmodell unverändert und wird in vollem Umfang Aufrecht erhalten. Klarstellend wird erwähnt, dass beim Finanzierungsmodell auf Ebene der Mutter-Kapitalgesellschaft Verluste entstehen. Dies ist insbesondere im Zeitpunkt der Funktionsverlagerung der Fall, in dem (innerbilanziell) Steueraufwand nach Maßgabe des § 1 AStG entsteht, während die Erhöhung der Steuerbemessungsgrundlage außerbilanziell, d. h. auf der zweiten Stufe der Gewinnermittlung erfolgt.[220] Diese Verluste und die damit zusammenhängenden handelsrechtlichen Ausschüttungsrestriktionen sowie die Thematik der Verlustverrechnung werden durch die Prämisse der positiven Periodengewinne ausgeblendet. Insoweit sind annahmegemäß Gewinne aus anderen Unternehmensbereichen bzw. Gewinnvorträge vorhanden, die diese Verluste überkompensieren.

[218] Kessler, W. / Ortmann-Babel, M. / Zipfel, L. (2007), S. 530.

[219] Siehe Tz. 3.5.3.

[220] Siehe Tz. 2.1.

3.5.3 Steuerwirksamkeit der Zinsaufwendungen

Die Steuerwirksamkeit der Zinsaufwendungen beurteilt sich nach der Zinsschrankenregelung des § 4h EStG i. V. mit § 8a KStG. Diese enthält ein (teilweises) Abzugsverbot für Zinsaufwendungen, das nicht nur für die Körperschaftsteuer, sondern über § 7 GewStG auch für die Gewerbesteuer gilt. "Nach der Grundregel des § 4h Abs. 1 EStG dürfen Zinsaufwendungen, soweit sie die Zinserträge eines Betriebs übersteigen (Zinssaldo), nur bis zur Höhe von 30 Prozent des um den Zinssaldo und die Abschreibungen erhöhten Gewinns abgezogen werden. Der Satz von 30 Prozent rekurriert mithin auf den steuerlichen EBITDA."[221] Von der Grundregel der Zinsschranke gibt es drei Ausnahmen[222]:

1) Freigrenze

   Die Zinsschranke kommt nach § 4h Abs. 2 Buchstabe a) EStG nur zur Anwendung, wenn der Zinssaldo des Betriebs EUR 1 Mio. erreicht.[223] Diese Freigrenze bewirkt, dass die Zinsaufwendungen in vollem Umfang steuerwirksam sind, sofern der Zinssaldo weniger als EUR 1 Mio. beträgt.

2) Keine Konzernzugehörigkeit

   Nach § 4h Abs. 2 Buchstabe b) EStG ist die Zinsschranke nicht auf Betriebe anzuwenden, die nicht zu einem Konzern gehören. Dabei kommt ein "erweiterter Konzernbegriff"[224] zur Anwendung, der sich erheblich vom handelsrechtlichen Konzernbegriff unterscheidet.[225] Eine Konzernzugehörigkeit liegt danach vor, wenn ein Betrieb mit einem oder mehreren anderen Betrieben konsolidiert wird oder werden könnte. Diese Ausnahme von der Grundregel der Zinsschranke hat im Bereich der Funktionsverlagerungen keine praktische Bedeutung und wird daher im Gang der weiteren Untersuchung nicht berücksichtigt.

---

221 Homburg, S. (2007), S. 718.

222 Auf den Tatbestand der schädlichen Gesellschafterfremdfinanzierung wird im Rahmen dieser Untersuchung nicht eingegangen.

223 Vgl. Dörfler, H. / Vogl, A. (2007), S. 1084.

224 Rödder, T. / Stangl, I. (2007), S. 480.

225 Vgl. Dörfler, H. / Vogl, A. (2007), S. 1084.

3) Escape-Klausel

Der Zinsabzug eines Unternehmens wird durch die Zinsschranke trotz Überschreiten der Freigrenze von EUR 1 Mio. nicht eingeschränkt, wenn das Unternehmen zwar zu einem Konzern im Sinne des § 4h EStG gehört, aber nachgewiesen werden kann, dass seine Eigenkapitalquote am Abschlussstichtag des vorherigen Geschäftsjahres mindestens die Eigenkapitalquote des Konzerns erreicht. Ein Unterschreiten der Eigenkapitalquote des Konzerns von bis zu 1 % ist unschädlich.[226] Insofern sind Zinsaufwendungen voll steuerwirksam, wenn die Voraussetzungen der Escape-Klausel nach § 4h Abs. 2 Buchstabe c) EStG erfüllt werden.

Von der Zinsschranke erfasste Zinsaufwendungen sind mithin nur temporär als nicht abzugsfähige Betriebsausgaben zu qualifizieren. Sie können in folgende Wirtschaftsjahre vorgetragen und dort unter Beachtung der Regelung der Zinsschranke abgezogen werden.[227]

Zusammenfassend ergibt sich folgendes Schema zur Überprüfung der Steuerwirksamkeit von Zinsaufwendungen:

[226] Vgl. Dörfler, H. / Vogl, A. (2007), S. 1084.

[227] Vgl. Rödder, T. / Stangl, I. (2007), S. 482.

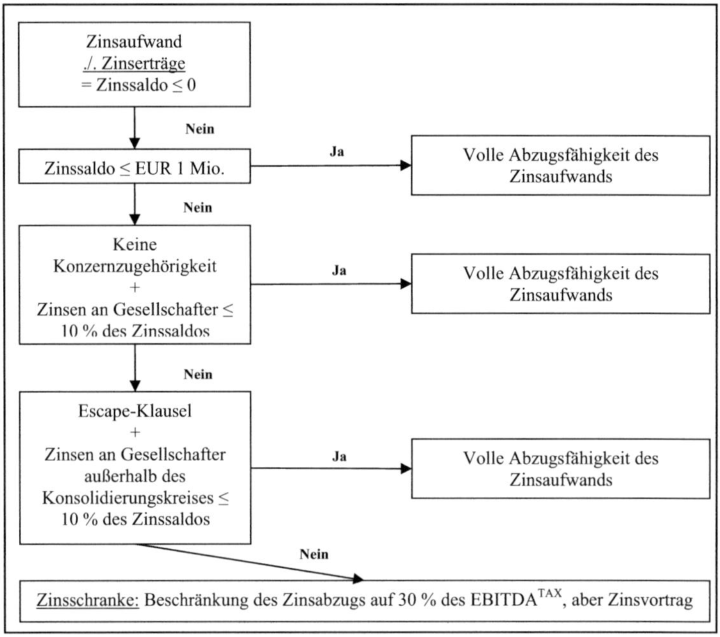

Abbildung 27: Systematik der Zinsschranke bei Kapitalgesellschaften[228]

Im Rahmen des Finanzierungsmodells werden aufgrund der Systematik der Zinsschranke drei Alternativen hinsichtlich der Steuerwirksamkeit der Zinsaufwendungen berücksichtigt:

1) Volle,
2) keine und
3) teilweise

Steuerwirksamkeit der Zinsaufwendungen bei der Mutter-Kapitalgesellschaft.

Volle Steuerwirksamkeit ist gegeben, wenn der Zinssaldo der Mutter-Kapitalgesellschaft entweder die Freigrenze von EUR 1 Mio. nicht erreicht oder 30 % des steuerlichen EBITDA nicht übersteigt. Darüber hinaus können die Zinsaufwendungen in vol-

[228] In Anlehnung an Welling, B. (2007), S. 735.

lem Umfang steuerlich geltend gemacht werden, wenn die Voraussetzungen der Escape-Klausel erfüllt sind.

Daneben können die Zinsaufwendungen bei der Mutter-Kapitalgesellschaft unter Umständen gar nicht steuerlich geltend gemacht werden. Dies ist der Fall, wenn zum einen die Voraussetzungen der Escape-Klausel nicht vorliegen und zum anderen die Mutter-Kapitalgesellschaft anderweitige Zinsaufwendungen in einem Umfang hat, der sowohl die Freigrenze von EUR 1 Mio. als auch 30 % des steuerlichen EBITDA übersteigt. Die nicht steuerwirksamen Zinsaufwendungen können zwar vorgetragen, aber nicht abgezogen werden.

Eine teilweise Steuerwirksamkeit der Zinsaufwendungen kommt in Betracht, wenn die Freigrenze von EUR 1 Mio. erreicht bzw. überschritten wird, die Voraussetzungen der Escape-Klausel nicht vorliegen und der Zinssaldo 30 % des steuerlichen EBITDA übersteigt. Insofern können die Zinsaufwendungen der Mutter-Kapitalgesellschaft teilweise, d. h. bis 30 % des steuerlichen EBITDA geltend gemacht werden.

3.5.4 Ertragswertkalkül ohne Funktionsverlagerung

Die Ertragswertkalküle ohne Funktionsverlagerung bleiben beim Finanzierungsmodell gegenüber dem Standardmodell unverändert. Mangels Funktionsverlagerung entsteht im Inland keine Steuerbelastung nach Maßgabe des § 1 AStG, die von der Mutter-Kapitalgesellschaft finanziert werden muss. Die Ertragswerte ohne Funktionsverlagerung ermitteln sich weiterhin in Abhängigkeit von der Gewinnverwendung nach den Formeln (24) bzw. (26).

3.5.5 Ertragswertkalkül bei Funktionsverlagerung

3.5.5.1 Ausschüttung der Gewinne an den Anteilseigner

3.5.5.1.1 Volle Steuerwirksamkeit der Fremdkapitalzinsen

Als Alternativen der Gewinnverwendung bei der Tochter-Kapitalgesellschaft stehen die (zweistufige) Ausschüttung an den Anteilseigner und die Thesaurierung der Funktionsgewinne in der Tochter-Kapitalgesellschaft zur Disposition.[229] Daneben musste im Rahmen des Standardmodells eine Entscheidung über die Gewinnverwendung bei der Mutter-Kapitalgesellschaft getroffen werden, da dem Liquiditätsabfluss in Höhe der Steuerbelastung nach Maßgabe des § 1 AStG kein korrespondierender Liquiditätszufluss gegenüber stand.[230] Letzteres ist beim Finanzierungsmodell aufgrund der Fremdfinanzierung in Form eines Bankdarlehens nicht der Fall. Im Zeitpunkt der Funktionsverlagerung ergeben sich bei der Mutter-Kapitalgesellschaft keine Liquiditätswirkungen. Aus diesem Grund bedarf es beim Finanzierungsmodell keiner Entscheidung über die Gewinnverwendung auf Ebene der Mutter-Kapitalgesellschaft.

Der Ertragswert des Anteilseigners bei Funktionsverlagerung ins Ausland und Ausschüttung der Gewinne an den Anteilseigner ermittelt sich durch Diskontieren der Ausschüttungen, die dem Anteilseigner von der Mutter-Kapitalgesellschaft zufließen. Dabei ist zu berücksichtigen, dass die Ausschüttungen beim Anteilseigner der Abgeltungsteuer unterliegen. Die Ausschüttungen von der Mutter-Kapitalgesellschaft setzen sich aus drei Teilen zusammen.

Der erste Teil enthält die Funktionsgewinne, die in der Tochter-Kapitalgesellschaft entstehen und der ausländischen Körperschaftsteuer unterliegen. Bei Ausschüttung an die Mutter-Kapitalgesellschaft entsteht ggf. eine definitive Quellensteuerbelastung sowie unter Berücksichtigung des § 8b KStG eine inländische Ertragsteuerbelastung.

Daneben werden die (im Verhältnis zwischen Tochter- und Mutter-Kapitalgesellschaft bestehenden) Kapitalrückzahlungen an den Anteilseigner ausgeschüttet, soweit diese nicht zur Tilgung des Bankdarlehens benötigt werden (zweiter Teil). Kapitalrückzahlungen an die Mutter-Kapitalgesellschaft erfolgen in jeder Periode in Höhe der Abschreibung auf den Verrechnungspreis. Diese werden annahmegemäß erst dann zur Tilgung des Bankdarlehens verwendet, wenn die Zinsaufwendungen nach Berücksichtigung der Steuerentlastung bedient sind.[231]

229 Siehe Tz. 3.2.2.2.4.
230 Siehe Tz. 3.2.2.2.5.
231 Siehe Tz. 3.5.2.

Die Ausschüttung an den Anteilseigner reduziert sich nicht nur um die Tilgung des Bankdarlehens, sondern auch um die Zinsaufwendungen aus dem Bankdarlehen. Letztere sind Gegenstand des dritten Teils. Dabei ist die Steuerentlastung zu berücksichtigen, die aufgrund der Steuerwirksamkeit der Zinsaufwendungen entsteht.

Der Ertragswert für den Anteilseigner bei Funktionsverlagerung ermittelt sich wie folgt:

$$(49)\quad EW = \left(1 - s^{est}\right) * \sum_{t=1}^{n} AS_t^{AE} * q^{-t}$$

$$mit \quad AS_t^{AE} = \overbrace{\left(1 - s^{qst} - 0{,}05 * s^{Inland}\right) * \left(1 - s^{Ausland}\right) * \left(EBITDA_t^{Ausland} - AfA_t\right)}^{1.Teil}$$

$$\overbrace{+\left(KRZ_t - Til_t\right)}^{2.Teil}$$

$$\overbrace{-\left(1 - s^{Inland,FKZI}\right) * FKZI_t}^{3.Teil}$$

$$AfA_t = KRZ_t = \frac{VP}{n}$$

$$Til_t = Wenn\begin{Bmatrix} KRZ_t < Kredit_{t-1} + FKZI_t - SE_t^{FKZI}; \\ KRZ_t - FKZI_t + SE_t^{FKZI}; Kredit_{t-1} \end{Bmatrix}$$

$$SE_t^{FKZI} = s^{Inland,FKZI} * FKZI_t$$

$$Kredit_t = Kredit_{t-1} - Til_t$$

$$FKZI_t = i * Kredit_{t-1}$$

$$q = 1 + i * \left(1 - s^{est}\right)$$

Ein Zinsvortrag i. S. des § 4h Abs. 1 Satz 2 EStG entsteht nicht, da die Zinsen in jeder Periode steuerlich geltend gemacht werden können.

Beispiel:

H=	400%	s^{est}=	0,25	i=	0,1
s^{Inland}=	0,29825	$s^{Ausland}$=	0,4	VP=	5.000
$s^{Inland,FKZI}$=	0,26325	s^{qst}=	0,05		

Zinsaufwand steuerwirksam: ja

Ebene	t	0	1	2	3	4	5
T-KapGes	$EBITDA^{Ausland}$		1.100,00	1.100,00	1.100,00	1.100,00	1.100,00
	AfA		-1.000,00	-1.000,00	-1.000,00	-1.000,00	-1.000,00
	KMA		0,00	0,00	0,00	0,00	0,00
	ZI		0,00	0,00	0,00	0,00	0,00
	$S^{Ausland}$		-40,00	-40,00	-40,00	-40,00	-40,00
	$E^{Ausland}$		60,00	60,00	60,00	60,00	60,00
M-KapGes	VP	5.000,00					
	AS		60,00	60,00	60,00	60,00	60,00
	S^{qst}		-3,00	-3,00	-3,00	-3,00	-3,00
	S^{Inland}	-1.491,25	-0,89	-0,89	-0,89	-0,89	-0,89
	KRZ		1.000,00	1.000,00	1.000,00	1.000,00	1.000,00
	Kredit	1.491,25	601,12	0,00	0,00	0,00	0,00
	Tilgung		-890,13	-601,12	0,00	0,00	0,00
	FKZI		-149,13	-60,11	0,00	0,00	0,00
	$SE^{Inland,FKZI}$		39,26	15,82	0,00	0,00	0,00
	E^{Inland}	-1.491,25	-53,76	11,82	56,11	56,11	56,11
	NZF	0,00	56,11	410,70	1.056,11	1.056,11	1.056,11
AE	AS	0,00	56,11	410,70	1.056,11	1.056,11	1.056,11
	S^{est}	0,00	-14,03	-102,68	-264,03	-264,03	-264,03
	NZF	0,00	42,08	308,03	792,08	792,08	792,08
	DKF	1,000000	1,075000	1,155625	1,242297	1,335469	1,435629
	Diskon. NZF	0,00	39,14	266,54	637,59	593,11	551,73
	EW	**2.088,12**					

Abbildung 28: Ertragswert bei Ausschüttung an AE und Steuerwirksamkeit der Zinsaufwendungen (Finanzierungsmodell)

3.5.5.1.2 Keine Steuerwirksamkeit der Fremdkapitalzinsen

Können die Zinsaufwendungen aus dem Bankdarlehen steuerlich nicht geltend gemacht werden, reduziert sich der Ertragswert für den Anteilseigner bei Funktionsverlagerung. Ursache ist, dass der Zinsbelastung keine Steuerentlastung gegenüber steht.

Hinsichtlich der Ermittlung des Ertragswerts gelten die Aussagen bei Steuerwirksamkeit der Zinsaufwendungen entsprechend.[232] Die periodische Ausschüttung an den Anteils-

232 Siehe Tz. 3.5.5.1.1.

eigner besteht wiederum aus drei Teilen, wobei sich nur der dritte Teil im Vergleich zur Alternative bei Steuerwirksamkeit der Zinsaufwendungen verändert. Da die Zinsaufwendungen steuerlich nicht geltend gemacht werden können, enthält dieser keine Steuerentlastung. Im Zuge dessen reduziert sich das Tilgungspotenzial bei der Mutter-Kapitalgesellschaft.

Für den Anteilseigner ergibt sich folgender Ertragswert bei Funktionsverlagerung:

$$(50) \quad EW = \left(1 - s^{est}\right) * \sum_{t=1}^{n} AS_t^{AE} * q^{-t}$$

$$\text{mit} \quad AS_t^{AE} = \overbrace{\left(1 - s^{gst} - 0{,}05 * s^{Inland}\right) * \left(1 - s^{Ausland}\right) * \left(EBITDA_t^{Ausland} - AfA_t\right)}^{1.Teil}$$

$$\overbrace{+ \left(KRZ_t - Til_t\right)}^{2.Teil}$$

$$\overbrace{- FKZI_t}^{3.Teil}$$

$$AfA_t = KRZ_t = \frac{VP}{n}$$

$$Til_t = Wenn\left\{KRZ_t < Kredit_{t-1} + FKZI_t ; KRZ_t - FKZI_t ; Kredit_{t-1}\right\}$$

$$Kredit_t = Kredit_{t-1} - Til_t$$

$$FKZI_t = i * Kredit_{t-1}$$

$$q = 1 + i * \left(1 - s^{est}\right)$$

Da die Zinsaufwendungen steuerlich nicht geltend gemacht werden können, baut sich über den Planungshorizont ein Zinsvortrag i. S. des § 4h Abs. 1 Satz 2 EStG auf. Dieser Zinsvortrag wird im Rahmen dieser Alternative des Finanzierungsmodells jedoch nicht weiter berücksichtigt, da während des gesamten Planungshorizonts Zinsaufwendungen annahmegemäß steuerlich nicht geltend gemacht werden können. Der Zinsvortrag bleibt folglich ohne Auswirkung auf den Ertragswert des Anteilseigners.

Beispiel:

H=	400%	s^{est}=	0,25	i=	0,1
s^{Inland}=	0,29825	$s^{Ausland}$=	0,4	VP=	5.000
$s^{Inland,FKZI}$=	0,26325	s^{qst}=	0,05		

Zinsaufwand steuerwirksam: nein

Ebene	t	0	1	2	3	4	5
T-KapGes	$EBITDA^{Ausland}$		1.100,00	1.100,00	1.100,00	1.100,00	1.100,00
	AfA		-1.000,00	-1.000,00	-1.000,00	-1.000,00	-1.000,00
	KMA		0,00	0,00	0,00	0,00	0,00
	ZI		0,00	0,00	0,00	0,00	0,00
	$S^{Ausland}$		-40,00	-40,00	-40,00	-40,00	-40,00
	$E^{Ausland}$		60,00	60,00	60,00	60,00	60,00
M-KapGes	VP	5.000,00					
	AS		60,00	60,00	60,00	60,00	60,00
	S^{qst}		-3,00	-3,00	-3,00	-3,00	-3,00
	S^{Inland}	-1.491,25	-0,89	-0,89	-0,89	-0,89	-0,89
	KRZ		1.000,00	1.000,00	1.000,00	1.000,00	1.000,00
	Kredit	1.491,25	640,38	0,00	0,00	0,00	0,00
	Tilgung		-850,88	-640,38	0,00	0,00	0,00
	FKZI		-149,13	-64,04	0,00	0,00	0,00
	$SE^{Inland,FKZI}$		0,00	0,00	0,00	0,00	0,00
	E^{Inland}	-1.491,25	-93,02	-7,93	56,11	56,11	56,11
	NZF	0,00	56,11	351,69	1.056,11	1.056,11	1.056,11
AE	AS	0,00	56,11	351,69	1.056,11	1.056,11	1.056,11
	S^{est}	0,00	-14,03	-87,92	-264,03	-264,03	-264,03
	NZF	0,00	42,08	263,77	792,08	792,08	792,08
	DKF	1,000000	1,075000	1,155625	1,242297	1,335469	1,435629
	Diskon. NZF	0,00	39,14	228,25	637,59	593,11	551,73
	EW	**2.049,82**					

Abbildung 29: Ertragswert bei Ausschüttung an AE und keiner Steuerwirksamkeit der Zinsaufwendungen (Finanzierungsmodell)

3.5.5.1.3 Teilweise Steuerwirksamkeit der Fremdkapitalzinsen

Bei teilweiser Steuerwirksamkeit der Zinsaufwendungen für das Bankdarlehen können die Zinsaufwendungen bis zur Höhe von 30 % des steuerlichen EBITDA geltend gemacht werden. Das steuerliche EBITDA beträgt bei der Mutter-Kapitalgesellschaft aufgrund des § 8b KStG in jeder Periode 5 % der Gewinnausschüttung aus der Tochter-

Kapitalgesellschaft.[233] Die Kapitalrückzahlungen in Höhe der Abschreibungen sind dabei nicht zu berücksichtigen, da diese das steuerpflichtige Einkommen nicht erhöhen.

Die Zinsaufwendungen, die aufgrund der Zinsschrankenregelung steuerlich nicht geltend gemacht werden können, werden im Rahmen eines Zinsvortrags auf die folgenden Perioden vorgetragen und dort bis zur Höhe von 30 % des steuerlichen EBITDA steuerwirksam.

Der Ertragswert für den Anteilseigner ermittelt sich entsprechend der Alternative bei Steuerwirksamkeit der Zinsaufwendungen. Insoweit kann auf die bereits getroffenen Aussagen verwiesen werden.[234] Abweichungen ergeben sich ausschließlich bei der Steuerentlastung auf die Zinsaufwendungen sowie korrespondierend beim Tilgungspotenzial auf Ebene der Mutter-Kapitalgesellschaft.

Der Ertragswert lautet wie folgt:

$$(51)\quad EW = \left(1 - s^{est}\right) * \sum_{t=1}^{n} AS_t^{AE} * q^{-t}$$

$$\begin{aligned}
mit \quad AS_t^{AE} &= \overbrace{\left(1 - s^{qst} - 0{,}05 * s^{Inland}\right) * \left(1 - s^{Ausland}\right) * \left(EBITDA_t^{Ausland} - AfA_t\right)}^{1.Teil} \\
&\quad \overbrace{+ \left(KRZ_t - Til_t\right)}^{2.Teil} \\
&\quad \overbrace{- FKZI_t + SE_t^{FKZI}}^{3.Teil} \\
AfA_t &= KRZ_t = \frac{VP}{n} \\
Til_t &= Wenn\begin{Bmatrix} KRZ_t < Kredit_{t-1} + FKZI_t - SE_t^{FKZI}; \\ KRZ_t - FKZI_t + SE_t^{FKZI}; Kredit_{t-1} \end{Bmatrix} \\
SE_t^{FKZI} &= s^{Inland,FKZI} * Min\left\{0{,}3 * EBITDA_t^{Inland,TAX}; ZV_{t-1} + FKZI_t\right\} \\
ZV_t &= ZV_{t-1} + FKZI_t - Min\left\{0{,}3 * EBITDA_t^{Inland,TAX}; ZV_{t-1} + FKZI_t\right\} \\
EBITDA_t^{Inland,TAX} &= 0{,}05 * AS_t^{T-KapGes} \\
AS_t^{T-KapGes} &= \left(1 - s^{Ausland}\right) * \left(EBITDA_t^{Ausland} - AfA_t\right) \\
Kredit_t &= Kredit_{t-1} - Til_t \\
FKZI_t &= i * Kredit_{t-1} \\
q &= 1 + i * \left(1 - s^{est}\right)
\end{aligned}$$

233 Vgl. Rödder, T. / Stangl, I. (2007), S. 480.

234 Siehe Tz. 3.5.5.1.1.

<u>*Beispiel:*</u>

H=	400%	s^{est}=	0,25	i=	0,1
s^{Inland}=	0,29825	$s^{Ausland}$=	0,4	VP=	5.000
$s^{Inland,FKZI}$=	0,26325	s^{qst}=	0,05		

Zinsaufwand steuerwirksam: teilweise

Ebene	t	0	1	2	3	4	5
T-KapGes	$EBITDA^{Ausland}$		1.100,00	1.100,00	1.100,00	1.100,00	1.100,00
	AfA		-1.000,00	-1.000,00	-1.000,00	-1.000,00	-1.000,00
	KMA		0,00	0,00	0,00	0,00	0,00
	ZI		0,00	0,00	0,00	0,00	0,00
	$S^{Ausland}$		-40,00	-40,00	-40,00	-40,00	-40,00
	$E^{Ausland}$		60,00	60,00	60,00	60,00	60,00
M-KapGes	VP	5.000,00					
	AS		60,00	60,00	60,00	60,00	60,00
	S^{qst}		-3,00	-3,00	-3,00	-3,00	-3,00
	S^{Inland}	-1.491,25	-0,89	-0,89	-0,89	-0,89	-0,89
	KRZ		1.000,00	1.000,00	1.000,00	1.000,00	1.000,00
	Kredit	1.491,25	640,14	0,00	0,00	0,00	0,00
	Tilgung		-851,11	-640,14	0,00	0,00	0,00
	FKZI		-149,13	-64,01	0,00	0,00	0,00
	ZV	0,00	148,23	211,34	210,44	209,54	208,64
	$SE^{Inland,FKZI}$		0,24	0,24	0,24	0,24	0,24
	E^{Inland}	-1.491,25	-92,78	-7,67	56,34	56,34	56,34
	NZF	0,00	56,11	352,19	1.056,34	1.056,34	1.056,34
AE	AS	0,00	56,11	352,19	1.056,34	1.056,34	1.056,34
	S^{est}	0,00	-14,03	-88,05	-264,09	-264,09	-264,09
	NZF	0,00	42,08	264,14	792,26	792,26	792,26
	DKF	1,000000	1,075000	1,155625	1,242297	1,335469	1,435629
	Diskon. NZF	0,00	39,14	228,57	637,74	593,24	551,85
	EW	**2.050,55**					

Abbildung 30: Ertragswert bei Ausschüttung an AE und teilweiser Steuerwirksamkeit der Zinsaufwendungen (Finanzierungsmodell)

3.5.5.2 Thesaurierung der Gewinne bei der Tochter-Kapitalgesellschaft

3.5.5.2.1 Volle Steuerwirksamkeit der Fremdkapitalzinsen

Bei Thesaurierung der Funktionsgewinne in der Tochter-Kapitalgesellschaft erfolgen Ausschüttungen aus der Tochter-Kapitalgesellschaft nur, soweit dies zur Bedienung des Bankdarlehens bei der Mutter-Kapitalgesellschaft erforderlich ist. Ab dem Zeitpunkt der vollständigen Tilgung des Bankdarlehens wird die gesamte Liquidität in der Tochter-

Kapitalgesellschaft thesauriert. Annahmegemäß wird das Bankdarlehen nicht durch Funktionsgewinne, sondern ausschließlich durch die (bei der Tochter-Kapitalgesellschaft) vorhandene Liquidität in Höhe der periodischen Abschreibungen bedient.[235] Diese Liquidität kann in Form von Kapitalrückzahlungen ohne Steuerbelastung an die Mutter-Kapitalgesellschaft transferiert werden.

Können die Zinsaufwendungen in vollem Umfang steuerlich geltend gemacht werden, besteht der Ertragswert für den Anteilseigner aus vier Teilen.

Gegenstand des ersten Teils sind die aufgezinsten Funktionsgewinne der Tochter-Kapitalgesellschaft unter Berücksichtigung der Abschreibungen auf den Verrechnungspreis. Daneben wird die Gesamtsteuerbelastung s^{gesamt} berücksichtigt, die bei (zweistufiger) Ausschüttung der (aufgezinsten) Gewinne an den Anteilseigner am Ende des Planungshorizonts anfällt.

Durch die Abschreibungen auf den Verrechnungspreis ist Liquidität bei der Tochter-Kapitalgesellschaft vorhanden, der kein Gewinn in gleicher Höhe gegenüber steht. Diese wird annahmegemäß soweit und solange in Form von Kapitalrückzahlungen an die Mutter-Kapitalgesellschaft ausgeschüttet, bis das Bankdarlehen getilgt ist. Die nicht zur Bedienung des Bankdarlehens erforderliche Liquidität wird auf Ebene der Tochter-Kapitalgesellschaft bis zum Ende des Planungshorizonts angelegt (zweiter Teil). Die Zinserträge unterliegen der ausländischen Körperschaftsteuer.

Die Steuerbelastung bei (zweistufiger) Ausschüttung dieser aufgezinsten Liquidität am Ende des Planungshorizonts wird durch den dritten und vierten Teil erfasst. Soweit die abschreibungsbedingte Liquidität bei der Tochter-Kapitalgesellschaft nicht bereits zur Bedienung des Bankdarlehens als Kapitalrückzahlung an die Mutter-Kapitalgesellschaft ausgeschüttet wurde, handelt es sich im Verhältnis zur Mutter-Kapitalgesellschaft um eine Kapitalrückzahlung aus dem steuerlichen Einlagekonto i. S. des § 27 KStG.[236] Eine Steuerbelastung in Höhe der Abgeltungsteuer entsteht nur bei Ausschüttung von der

[235] Siehe Tz. 3.5.2.
[236] Siehe Tz. 3.2.4.1.

Mutter-Kapitalgesellschaft an den Anteilseigner, da in diesem Verhältnis eine Gewinnausschüttung vorliegt (dritter Teil).

Die Zinserträge (nach ausländischer Körperschaftsteuer) unterliegen bei (zweistufiger) Ausschüttung an den Anteilseigner am Ende des Planungshorizonts als Gewinnausschüttungen i. S. des § 20 Abs. 1 Nr. 1 EStG einer evtl. anfallenden Quellensteuer, der inländischen Ertragsteuerbelastung auf Ebene der Mutter-Kapitalgesellschaft unter Berücksichtigung von § 8b KStG sowie der Abgeltungsteuer auf Ebene des Anteilseigners. Diese Steuerbelastung ist Gegenstand des vierten Teils.

Unter Berücksichtigung der vier Teile ergibt sich folgender Ertragswert für den Anteilseigner:

$$
\begin{aligned}
(52)\quad EW = {} & \overbrace{\left(1 - s^{gesamt}\right) * \sum_{t=1}^{n} \left(EBITDA_t^{Ausland} - AfA_t\right) * p^{n-t} * q^{-n}}^{1.Teil} \\
& \overbrace{+ \sum_{t=1}^{n} \left(AfA_t - KRZ_t\right) * p^{n-t} * q^{-n}}^{2.Teil} \\
& \overbrace{- s^{est} * \sum_{t=1}^{n} \left(AfA_t - KRZ_t\right) * q^{-n}}^{3.Teil} \\
& \overbrace{- \left[s^{est} + \left(1 - s^{est}\right) * \left(s^{qst} + 0{,}05 * s^{Inland}\right)\right] * \left[\sum_{t=1}^{n} \left(AfA_t - KRZ_t\right) * p^{n-t} - \sum_{t=1}^{n} \left(AfA_t - KRZ_t\right)\right] * q^{-n}}^{4.Teil}
\end{aligned}
$$

$$
\begin{aligned}
mit \quad & KRZ_t = Min\left\{AfA_t ; Kredit_{t-1} + FKZI_t - SE_t^{FKZI}\right\} \\
& Kredit_t = Kredit_{t-1} - Til_t \\
& Til_t = KRZ_t - FKZI_t + SE_t^{FKZI} \\
& SE_t^{FKZI} = s^{Inland,FKZI} * FKZI_t \\
& AfA_t = \frac{VP}{n} \\
& q = 1 + i * (1 - s^{est}) \qquad p = 1 + i * (1 - s^{Ausland})
\end{aligned}
$$

Ein Zinsvortrag i. S. des § 4h Abs. 1 Satz 2 EStG entsteht nicht, da die Zinsaufwendungen annahmegemäß in vollem Umfang steuerwirksam sind.

Beispiel:

H=	400%	s^{est}=	0,25	i=	0,1
s^{Inland}=	0,29825	$s^{Ausland}$=	0,2	VP=	5.000
$s^{Inland,FKZI}$=	0,26325	s^{qst}=	0,05		

Zinsaufwand steuerwirksam: ja

Ebene	t	0	1	2	3	4	5
T-KapGes	$EBITDA^{Ausland}$		1.100,00	1.100,00	1.100,00	1.100,00	1.100,00
	AfA		-1.000,00	-1.000,00	-1.000,00	-1.000,00	-1.000,00
	KMA		80,00	520,99	1.642,67	2.854,09	4.162,42
	ZI		0,00	8,00	52,10	164,27	285,41
	$S^{Ausland}$		-20,00	-21,60	-30,42	-52,85	-77,08
	$E^{Ausland}$		80,00	86,40	121,68	211,41	308,33
M-KapGes	VP	5.000,00					
	AS		0,00	0,00	0,00	0,00	807,82
	S^{qst}		0,00	0,00	0,00	0,00	-40,39
	S^{Inland}	-1.491,25	0,00	0,00	0,00	0,00	-12,05
	KRZ		1.000,00	645,41	0,00	0,00	3.354,59
	Kredit	1.491,25	601,12	0,00	0,00	0,00	0,00
	Tilgung		-890,13	-601,12	0,00	0,00	0,00
	FKZI		-149,13	-60,11	0,00	0,00	0,00
	$SE^{Inland,FKZI}$		39,26	15,82	0,00	0,00	0,00
	E^{Inland}	-1.491,25	-109,87	-44,29	0,00	0,00	755,38
	NZF	0,00	0,00	0,00	0,00	0,00	4.109,98
AE	AS		0,00	0,00	0,00	0,00	4.109,98
	S^{est}		0,00	0,00	0,00	0,00	-1.027,49
	NZF	0,00	0,00	0,00	0,00	0,00	3.082,48
	DKF	1,000000	1,075000	1,155625	1,242297	1,335469	1,435629
	Diskon. NZF	0,00	0,00	0,00	0,00	0,00	2.147,13
	EW	**2.147,13**					

Abbildung 31: Ertragswert bei Thesaurierung in T-KapGes und Steuerwirksamkeit der Zinsaufwendungen (Finanzierungsmodell)

3.5.5.2.2 Keine Steuerwirksamkeit der Fremdkapitalzinsen

Der Ertragswert des Anteilseigners für den Fall, dass die Zinsaufwendungen steuerlich nicht geltend gemacht werden können, setzt sich wiederum aus vier Teilen zusammen. Diese entsprechen im Wesentlichen den vier Teilen des Ertragswertkalküls bei Steuerwirksamkeit der Zinsaufwendungen. Insoweit kann auf die bisherigen Ausführungen verwiesen werden.[237] Abweichungen gegenüber dem Ertragswert bei Steuerwirksamkeit

[237] Siehe Tz. 3.5.5.2.1.

der Zinsaufwendungen ergeben sich ausschließlich dadurch, dass der Zinsbelastung keine Steuerentlastung gegenüber steht. In Folge dessen ist zur Bedienung des Bankdarlehens ein höherer Liquiditätsbedarf gegeben, der nicht zur Kapitalanlage auf Ebene der Tochter-Kapitalgesellschaft zur Verfügung steht.

Es ergibt sich folgender Ertragswert:

$$(53)\quad EW = \overbrace{\left(1-s^{gesamt}\right)*\sum_{t=1}^{n}\left(EBITDA_t^{Ausland}-AfA_t\right)*p^{n-t}*q^{-n}}^{1.Teil}$$
$$+\overbrace{\sum_{t=1}^{n}\left(AfA_t-KRZ_t\right)*p^{n-t}*q^{-n}}^{2.Teil}$$
$$\overbrace{-s^{est}*\sum_{t=1}^{n}\left(AfA_t-KRZ_t\right)*q^{-n}}^{3.Teil}$$
$$\overbrace{-\left[s^{est}+\left(1-s^{est}\right)*\left(s^{qst}+0{,}05*s^{Inland}\right)\right]*\left[\sum_{t=1}^{n}\left(AfA_t-KRZ_t\right)*p^{n-t}-\sum_{t=1}^{n}\left(AfA_t-KRZ_t\right)\right]*q^{-n}}^{4.Teil}$$

$$\begin{aligned}
mit\quad & KRZ_t = Min\{AfA_t; Kredit_{t-1}+FKZI_t\}\\
& Kredit_t = Kredit_{t-1}-Til_t\\
& Til_t = KRZ_t - FKZI_t\\
& AfA_t = \frac{VP}{n}\\
& q = 1+i*(1-s^{est}) \qquad p = 1+i*(1-s^{Ausland})
\end{aligned}$$

Die nicht steuerwirksamen Zinsaufwendungen werden im Rahmen eines Zinsvortrags festgestellt. Dieser baut sich bis zur Tilgung des Bankdarlehens auf. Eine weitere Berücksichtigung dieses Zinsvortrags im Rahmen der hier betrachteten Alternative des Finanzierungsmodells ist jedoch nicht erforderlich, da die Zinsaufwendungen annahmegemäß während des Planungshorizonts nicht steuerwirksam werden.

Beispiel:

$H=$	400%	$s^{est}=$	0,25	$i=$	0,1
$s^{Inland}=$	0,29825	$s^{Ausland}=$	0,2	$VP=$	5.000
$s^{Inland,FKZI}=$	0,26325	$s^{qst}=$	0,05		

Zinsaufwand steuerwirksam: nein

Ebene	t	0	1	2	3	4	5
T-KapGes	$EBITDA^{Ausland}$		1.100,00	1.100,00	1.100,00	1.100,00	1.100,00
	AfA		-1.000,00	-1.000,00	-1.000,00	-1.000,00	-1.000,00
	KMA		80,00	461,99	1.578,95	2.785,26	4.088,08
	ZI		0,00	8,00	46,20	157,89	278,53
	$S^{Ausland}$		-20,00	-21,60	-29,24	-51,58	-75,71
	$E^{Ausland}$		80,00	86,40	116,96	206,32	302,82
M-KapGes	VP	5.000,00					
	AS		0,00	0,00	0,00	0,00	792,50
	S^{qst}		0,00	0,00	0,00	0,00	-39,62
	S^{Inland}	-1.491,25	0,00	0,00	0,00	0,00	-11,82
	KRZ		1.000,00	704,41	0,00	0,00	3.295,59
	Kredit	1.491,25	640,38	0,00	0,00	0,00	0,00
	Tilgung		-850,88	-640,38	0,00	0,00	0,00
	FKZI		-149,13	-64,04	0,00	0,00	0,00
	$SE^{Inland,FKZI}$		0,00	0,00	0,00	0,00	0,00
	E^{Inland}	-1.491,25	-149,13	-64,04	0,00	0,00	741,05
	NZF	0,00	0,00	0,00	0,00	0,00	4.036,64
AE	AS		0,00	0,00	0,00	0,00	4.036,64
	S^{est}		0,00	0,00	0,00	0,00	-1.009,16
	NZF	0,00	0,00	0,00	0,00	0,00	3.027,48
	DKF	1,000000	1,075000	1,155625	1,242297	1,335469	1,435629
	Diskon. NZF	0,00	0,00	0,00	0,00	0,00	2.108,82
	EW	**2.108,82**					

Abbildung 32: Ertragswert bei Thesaurierung in T-KapGes und keiner Steuerwirksamkeit der Zinsaufwendungen (Finanzierungsmodell)

3.5.5.2.3 Teilweise Steuerwirksamkeit der Fremdkapitalzinsen

Bei teilweiser Steuerwirksamkeit der Zinsaufwendungen für das Bankdarlehen können die Zinsaufwendungen bis zur Höhe von 30 % des steuerlichen EBITDA geltend gemacht werden. Das steuerliche EBITDA beträgt bei der Mutter-Kapitalgesellschaft mangels Gewinnausschüttungen aus der Tochter-Kapitalgesellschaft während des Planungshorizonts Null, so dass eine steuerliche Berücksichtigung von Zinsaufwendungen nicht in Betracht kommt. Erst am Ende des Planungshorizonts liegt ein positives steuerliches EBITDA vor, und zwar nach Maßgabe des § 8b KStG in Höhe von 5 % der Gewinnausschüttung aus der Tochter-Kapitalgesellschaft.[238] Die Kapitalrückzahlung ist dabei nicht zu berücksichtigen, da diese das steuerpflichtige Einkommen nicht erhöht.

Die Zinsaufwendungen, die aufgrund der Zinsschrankenregelung steuerlich nicht geltend gemacht werden können, werden im Rahmen eines Zinsvortrags auf die folgenden Perioden vorgetragen.

Der Ertragswert für den Anteilseigner ermittelt sich entsprechend der Alternative bei Steuerwirksamkeit der Zinsaufwendungen. Insoweit kann auf die bereits getroffenen Aussagen verwiesen werden.[239] Abweichungen ergeben sich ausschließlich bei der Steuerentlastung auf die Zinsaufwendungen sowie korrespondierend beim Liquiditätsbedarf zur Bedienung des Bankdarlehens.

[238] Vgl. Rödder, T. / Stangl, I. (2007), S. 480.
[239] Siehe Tz. 3.5.5.2.1.

Der Ertragswert lautet wie folgt:

$$(54)\quad EW = \overbrace{\left(1-s^{gesamt}\right)*\sum_{t=1}^{n}\left(EBITDA_t^{Ausland}-AfA_t\right)*p^{n-t}*q^{-n}}^{1.Teil}$$
$$\overbrace{+\sum_{t=1}^{n}\left(AfA_t-KRZ_t\right)*p^{n-t}*q^{-n}}^{2.Teil}$$
$$\overbrace{-s^{est}*\sum_{t=1}^{n}\left(AfA_t-KRZ_t\right)*q^{-n}}^{3.Teil}$$
$$\overbrace{-\left[s^{est}+\left(1-s^{est}\right)*\left(s^{qst}+0{,}05*s^{Inland}\right)\right]*\left[\sum_{t=1}^{n}\left(AfA_t-KRZ_t\right)*p^{n-t}-\sum_{t=1}^{n}\left(AfA_t-KRZ_t\right)\right]*q^{-n}}^{4.Teil}$$

$$\begin{aligned}
mit\quad & KRZ_t = Min\left\{AfA_t; Kredit_{t-1}+FKZI_t-SE_t^{FKZI}\right\}\\
& Kredit_t = Kredit_{t-1}-Til_t\\
& Til_t = KRZ_t - FKZI_t + SE_t^{FKZI}\\
& SE_t^{FKZI} = s^{Inland,FKZI}*Min\left\{0{,}3*EBITDA_t^{Inland,TAX};\sum_{m=1}^{t}FKZI_m\right\}\\
& EBITDA_t^{Inland,TAX} = 0{,}05*AS_t^{T-KapGes}\\
& AS_{t=1,2,\ldots n-1}^{T-KapGes} = 0\\
& AS_n^{T-KapGes} = \left(1-s^{Ausland}\right)*\sum_{t=1}^{n}\left(EBITDA_t^{Ausland}-AfA_t\right)*p^{n-t}\\
& \qquad +\sum_{t=1}^{n}\left(AfA_t-KRZ_t\right)*p^{n-t}-\sum_{t=1}^{n}\left(AfA_t-KRZ_t\right)\\
& AfA_t = \frac{VP}{n}\\
& q = 1+i*(1-s^{est}) \qquad p = 1+i*(1-s^{Ausland})
\end{aligned}$$

Beispiel:

H=	400%	s^{est}=	0,25	i=	0,1
s^{Inland}=	0,29825	$s^{Ausland}$=	0,2	VP=	5.000
$s^{Inland,FKZI}$=	0,26325	s^{qst}=	0,05		

Zinsaufwand steuerwirksam: teilweise

Ebene	t	0	1	2	3	4	5
T-KapGes	$EBITDA^{Ausland}$		1.100,00	1.100,00	1.100,00	1.100,00	1.100,00
	AfA		-1.000,00	-1.000,00	-1.000,00	-1.000,00	-1.000,00
	KMA		80,00	461,99	1.578,95	2.785,26	4.088,08
	ZI		0,00	8,00	46,20	157,89	278,53
	$S^{Ausland}$		-20,00	-21,60	-29,24	-51,58	-75,71
	$E^{Ausland}$		80,00	86,40	116,96	206,32	302,82
M-KapGes	VP	5.000,00					
	AS		0,00	0,00	0,00	0,00	792,50
	S^{qst}		0,00	0,00	0,00	0,00	-39,62
	S^{Inland}	-1.491,25	0,00	0,00	0,00	0,00	-11,82
	KRZ		1.000,00	704,41	0,00	0,00	3.295,59
	Kredit	1.491,25	640,38	0,00	0,00	0,00	0,00
	Tilgung		-850,88	-640,38	0,00	0,00	0,00
	FKZI		-149,13	-64,04	0,00	0,00	0,00
	$SE^{Inland,FKZI}$		0,00	0,00	0,00	0,00	3,13
	E^{Inland}	-1.491,25	-149,13	-64,04	0,00	0,00	744,18
	NZF	0,00	0,00	0,00	0,00	0,00	4.039,77
AE	AS		0,00	0,00	0,00	0,00	4.039,77
	S^{est}		0,00	0,00	0,00	0,00	-1.009,94
	NZF	0,00	0,00	0,00	0,00	0,00	3.029,83
	DKF	1,000000	1,075000	1,155625	1,242297	1,335469	1,435629
	Diskon. NZF	0,00	0,00	0,00	0,00	0,00	2.110,45
	EW	**2.110,45**					

Abbildung 33: Ertragswert bei Thesaurierung in T-KapGes und teilweiser Steuerwirksamkeit der Zinsaufwendungen (Finanzierungsmodell)

3.5.6 Ergebnis

Bei Funktionsverlagerung ins Ausland entsteht bei der funktionsabgebenden Mutter-Kapitalgesellschaft nach Maßgabe des § 1 AStG eine Steuerbelastung. Diese ist liquiditätswirksam und muss finanziert werden. Stehen der Mutter-Kapitalgesellschaft die erforderlichen liquiden Mittel nicht zur Verfügung, muss die Steuerbelastung auf den Verrechnungspreis fremdfinanziert werden. Die daraus resultierenden Liquiditätswirkungen wie z. B. die Zahlungswirkungen aufgrund der steuerlichen Berücksichtigung von Zinsaufwendungen sind im Rahmen des Entscheidungskalküls über die Funktionsverlagerung zu berücksichtigen. Dabei ist hinsichtlich der Steuerwirksamkeit der Zinsaufwendungen zu differenzieren. Entsprechend der Zinsschrankenregelung kommt volle, teilweise sowie keine Steuerwirksamkeit der Zinsaufwendungen in Betracht. Mit abnehmender Steuerwirksamkeit der Zinsaufwendungen verringert sich der Ertragswert bei Funktionsverlagerung. Folglich wird die Funktionsverlagerung im Vergleich zur weiteren Inlandsausübung der Funktion unattraktiver je restriktiver die Beschränkungen der Zinsschrankenregelung für das betrachtete Unternehmen sind.

Das Finanzierungsmodell erweitert das Standardmodell um diese Fremdfinanzierungskomponente und kann als Entscheidungsgrundlage verwendet werden, wenn eine Fremdfinanzierung der Steuerbelastung gemäß § 1 AStG auf Ebene der Mutter-Kapitalgesellschaft erforderlich ist.

4 Ermittlung des Verrechnungspreises beim hypothetischen Fremdvergleich

4.1 Ausgangssituation

Der hypothetische Fremdvergleichspreis kommt nach dem Stufenverhältnis des § 1 AStG nur zur Anwendung, wenn ein konkreter Fremdvergleich mit uneingeschränkt oder eingeschränkt vergleichbaren Fremdvergleichspreisen nicht durchgeführt werden kann.[240] "Allerdings zeigt die praktische Erfahrung, dass hierfür benötigte empirische Daten aus Vergleichstransaktionen häufig nicht vorliegen."[241] In der Praxis dürfte der Fall der Funktionsverlagerung so speziell sein, dass sich eben keine Fremdvergleichswerte ermitteln lassen, so dass man sich notwendigerweise im Bereich der hypothetischen Fremdvergleichsbetrachtung befindet.[242] Im Bereich der Funktionsverlagerung kommt daher dem hypothetischen Fremdvergleich besondere praktische Bedeutung zu.[243] Eine denkbare Ausnahme wäre der eher theoretische Fall, dass eine unternehmerische Funktion sowohl an nahe stehende wie an fremde Unternehmen unter vergleichbaren Bedingungen übertragen wird.[244]

Beim hypothetischen Fremdvergleich handelt es sich um eine Simulation des Preisbildungsprozesses.[245] Zur Durchführung einer solchen Simulation bedarf es allerdings eines objektiven Bezugspunktes. Dieser ist in der Rechtsfigur des ordentlichen und gewissenhaften Geschäftsleiters gegeben. Um einen Preisbildungsprozess zu simulieren ist es allerdings nicht ausreichend, nur auf einen ordentlichen und gewissenhaften Geschäftsleiter Bezug zu nehmen.[246] Daher wird der ordentliche und gewissenhafte Geschäftsleiter im Preisbildungsprozess des hypothetischen Fremdvergleichs verdoppelt.[247]

---

240 Siehe Tz. 2.4. Vgl. § 2 Abs. 1 FVerlV.

241 Scholz, M. (2007), S. 521. Vgl. Jahndorf, C. (2008), S. 111; Günter, S. (2007), S. 1084.

242 Vgl. Wulf, M. (2007), S. 2283.

243 Vgl. Baumhoff, H. (2007), S. 131; Kroppen, H. / Rasch, S. / Eigelshoven, A. (2007), S. 316; Baumhoff, H. / Ditz, X. / Greinert, M. (2007a), S. 1464; Bernhardt, L. / Ham, S. / Kluge, S. (2008b), S. 845.

244 Vgl. Baumhoff, H. (2007), S. 131.

245 Vgl. Günter, S. (2007), S. 1085.

246 Vgl. Baumhoff, H. / Ditz, X. / Greinert, M. (2007a), S. 1464.

247 Vgl. Kroppen, H. / Rasch, S. / Eigelshoven, A. (2007), S. 314; Baumhoff, H. / Ditz, X. / Greinert, M. (2007a), S. 1461; Baumhoff, H. / Ditz, X. / Greinert, M. (2007b), S. 1652.

Der Verrechnungspreis für die Funktion ist beim hypothetischen Fremdvergleich auf Basis einer Funktionsanalyse und innerbetrieblichen Planrechnungen zu ermitteln. Dabei definieren der Mindestpreis eines hypothetischen Leistenden (Preisuntergrenze) und der Höchstpreis eines hypothetischen Leistungsempfängers (Preisobergrenze) den Einigungsbereich i. S. des § 1 Abs. 3 Satz 6 AStG. Der Einigungsbereich drückt das aus, was hypothetisch der eine Vertragspartner höchstens zu zahlen bereit gewesen wäre und der andere Vertragspartner mindestens gefordert hätte.[248] Insofern bedient sich der Gesetzgeber mit dem hypothetischen Fremdvergleich der betriebswirtschaftlichen Grenzpreistheorie, die eine Disziplin der Investitionstheorie darstellt.[249] Meßlatte für die Grenzpreisermittlung im Rahmen des § 1 Abs. 3 AStG ist somit die investitionstheoretische Bestimmung von Grenzpreisen.

Methodisch kann die Bewertung der verlagerten Funktion beim hypothetischen Fremdvergleich entweder direkt oder indirekt erfolgen. Bei der indirekten Bewertung wird der Verrechnungspreis aus der Differenz abgeleitet, die sich für das aufnehmende und das abgebende Unternehmen aus dem jeweiligen Vergleich der Unternehmenswerte vor und nach der Funktionsverlagerung ergeben.[250] Die indirekte Bewertung ist demzufolge mit vier Unternehmensbewertungen verbunden. Daneben kann der Wert der verlagerten Funktion auch direkt ermittelt werden. Zu diesem Zweck müssen die der Funktion zuzuordnenden Cash-Flows aus Sicht des aufnehmenden und des abgebenden Unternehmens ermittelt und entsprechend diskontiert werden. Erforderlich sind lediglich zwei Funktionsbewertungen im Gegensatz zu vier Unternehmensbewertungen. Im Rahmen der vorliegenden Arbeit wird daher die direkte Bewertung fokussiert.

Die Entscheidungssituation ist mit einem Asset Deal bei einer Kapitalgesellschaft vergleichbar. Neben der Besteuerung auf Ebene der Kapitalgesellschaft ist die Besteuerungsebene des Anteilseigners zu berücksichtigen, um die Steuerwirkungen vollständig abzubilden.[251]

---

248 Vgl. Wassermeyer, F. (2007a), S. 538.

249 Vgl. Waldens, S. (2007), S. 211; Frischmuth, M. (2007a), S. 386; Baumhoff, H. / Ditz, X. / Greinert, M. (2007b), S. 1649 f.

250 Vgl. Oestreicher, A. / Hundeshagen, C. (2008a), S. 1638.

251 Vgl. Drukarczyk, J. (2003), S. 45; IDW-Prüfungsstandard S1, Rz. 4; Wagner, F.W. (1999a), S. 67 ff.; Looks, C. / Scholz, C. (2007), S. 2544; Oestreicher, A. / Hundeshagen, C. (2008b), S. 1695.

4.2 Grenzpreisbestimmung aus investitionstheoretischer Sicht

4.2.1 Investitionstheoretische Grundlagen

"Bewertungsziel bei der entscheidungsorientierten Wertbestimmung ist die Ermittlung von Grenzwerten, die als Bezugsbasis für die Veränderung der Vermögensposition herangezogen werden kann [...]. Soll sich für das Entscheidungssubjekt, das nun auch zum Bewertungssubjekt wird, die Veränderung der Vermögensposition nicht als ökonomisch unzweckmäßig erweisen, so ist als Nebenbedingung mindestens die Aufrechterhaltung der bisher gehaltenen ökonomischen (Nutzen-)Position zu verlangen."[252] Mit anderen Worten muss aus Sicht des (hypothetischen) Verkäufers der für die Funktion (hypothetisch) gezahlte Preis mindestens dem Ertragswert bei Fortführung der Funktion entsprechen. Aus Verkäufersicht ist der Grenzpreis derjenige Preis, bei dem Indifferenz zwischen dem Behalten der Funktion und deren Veräußerung besteht.[253]

Auf der anderen Seite ist der (hypothetische) Käufer nicht bereit, mehr zu zahlen als die ökonomische (Nutzen-)Position, die er mit der Funktion erzielen kann. Diese wird durch den Ertragswert determiniert, dem die Cash-Flows aus der erworbenen Funktion zugrunde liegen. Aus Käufersicht ist der Grenzpreis folglich derjenige Preis, bei dem Indifferenz zwischen Erwerb der Funktion und Behalten des Geldes bzw. seiner alternativen Verwendung besteht.[254]

Die Grenzpreise geben somit an, welchen Kaufpreis der (hypothetische) Verkäufer mindestens verlangen muss bzw. welchen Preis der (hypothetische) Käufer gerade noch bezahlen kann, ohne dass die Transaktion der Funktion zu einer Verschlechterung der jeweiligen Vermögensposition führt.[255] "Im Gegensatz zur Investitionsrechnung, die von gegebenen Anschaffungskosten ausgeht und damit die Höhe der Abschreibungsmasse aufgrund der Anschaffungsausgabe und der steuerlichen Regelungen als bekannt voraussetzen kann, entsteht bei der Wertermittlung im Sinne einer Grenzpreisbestimmung ein zusätzliches Problem: Die Steuerbelastung hängt einerseits von der Höhe der erworbenen Abschreibungsmasse ab und nimmt somit Einfluß auf den Grenzpreis, der

[252] Dirrigl, H. (1988), S. 10 f.
[253] Vgl. Elser, T. (2002), S. 1829.
[254] Vgl. Elser, T. (2002), S. 1829.
[255] Vgl. Wagner, F.W. (1972), S. 1637; Dirrigl, H. (1988), S. 10 ff.

zu ermitteln ist. Andererseits bestimmt der Grenzpreis als höchster zahlbarer Kaufpreis die Höhe der Abschreibungsmasse."[256] Der Grenzpreis stellt somit gleichzeitig eine steuerabhängige und steuerbeeinflussende Größe dar.[257] Während die Steuerbelastung aus dem Verkauf für den (hypothetischen) Verkäufer einen negativen Zielbeitrag darstellt, erhöht das daraus resultierende Abschreibungspotenzial die Zahlungsbereitschaft des (hypothetischen) Käufers. Diese Interdependenzen sind in die Bestimmung der Grenzpreise zu integrieren.

Eine Transaktion der Funktion zwischen dem (hypothetischen) Verkäufer und dem (hypothetischen) Käufer wird sodann nur zustande kommen, wenn die Preisobergrenze für die Funktion die Preisuntergrenze des funktionsübertragenden Unternehmens überschreitet.[258] Nur in diesem Fall existiert ein Einigungsbereich, der Voraussetzung für die Transaktion ist.[259]

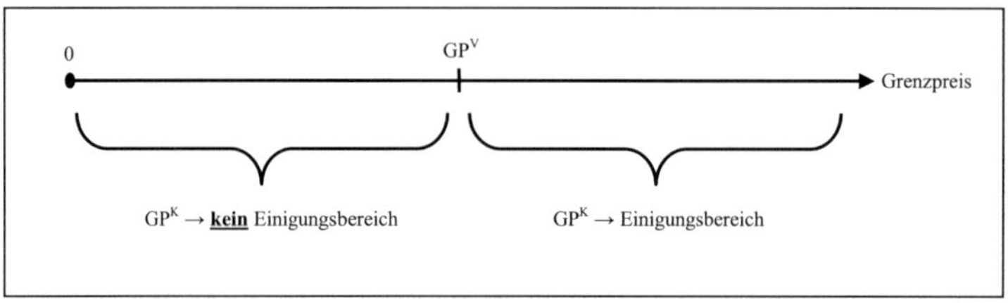

Abbildung 34: Der Einigungsbereich beim Grenzpreiskalkül

4.2.2 Struktur des Grenzpreiskalküls

Auf der Grundlage des in der Rechtsprechung entwickelten Instituts des doppelten und ordentlichen Geschäftsleiters soll in den Fällen, in denen es an tatsächlichen Vergleichsmaßstäben fehlt, eine Simulation des Preisbildungsprozesses erfolgen. Dabei soll der hypothetische Fremdvergleich als Denkmodell verstanden werden, wobei durch Nachdenken der anzuwendende Verrechnungspreis bestimmt wird.[260] Bei Umsetzung dieses Denkmodells in ein investitionstheoretisches Grenzpreiskalkül, das Funktionsverlagerungen ins Ausland zum Gegenstand hat, ist für den Grenzpreis des (hypotheti-

[256] Wagner, F.W. / Rümmele, P. (1995), S. 436.
[257] Vgl. Gratz, K. (1981), S. 981 ff.
[258] Vgl. Baumhoff, H. (2007), S. 135.
[259] Vgl. Elser, T. (2002), S. 1829; Baumhoff, H. (2007), S. 135.
[260] Vgl. Kroppen, H. / Rasch, S. / Eigelshoven, A. (2007), S. 309.

schen) Käufers und des (hypothetischen) Verkäufers jeweils eine idealtypische Struktur zugrunde zu legen. Insofern wird beim Grenzpreis des (hypothetischen) Verkäufers eine im Inland ansässige natürliche Person als unmittelbarer Alleingesellschafter einer Kapitalgesellschaft mit Sitz und Geschäftsleitung im Inland betrachtet. Dem Grenzpreiskalkül des (hypothetischen) Käufers liegt dementsprechend eine Kapitalgesellschaft mit Sitz und Geschäftsleitung im Ausland zugrunde, deren unmittelbarer Alleingesellschafter eine im Inland ansässige natürliche Person ist.

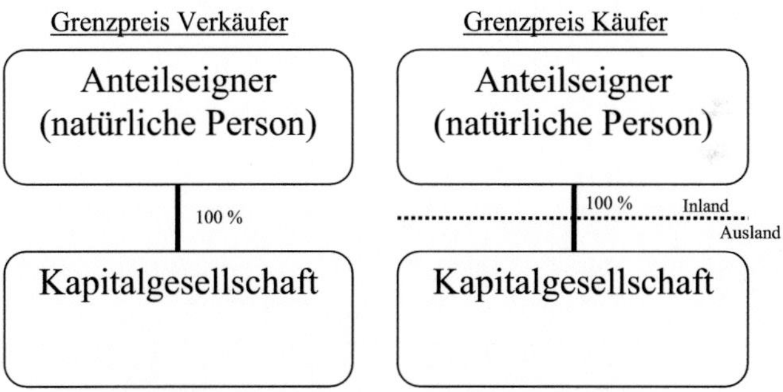

Abbildung 35: Struktur des idealtypischen Grenzpreiskalküls

Der Planungshorizont im Rahmen des Grenzpreiskalküls entspricht der (endlichen) Funktionslebensdauer. Ein unendlicher Planungshorizont wird (ebenso wie bei den Entscheidungsmodellen) aufgrund der zeitlichen Restriktionen bei Funktionsverlagerungen nicht untersucht.[261] Auf die Einbeziehung von periodenspezifischen Kapitalisierungszinssätzen wird verzichtet.

4.2.3 Prämissen des Grenzpreiskalküls

Ziel des investitionstheoretischen Grenzpreiskalküls ist die Bestimmung von Grenzpreisen in einer idealtypischen Situation. Aus diesem Grund werden dem Grenzpreiskalkül im Wesentlichen dieselben Prämissen zugrunde gelegt, die bei der Entscheidungsfindung über eine Funktionsverlagerung im Rahmen des Standardmodells zur Anwendung kommen.[262] Dies betrifft im Einzelnen folgende Prämissen:

---

[261] Ausführlich Tz. 3.1.

[262] Siehe Tz. 3.2.1.

- Positive Periodengewinne,
- Zahlungsgleiche Gewinne,
- Steuerliche Rahmenbedingungen im Inland,
- Steuerliche Rahmenbedingungen im Ausland sowie
- Gewinnverwendung.

Soweit die Prämissen beim Standardmodell die Tochter-Kapitalgesellschaft im Ausland betreffen, beziehen sich diese im Grenzpreiskalkül des (hypothetischen) Käufers auf die ausländische Kapitalgesellschaft.

Der Vollständigkeit halber wird erwähnt, dass beim inländischen Anteilseigner, der im Grenzpreiskalkül des (hypothetischen) Käufers Ausschüttungen aus einer ausländischen Kapitalgesellschaft erhält, eine Doppelbesteuerung aufgrund im Ausland einbehaltener Quellensteuer nicht entstehen kann. Soweit die Quellensteuer erstattungsfähig ist, kommt eine Doppelbesteuerung ohnehin nicht in Betracht. In Bezug auf den anrechenbaren Teil der Quellensteuer können sich im Gegensatz zur Rechtslage vor der Unternehmensteuerreform 2008 mangels Werbungskostenabzugs[263] keine Anrechnungsüberhänge mehr ergeben.[264] Dies gilt, da die anrechenbaren Quellensteuern regelmäßig geringer sind als der Abgeltungsteuersatz von 25 % und somit eine vollständige Anrechnung der ausländischen Steuern gewährleistet ist.[265] Die Anrechnung auf die Einkommensteuer des Anteilseigners erfolgt nach § 32d Abs. 1 EStG.

4.2.4 Gewinnverwendung – Ausschütten oder Thesaurieren

4.2.4.1 Gewinnverwendung beim Grenzpreis des Verkäufers

4.2.4.1.1 Ausschüttung an den Anteilseigner

Aus investitionstheoretischer Sicht wird der Anteilseigner die Gewinnverwendungsalternative wählen, die zur Maximierung seines Endvermögens führt. Grundsätzlich besteht die Möglichkeit, die Funktionsgewinne entweder aus der inländischen bzw.

263 Vgl. § 20 Abs. 9 Satz 1 EStG.

264 Ausnahmen lediglich bei Veranlagungsoption nach § 32d Abs. 6 EStG und Fällen des § 32d Abs. 2 EStG.

265 Vgl. OFD Münster (2005).

ausländischen Kapitalgesellschaft auszuschütten und beim Anteilseigner im Privatbereich anzulegen oder in der Kapitalgesellschaft bis zum Ende des Planungshorizonts zu thesaurieren. Die Vorteilhaftigkeit einer Gewinnverwendungsalternative ist beim Grenzpreis des (hypothetischen) Verkäufers und des (hypothetischen) Käufers getrennt zu beurteilen.

Werden die Funktionsgewinne aus der inländischen Kapitalgesellschaft an den Anteilseigner ausgeschüttet, unterliegen diese neben der inländischen Ertragsteuerbelastung mit Körperschaftsteuer, Gewerbesteuer und Solidaritätszuschlag der Abgeltungsbesteuerung auf Ebene des Anteilseigners. Der verbleibende Betrag steht dem Anteilseigner als Kapitalmarktanlage zur Verfügung. Diese verzinst sich mit dem individuellen Zinssatz des (hypothetischen) Verkäufers, wobei die Zinsen ebenso wie die Ausschüttung der Funktionsgewinne der Abgeltungsteuer unterliegen.

Für das Endvermögen des Anteilseigners gilt:

$$(55)\quad EV_n^{AS} = \overbrace{EBT^{Inland} * \left(1 - s^{Inland}\right) * \left(1 - s^{est}\right)}^{KMA} * \left[1 + i^V * \left(1 - s^{est}\right)\right]^n$$

Beispiel:

$s^{Inland} = 0,3$ $\qquad i^V = 0,1$

$s^{est} = 0,25$ $\qquad EBT^{Inland} = 1.000$

Ebene	t	1	2	3	4	5
KapGes	EBT^{Inland}	1.000,00				
	S^{Inland}	-300,00				
	E^{Inland}	700,00				
AE	AS	700,00				
	ZI	0,00	52,50	56,44	60,67	65,22
	KMA	525,00	564,38	606,70	652,21	701,12
	S^{est}	-175,00	-13,13	-14,11	-15,17	-16,31
	EV					**701,12**

Abbildung 36: Endvermögen bei Ausschüttung an AE (Grenzpreis Verkäufer)

4.2.4.1.2 Thesaurierung in der inländischen Kapitalgesellschaft

Bei Thesaurierung der Funktionsgewinne in der Kapitalgesellschaft unterliegen diese zunächst nur der inländischen Ertragsteuerbelastung auf Ebene der Kapitalgesellschaft. Diese besteht aus Körperschaftsteuer, Gewerbesteuer und Solidaritätszuschlag. Der verbleibende Betrag kann auf Ebene der Kapitalgesellschaft zu dem individuellen Zinssatz des (hypothetischen) Verkäufers angelegt werden, wobei die Zinsen ebenso wie die Funktionsgewinne der inländischen Ertragsteuerbelastung unterliegen. Die Belastung mit Abgeltungsteuer entsteht erst bei der Endausschüttung an den Anteilseigner am Ende des Planungshorizonts und zwar auf die gesamte Gewinnausschüttung.

Das Endvermögen des Anteilseigners ermittelt sich wie folgt:

$$(56)\quad EV_n^{Thes} = \overbrace{EBT^{Inland} * \left(1 - s^{Inland}\right)}^{KMA} * \left[1 + i^V * \left(1 - s^{Inland}\right)\right]^n * \left(1 - s^{est}\right)$$

<u>*Beispiel:*</u>

$s^{Inland} = 0{,}3$ $\qquad i^V = 0{,}1$

$s^{est} = 0{,}25$ $\qquad EBT^{Inland} = 1.000$

Ebene	t	1	2	3	4	5
KapGes	EBT^{Inland}	1.000,00				
	ZI	0,00	70,00	74,90	80,14	85,75
	KMA	700,00	749,00	801,43	857,53	917,56
	S^{Inland}	-300,00	-21,00	-22,47	-24,04	-25,73
	E^{Inland}	700,00	49,00	52,43	56,10	60,03
AE	AS					917,56
	S^{est}					-229,39
	EV					**688,17**

Abbildung 37: Endvermögen bei Thesaurierung (Grenzpreis Verkäufer)

4.2.4.1.3 Handlungsempfehlung

Um die Vorteilhaftigkeit einer Gewinnverwendungsalternative beurteilen zu können, müssen die jeweils erzielbaren Endvermögen miteinander verglichen werden. Indifferenz zwischen den Gewinnverwendungen besteht unter folgender Bedingung:

$$(57)\quad EV_n^{AS} \overset{!}{=} EV_n^{Thes}$$

Einsetzen der Formeln (55) und (56) ergibt zunächst folgende Indifferenzbedingung:

$$(58)\quad \left[1 + i * \left(1 - s^{est}\right)\right]^n \overset{!}{=} \left[1 + i * \left(1 - s^{Inland}\right)\right]^n$$

Nach Umstellen gilt:

$$(59)\quad s^{est} \overset{!}{=} s^{Inland}$$

Setzt man die Formeln (1) und (2) für die Steuersätze ein, kann entsprechend den Untersuchungen beim Standardmodell[266] ein kritischer Gewerbesteuerhebesatz ermittelt werden. Dieser beträgt 301,42 %. Liegt der tatsächliche über dem kritischen Gewerbesteuerhebesatz, ist die Ausschüttung an den Anteilseigner und vice versa die Thesaurierung in der Kapitalgesellschaft vorteilhaft. Da der bundesdurchschnittliche Gewerbesteuerhebesatz 433,00 % beträgt[267], ist die Thesaurierung der Funktionsgewinne auf Ebene der Kapitalgesellschaft in der Praxis suboptimal. Ein rational handelnder Entscheidungsträger wird die Gewinne regelmäßig ausschütten. Für das Grenzpreiskalkül des (hypothetischen) Verkäufers bedeutet dies, dass als Gewinnverwendung nur die Ausschüttung der Funktionsgewinne an den Anteilseigner zu berücksichtigen ist.

---

[266] Siehe Tz. 3.2.2.1.4.

[267] Vgl. Spengel, C. / Reister, T. (2007), S. 279; Kavcic, C. / Vogel, A. (2008), S. 575; Beland, U. (2006), S. 31 f.

4.2.4.2 Gewinnverwendung beim Grenzpreis des Käufers

4.2.4.2.1 Ausschüttung an den Anteilseigner

Bei Ausschüttung der Funktionsgewinne aus der ausländischen Kapitalgesellschaft an den Anteilseigner fällt zusätzlich zur ausländischen Körperschaftsteuerbelastung Abgeltungsteuer beim Anteilseigner an. Der verbleibende Betrag steht dem Anteilseigner als Kapitalmarktanlage zur Verfügung. Diese verzinst sich mit dem individuellen Zinssatz des (hypothetischen) Käufers, wobei die Zinsen ebenso wie die Ausschüttung der Funktionsgewinne beim Anteilseigner der Abgeltungsteuer unterliegen.

Das Endvermögen des Anteilseigners ermittelt sich wie folgt:

$$(60)\quad EV_n^{AS} = \overbrace{EBT^{Ausland} * \left(1 - s^{Ausland}\right) * \left(1 - s^{est}\right)}^{KMA} * \left[1 + i^K * \left(1 - s^{est}\right)\right]^n$$

<u>*Beispiel:*</u>

$s^{Ausland}$ =	0,2	i^K =	0,1
s^{est} =	0,25	$EBT^{Ausland}$ =	1.000

Ebene	t	1	2	3	4	5
KapGes	$EBT^{Ausland}$	1.000,00				
	$S^{Ausland}$	-200,00				
	$E^{Ausland}$	800,00				
AE	AS	800,00				
	ZI	0,00	60,00	64,50	69,34	74,54
	KMA	600,00	645,00	693,38	745,38	801,28
	S^{est}	-200,00	-15,00	-16,13	-17,33	-18,63
	EV					**801,28**

Abbildung 38: Endvermögen bei Ausschüttung an AE (Grenzpreis Käufer)

4.2.4.2.2 Thesaurierung in der ausländischen Kapitalgesellschaft

Werden die Funktionsgewinne in der ausländischen Kapitalgesellschaft bis zum Ende des Planungshorizonts thesauriert, unterliegen diese zunächst nur der ausländischen Körperschaftsteuer. Die verbleibenden (Netto-)Funktionsgewinne können in der Kapitalgesellschaft zu dem individuellen Zinssatz des (hypothetischen) Käufers angelegt werden, wobei die Zinsen ebenso wie die Funktionsgewinne der ausländischen Körperschaftsteuerbelastung unterliegen. Die Belastung mit Abgeltungsteuer beim Anteilseigner entsteht erst bei der Endausschüttung am Ende des Planungshorizonts und zwar auf die gesamte Gewinnausschüttung.

Für das Endvermögen des Anteilseigners gilt:

$$(61)\quad EV_n^{Thes} = \overbrace{EBT^{Ausland} * \left(1 - s^{Ausland}\right)}^{KMA} * \left[1 + i^K * \left(1 - s^{Ausland}\right)\right]^n * \left(1 - s^{est}\right)$$

<u>Beispiel:</u>

$s^{Ausland}$=	0,2	i^K=	0,1
s^{est}=	0,25	$EBT^{Ausland}$=	1.000

Ebene	t	1	2	3	4	5
KapGes	$EBT^{Ausland}$	1.000,00				
	ZI	0,00	80,00	86,40	93,31	100,78
	KMA	800,00	864,00	933,12	1.007,77	1.088,39
	$S^{Ausland}$	-200,00	-16,00	-17,28	-18,66	-20,16
	$E^{Ausland}$	800,00	64,00	69,12	74,65	80,62
AE	AS					1.088,39
	S^{est}					-272,10
	EV					**816,29**

Abbildung 39: Endvermögen bei Thesaurierung (Grenzpreis Käufer)

4.2.4.2.3 Handlungsempfehlung

Vorteilhaftigkeitsaussagen bezüglich der Gewinnverwendung können ermittelt werden, indem die Situation betrachtet wird, in der Indifferenz zwischen den Gewinnverwendungsalternativen besteht. Bei Indifferenz muss gelten:

$$(62)\quad EV_n^{AS} \stackrel{!}{=} EV_n^{Thes}$$

Nach Einsetzen der Formeln (60) und (61) ergibt sich zunächst:

$$(63) \quad \left[1 + i^K * \left(1 - s^{est}\right)\right]^n \overset{!}{=} \left[1 + i^K * \left(1 - s^{Ausland}\right)\right]^n$$

Nach Umstellen resultiert:

$$(64) \quad s^{est} \overset{!}{=} s^{Ausland}$$

Demzufolge ist die Ausschüttung der Funktionsgewinne an den Anteilseigner vorteilhaft, wenn der ausländische Körperschaftsteuersatz die Abgeltungsteuerbelastung übersteigt. Vice versa werden die Funktionsgewinne nicht ausgeschüttet, sondern in der ausländischen Kapitalgesellschaft thesauriert, wenn die Abgeltungsteuerbelastung die ausländische Körperschaftsteuerbelastung übersteigt. Aufgrund der Bandbreite der ausländischen Körperschaftsteuersätze[268] ist – im Gegensatz zum Grenzpreiskalkül des (hypothetischen) Verkäufers – keine der Gewinnverwendungsalternativen regelmäßig vorteilhaft. Vielmehr bedarf es in Abhängigkeit vom Steuerniveau des funktionsaufnehmenden Landes einer einzelfallabhängigen Entscheidung über die optimale Gewinnverwendung.

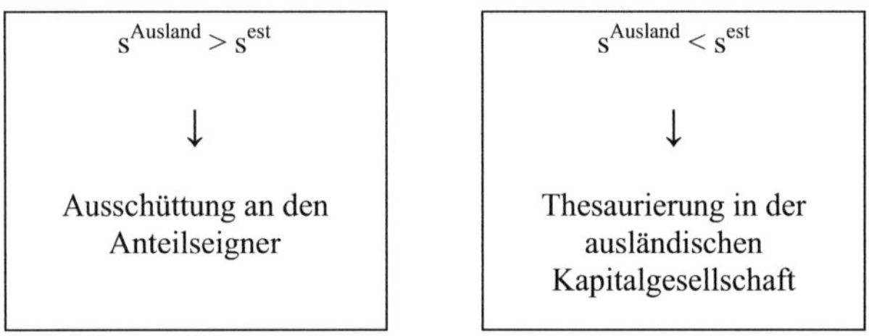

Abbildung 40: Entscheidung über die Gewinnverwendung (Grenzpreis Käufer)

[268] Siehe Tz. 1.1.

4.2.5 Grenzpreis des Verkäufers

Der Grenzpreis des (hypothetischen) Verkäufers, d. h. die Preisuntergrenze für die Funktion, besteht aus zwei Teilen. Während der erste Teil die laufenden Cash-Flows beinhaltet, die dem Anteilseigner aus den periodischen Funktionsgewinnen zufließen, berücksichtigt der zweite Teil die Mehrforderung des (hypothetischen) Verkäufers, die aufgrund der einmaligen Steuerbelastung durch den Verkauf entsteht. Dabei ist eine Differenzierung bezüglich der Gewinnverwendung nicht erforderlich, da die Ausschüttung der Funktionsgewinne an den Anteilseigner regelmäßig vorteilhaft ist.[269]

Im ersten Teil werden die dem Anteilseigner periodisch zufließenden Cash-Flows diskontiert. Diese bestehen aus den Funktionsgewinnen, die der inländischen Ertragsteuerbelastung bestehend aus Körperschaftsteuer, Solidaritätszuschlag und Gewerbesteuer sowie bei Ausschüttung an den Anteilseigner der Abgeltungsteuer unterliegen.[270] Die Diskontierung der Cash-Flows erfolgt mit dem individuellen Zinssatz des (hypothetischen) Verkäufers nach Abzug der Abgeltungsteuerbelastung, d. h. mit dem individuellen Netto-(Alternativanlage-)Zinssatz des (hypothetischen) Verkäufers.

Der zweite Teil erfasst die Mehrforderung des (hypothetischen) Verkäufers, die durch die einmalige Steuerbelastung bei Veräußerung entsteht. Um die ökonomische (Nutzen-)Position aufrecht zu erhalten, wird der (hypothetische) Verkäufer eine Vergütung für diesen negativen Zielbeitrag fordern. Dieser setzt sich aus der inländischen Ertragsteuerbelastung auf den Grenzpreis, d. h. Transaktionspreis, zuzüglich der Belastung mit Abgeltungsteuer bei Ausschüttung an den Anteilseigner zusammen.

Der Grenzpreis des (hypothetischen) Verkäufers ermittelt sich wie folgt:

$$(65)\quad GP^{V} = \overbrace{\left(1-s^{est}\right)*\left(1-s^{Inland}\right)*\sum_{t=1}^{n} EBITDA_{t}^{Inland} * q_{V}^{-t}}^{1.Teil} \overbrace{+\,GP^{V} * s^{Inland} + GP^{V} * s^{est} * \left(1-s^{Inland}\right)}^{2.Teil}$$

$$mit \quad q_{V} = 1 + i^{V} * \left(1-s^{est}\right)$$

---

269 Siehe Tz. 4.2.4.1.3.

270 Vgl. Günter, S. (2007), S. 1086.

Nach Umstellen ergibt sich folgende Formel für den Grenzpreis des (hypothetischen) Verkäufers:

$$(66) \quad GP^V = \sum_{t=1}^{n} EBITDA_t^{Inland} * q_V^{-t}$$

$$mit \quad q_V = 1 + i^V * \left(1 - s^{est}\right)$$

Beispiel:

s^{Inland}= 0,3 $EBITDA^{Inland}$= 1.000 i^V= 0,15

s^{est}= 0,25

Ebene	t	0	1	2	3	4	5
KapGes	$EBITDA^{Inland}$		1.000,00	1.000,00	1.000,00	1.000,00	1.000,00
	GP^V	3.672,78					
	S^{Inland}	-1.101,83	-300,00	-300,00	-300,00	-300,00	-300,00
	E^{Inland}	2.570,95	700,00	700,00	700,00	700,00	700,00
	NZF	2.570,95	700,00	700,00	700,00	700,00	700,00
AE	AS	2.570,95	700,00	700,00	700,00	700,00	700,00
	S^{est}	-642,74	-175,00	-175,00	-175,00	-175,00	-175,00
	NZF	1.928,21	525,00	525,00	525,00	525,00	525,00
	MF	1.744,57					
	DKF	1,000000	1,112500	1,237656	1,376893	1,531793	1,704120
	Diskon. NZF	1.744,57	471,91	424,19	381,29	342,74	308,08
	GP^V	**3.672,78**					

Abbildung 41: Grenzpreis des (hypothetischen) Verkäufers aus investitionstheoretischer Sicht

4.2.6 Grenzpreis des Käufers

4.2.6.1 Ausschüttung an den Anteilseigner

Die Preisobergrenze für die Funktion wird durch den Grenzpreis des (hypothetischen) Käufers determiniert. Dabei ist in Abhängigkeit des Steuerniveaus im Ausland über die optimale Gewinnverwendung zu entscheiden. Zur Disposition stehen – im Gegensatz zum Grenzpreis des (hypothetischen) Verkäufers – sowohl die Ausschüttung der Funktionsgewinne an den Anteilseigner als auch die Thesaurierung in der (ausländischen) Kapitalgesellschaft.[271]

[271] Siehe Tz. 4.2.4.2.3.

Werden die Funktionsgewinne an den Anteilseigner ausgeschüttet, ermittelt sich der Grenzpreis des (hypothetischen) Käufers aus zwei Teilen.

Der erste Teil berücksichtigt die periodischen Cash-Flows, die dem Anteilseigner bei Ausschüttung der Funktionsgewinne zufließen. Neben der ausländischen Körperschaftsteuerbelastung ist die Abgeltungsteuer auf Ebene des Anteilseigners zu berücksichtigen. Die Diskontierung erfolgt mit dem individuellen Netto-(Alternativanlage-)Zinssatz des (hypothetischen) Käufers.

Daneben beinhaltet der zweite Teil die diskontierten periodischen Kapitalrückzahlungen, die ohne Steuerbelastung an den Anteilseigner ausgekehrt werden können.[272] Deren Höhe korrespondiert mit den Abschreibungen auf den Transaktionspreis, d. h. Grenzpreis, da insoweit Liquidität bei der Kapitalgesellschaft vorhanden ist, die keinen Bestandteil des Funktionsgewinns darstellt. Hintergrund der Kapitalrückzahlungen ist, dass der Anteilseigner den Transaktionspreis vor dem Erwerb in die Kapitalgesellschaft einlegen muss. Diese Einlage erhöht nach § 27 Abs. 1 Satz 1 KStG das steuerliche Einlagekonto der Kapitalgesellschaft und kann unter Berücksichtigung der Verwendungsreihenfolge des § 27 Abs. 1 Satz 3 KStG ohne Steuerbelastung an den Anteilseigner zurückgeführt werden.

Der Grenzpreis des (hypothetischen) Käufers ermittelt sich wie folgt:

$$(67)\quad GP_{AS}^{K} = \overbrace{\left(1-s^{est}\right)*\left(1-s^{Ausland}\right)*\sum_{t=1}^{n}\left(EBITDA_{t}^{Ausland}-AfA_{t}\right)*q_{K}^{-t}}^{1.Teil} + \overbrace{\sum_{t=1}^{n} AfA_{t}*q_{K}^{-t}}^{2.Teil}$$

$$mit\quad q_{K} = 1+i^{K}*\left(1-s^{est}\right) \qquad AfA_{t} = \frac{GP_{AS}^{K}}{n}$$

272 Vgl. § 20 Abs. 1 Nr. 1 Satz 3 EStG.

Beispiel:

$s^{Inland}=$ 0,3 $EBITDA^{Ausland}=$ 1.100 $i^{K}=$ 0,15

$s^{est}=$ 0,25 $s^{Ausland}=$ 0,4

Ebene	t	0	1	2	3	4	5
KapGes	$EBITDA^{Ausland}$		1.100,00	1.100,00	1.100,00	1.100,00	1.100,00
	GP^{K}	3.050,40					
	AfA		-610,08	-610,08	-610,08	-610,08	-610,08
	KMA		0,00	0,00	0,00	0,00	0,00
	ZI		0,00	0,00	0,00	0,00	0,00
	$S^{Ausland}$		-195,97	-195,97	-195,97	-195,97	-195,97
	$E^{Ausland}$		293,95	293,95	293,95	293,95	293,95
AE	AS		293,95	293,95	293,95	293,95	293,95
	S^{est}		-73,49	-73,49	-73,49	-73,49	-73,49
	KRZ		610,08	610,08	610,08	610,08	610,08
	NZF		830,54	830,54	830,54	830,54	830,54
	DKF		1,112500	1,237656	1,376893	1,531793	1,704120
	Diskon. NZF		746,56	671,06	603,20	542,20	487,37
	GP^{K}	**3.050,40**					

Abbildung 42: Grenzpreis des (hypothetischen) Käufers aus investitionstheoretischer Sicht Alt. 1

4.2.6.2 Thesaurierung in der ausländischen Kapitalgesellschaft

Bei Thesaurierung der Funktionsgewinne in der ausländischen Kapitalgesellschaft wird der Grenzpreis des (hypothetischen) Käufers durch den (Netto-)Cash-Flow beim Anteilseigner am Ende des Planungshorizonts determiniert. Dieser besteht aus drei Teilen, wobei jeweils mit dem individuellen (Alternativ-)Anlagezinssatz des (hypothetischen) Käufers diskontiert wird.

Zum einen fließen dem Anteilseigner am Ende des Planungshorizonts die aufgezinsten Funktionsgewinne zu. Die periodischen Funktionsgewinne sowie die Zinsen aus der Kapitalmarktanlage unterliegen bei der Kapitalgesellschaft der ausländischen Körperschaftsteuerbelastung. Abgeltungsteuer entsteht einmalig bei Ausschüttung der aufgezinsten Funktionsgewinne an den Anteilseigner am Ende des Planungshorizonts (erster Teil).

Daneben wird am Ende des Planungshorizonts die aufgezinste Liquidität, die kein Bestandteil der Funktionsgewinne ist, d. h. die aufgezinsten Abschreibungsbeträge auf den

Grenzpreis, an den Anteilseigner ausgekehrt (zweiter Teil). Soweit diese Ausschüttung auf die Abschreibungsbeträge entfällt, handelt es sich um eine Kapitalrückzahlung i. S. des § 20 Abs. 1 Nr. 1 Satz 3 EStG, die keine Steuerbelastung auslöst. Dagegen liegen in Höhe der (Netto-)Zinserträge aus der Kapitalmarktanlage der Abschreibungsbeträge Gewinnausschüttungen vor, die bei Ausschüttung an den Anteilseigner der Abgeltungsteuer unterliegen (dritter Teil).

Der Grenzpreis des (hypothetischen) Käufers ermittelt sich wie folgt:

$$(68)\quad GP_{Thes}^{K} = \overbrace{\left(1-s^{est}\right)*\left(1-s^{Ausland}\right)*\sum_{t=1}^{n}\left(EBITDA_{t}^{Ausland}-AfA_{t}\right)*p_{K}^{n-t}*q_{K}^{-n}}^{1.Teil}$$
$$+\overbrace{\sum_{t=1}^{n}AfA_{t}*p_{K}^{n-t}*q_{K}^{-n}}^{2.Teil}$$
$$\overbrace{-s^{est}*\left(\sum_{t=1}^{n}AfA_{t}*p_{K}^{n-t}-GP_{Thes}^{K}\right)*q_{K}^{-n}}^{3.Teil}$$
$$mit\quad q_{K}=1+i^{K}*\left(1-s^{est}\right)\qquad p_{K}=1+i^{K}*\left(1-s^{Ausland}\right)\qquad AfA_{t}=\frac{GP_{Thes}^{K}}{n}$$

Nach Umstellen ergibt sich folgender Grenzpreis:

$$(69)\quad GP_{Thes}^{K} = \left[\begin{array}{l}\left(1-s^{est}\right)*\left(1-s^{Ausland}\right)*\left\{\sum_{t=1}^{n}\left(EBITDA_{t}^{Ausland}-AfA_{t}\right)*p_{K}^{n-t}\right\}\\ +\sum_{t=1}^{n}AfA_{t}*p_{K}^{n-t}-s^{est}*GP_{Thes}^{K}*\left\{\sum_{t=1}^{n}\left(n^{-1}*p_{K}^{n-t}\right)-1\right\}\end{array}\right]*q_{K}^{-n}$$
$$mit\quad q_{K}=1+i^{K}*\left(1-s^{est}\right)\qquad p_{K}=1+i^{K}*\left(1-s^{Ausland}\right)\qquad AfA_{t}=\frac{GP_{Thes}^{K}}{n}$$

Beispiel:

s^{Inland}=	0,3	$EBITDA^{Ausland}$=	1.000	i^K=	0,1
s^{est}=	0,25	$s^{Ausland}$=	0,2		

Ebene	t	0	1	2	3	4	5
KapGes	$EBITDA^{Ausland}$		1.000,00	1.000,00	1.000,00	1.000,00	1.000,00
	GP^K	3.486,38					
	AfA		-697,28	-697,28	-697,28	-697,28	-697,28
	KMA		939,46	1.954,07	3.049,85	4.233,29	5.511,41
	ZI		0,00	93,95	195,41	304,98	423,33
	$S^{Ausland}$		-60,54	-79,33	-99,63	-121,54	-145,21
	$E^{Ausland}$		242,18	317,34	398,50	486,17	580,84
AE	AS		0,00	0,00	0,00	0,00	2.025,03
	S^{est}		0,00	0,00	0,00	0,00	-506,26
	KRZ		0,00	0,00	0,00	0,00	3.486,38
	NZF		0,00	0,00	0,00	0,00	5.005,15
	DKF		1,075000	1,155625	1,242297	1,335469	1,435629
	Diskon. NZF		0,00	0,00	0,00	0,00	3.486,38
	GP^K	**3.486,38**					

Abbildung 43: Grenzpreis des (hypothetischen) Käufers aus investitionstheoretischer Sicht Alt. 2

4.2.7 Transaktions-/Verrechnungspreis bei Mittelwertvermutung

4.2.7.1 Ausschüttung an den Anteilseigner beim Grenzpreis des Käufers

Ist der Einigungsbereich bestehend aus der Preisuntergrenze des (hypothetischen) Verkäufers und der Preisobergrenze des (hypothetischen) Käufers ermittelt, ist nach § 1 Abs. 3 Satz 7 AStG der Wert innerhalb des Einigungsbereichs der Einkünfteermittlung zugrunde zu legen, der dem Fremdvergleichsgrundsatz mit der höchsten Wahrscheinlichkeit entspricht. Dabei obliegt es dem Steuerpflichtigen, diese höchste Wahrscheinlichkeit glaubhaft zu machen. Gelingt dies nicht, kommt der Mittelwert des Einigungsbereichs als Fremdvergleichspreis zur Anwendung.[273] "Konkret soll der Steuerpflichtige glaubhaft machen, dass ein anderer Wert [als der Mittelwert] im Einigungsbereich mit höherer Wahrscheinlichkeit dem Fremdvergleichsgrundsatz entspricht. Diese vom Gesetzgeber vorgesehene Möglichkeit gibt es aber schlicht nicht."[274] Insofern wird der

[273] Vgl. Jenzen, H. (2007), S. 3127. Ausführlich Tz. 4.3.9.
[274] Kroppen, H. / Rasch, S. / Eigelshoven, A. (2007), S. 317.

Verrechnungspreis beim hypothetischen Fremdvergleich regelmäßig dem Mittelwert entsprechen.

Diese Mittelwertvermutung wird im Folgenden in das investitionstheoretische Grenzpreiskalkül integriert. Der Transaktionspreis für die Funktion, der dem Verrechnungspreis beim hypothetischen Fremdvergleich entspricht, ermittelt sich sodann als Mittelwert zwischen dem Grenzpreis des (hypothetischen) Käufers und Verkäufers. Dabei ist hinsichtlich des Grenzpreises des (hypothetischen) Käufers zwischen den Gewinnverwendungsalternativen Ausschüttung an den Anteilseigner und Thesaurierung in der Kapitalgesellschaft zu differenzieren.

Bei Anwendung der Mittelwertvermutung gilt für den Verrechnungspreis folgender Zusammenhang:

$$(70) \quad VP = 0{,}5 * \left(GP_{AS}^{K} + GP^{V}\right)$$

Nach Einsetzen der Formeln (65) und (67) für die Grenzpreise des (hypothetischen) Käufers und Verkäufers resultiert bei Ausschüttung der Gewinne an den Anteilseigner:

$$(71) \quad VP = 0{,}5 * \begin{bmatrix} \left(1 - s^{est}\right) * \left(1 - s^{Ausland}\right) * \sum_{t=1}^{n} \left(EBITDA_t^{Ausland} - AfA_t\right) * q_K^{-t} \\ + \sum_{t=1}^{n} AfA_t * q_K^{-t} \\ + \left(1 - s^{est}\right) * \left(1 - s^{Inland}\right) * \sum_{t=1}^{n} EBITDA_t^{Inland} * q_V^{-t} \\ + GP^{V} * \left[s^{Inland} + s^{est} * \left(1 - s^{Inland}\right)\right] \end{bmatrix}$$

$$mit \quad q_{K/V} = 1 + i^{K/V} * \left(1 - s^{est}\right) \qquad AfA_t = \frac{GP_{AS}^{K}}{n}$$

$(72) + (73)$ *unbesetzt*

Die Interdependenzen zwischen dem Verrechnungspreis, dem Grenzpreis des (hypothetischen) Käufers und dem Grenzpreis des (hypothetischen) Verkäufers sind offensichtlich. Ursache ist, dass der Grenzpreis gleichzeitig eine steuerabhängige und steuerbeeinflussende Größe darstellt.[275] Diese Interdependenzproblematik kann nur mit Hilfe eines Iterationsverfahrens gelöst werden.

4.2.7.2 Thesaurierung in der ausländischen Kapitalgesellschaft beim Grenzpreis des Käufers

Ausgangspunkt für die Ermittlung des Verrechnungspreises bei Mittelwertvermutung ist folgender formelhafter Zusammenhang:

$$(74) \quad VP = 0{,}5 * \left(GP^{K}_{Thes} + GP^{V}\right)$$

Einsetzen der Formeln (65) und (68) für die Grenzpreise des (hypothetischen) Käufers und Verkäufers ergibt bei Thesaurierung der Gewinne in der ausländischen Kapital-Gesellschaft:

$$(75) \quad VP = 0{,}5 * \begin{bmatrix} \left(1-s^{est}\right)*\left(1-s^{Ausland}\right)*\sum_{t=1}^{n}\left(EBITDA_t^{Ausland} - AfA_t\right)*p_K^{n-t}*q_K^{-n} \\ +\sum_{t=1}^{n} AfA_t * p_K^{n-t} * q_K^{-n} \\ -s^{est} * \left(\sum_{t=1}^{n} AfA_t * p_K^{n-t} - GP^{K}_{Thes}\right) * q_K^{-n} \\ +\left(1-s^{est}\right)*\left(1-s^{Inland}\right)*\sum_{t=1}^{n} EBITDA_t^{Inland} * q_V^{-t} \\ +GP^{V} * \left[s^{Inland} + s^{est} * \left(1-s^{Inland}\right)\right] \end{bmatrix}$$

$$mit \quad q_{K/V} = 1 + i^{K/V} * \left(1-s^{est}\right) \qquad p_K = 1 + i^{K} * \left(1-s^{Ausland}\right) \qquad AfA_t = \frac{GP^{K}_{Thes}}{n}$$

$(76)+(77)$ *unbesetzt*

Die Interdependenzen zwischen dem Verrechnungspreis und den Grenzpreisen des (hypothetischen) Käufers respektive Verkäufers werden auch bei dieser Gewinnverwendungsalternative deutlich. Zur Lösung dieser Interdependenzproblematik bedarf es eines Iterationsverfahrens.

---

[275] Vgl. Gratz, K. (1981), S. 981 ff.

4.2.8 Ergebnis

Grundlage für die Bestimmung von Grenzpreisen aus investitionstheoretischer Sicht sind die (Netto-)Cash-Flows des Anteilseigners. Neben der Besteuerungsebene der Kapitalgesellschaft ist die Besteuerungsebene des Anteilseigners zu berücksichtigen, um die Steuerwirkungen auf die Grenzpreise von Käufer respektive Verkäufer vollständig abzubilden. Der Planungshorizont entspricht der prognostizierten Lebensdauer der Investition. Im Vorfeld bedarf es einer Entscheidung über die optimale Gewinnverwendung, um die ökonomische (Nutzen-)Position des Anteilseigners zu maximieren. Zwischen dem Grenzpreis des Käufers und dem Grenzpreis des Verkäufers bestehen Interdependenzen, die in das Grenzpreiskalkül zu integrieren sind. Ein Einigungsbereich zwischen Käufer und Verkäufer besteht nur, wenn der Käufer bereit ist, mehr zu zahlen, als die Preisuntergrenze des Verkäufers, d. h. wenn der Grenzpreis des Käufers den Grenzpreis des Verkäufers übersteigt.

4.3 Grenzpreisbestimmung gemäß § 1 Abs. 3 AStG i. V. mit FVerlV

4.3.1 Ausgangssituation

Die maßgebliche Vorschrift zur Besteuerung von Funktionsverlagerungen ist § 1 Abs. 3 Satz 9 AStG, der auf Satz 5 und damit auch auf die Sätze 6 und 7 des § 1 AStG verweist, die jeweils Anwendungsvorschriften für den hypothetischen Fremdvergleich sind.[276] Danach hat der Steuerpflichtige den Einigungsbereich und somit auch den Verrechnungspreis für die Funktion auf der Grundlage einer Funktionsanalyse und innerbetrieblichen Planrechnungen unter Berücksichtigung funktions- und risikoadäquater Kapitalisierungszinssätze zu ermitteln (ertragswertorientierte Bewertung[277]). Es kommt die sogenannte Transferpaketbetrachtung zur Anwendung. Die Basis der Bestimmung des Verrechnungspreises bildet nach Ansicht des Gesetzgebers das sogenannte Gewinnpotenzial, definiert als die Gewinnerwartungen aus der Funktionsverlagerung für das (hypothetisch) verlagernde und übernehmende Unternehmen.[278] Eine Ausnahme zur Gesamtbewertung des Transferpakets lässt die Escape-Klausel des § 1 Abs. 3 Satz 10

---

276 Vgl. Frischmuth, M. (2007a), S. 388.

277 Vgl. Waldens, S. (2007), S. 211; Frischmuth, M. (2007a), S. 386 und S. 391; Baumhoff, H. / Ditz, X. / Greinert, M. (2007b), S. 1649 f.; Rödder, T. (2007b), S. 16; Wulf, M. (2007), S. 2283.

278 Vgl. Kroppen, H. / Rasch, S. / Eigelshoven, A. (2007), S. 310.

AStG zu. Diese wird an späterer Stelle näher erläutert.[279] Wird eine zunächst nicht erkannte Funktionsverlagerung innerhalb des fünfjährigen Überwachungszeitraums des § 1 Abs. 6 Satz 2 FVerlV von der Finanzverwaltung festgestellt, sind die Verrechnungspreise für die zuletzt verwirklichten Geschäftsvorfälle dem Fremdvergleichsgrundsatz entsprechend so anzusetzen, dass sie zusammen mit den zuerst verwirklichten Geschäftsvorfällen in der Summe dem Verrechnungspreis bei Gesamtbewertung per Transferpaket entsprechen.[280] "Dadurch sollen Änderungen der Verrechnungspreise für die zuerst verwirklichten Geschäftsvorfälle und damit internationale Doppelbesteuerungsprobleme vermieden werden, denn die zuerst verwirklichten Geschäftsvorfälle werden häufig schon Gegenstand der Ertragsbesteuerung im anderen Staat gewesen sein."[281]

Die Determinanten bei der Ermittlung des Verrechnungspreises im Rahmen des hypothetischen Fremdvergleichs stellen das Transferpaket, die Gewinnpotenziale, die Kapitalisierungszinssätze sowie der Kapitalisierungszeitraum dar. Eine Konkretisierung dieser Determinanten erfolgt durch eine Rechtsverordnung (FVerlV), zu der die Finanzverwaltung nach § 1 Abs. 3 Satz 13 AStG ermächtigt ist. Zum Zeitpunkt der Beendigung dieser Arbeit hat diese in der vom Bundesrat verabschiedeten Fassung sowie einer Entwurfsfassung vom 04. Juni 2007 vorgelegen.

4.3.2 Transferpaket

Mit der Einführung des Transferpakets geht der Gesetzgeber bewusst vom Prinzip der Einzelbewertung ab.[282] Er verabschiedet sich von der bislang vorherrschenden Geschäftschancenlehre[283], die nur konkrete Einzelgeschäfte zum Gegenstand hatte. Geprägt wurde der Begriff der Geschäftschance durch die kasuistische Rechtsprechung des BFH. Voraussetzung war in allen Fällen, dass die Geschäftschance in rechtlicher und

279 Siehe Tz. 4.7.

280 Vgl. § 4 Abs. 3 FVerlV.

281 Begründung zur FVerlV, BR-Drucksache 352/08, S. 20.

282 Vgl. Blumers, W. (2007), S. 1759; Bundessteuerberaterkammer (2007a), S. 3; BDI (2007), S. 2; Kroppen, H. / Rasch, S. / Eigelshoven, A. (2007), S. 310; Frotscher, G. (2008), S. 52; Wassermeyer, F. (2008), S. 67; Welling, B. / Tiemann, K. (2008), S. 68; Richter, A. / Welling, B. (2008), S. 74; Frotscher, G. (2007b), S. 4; Günter, S. (2007), S. 1085.

283 Ausführlich Bodenmüller, R. (2004), S. 289 ff.; Kuckhoff, H. / Schreiber, R. (1999a), S. 325 f.

tatsächlicher Hinsicht hinreichend konkret[284] und werthaltig[285] war.[286] Entsprechend der jüngeren Rechtsprechung des BFH sind exemplarisch folgende Sachverhalte als Geschäftschance qualifiziert worden[287]:

1) Möglichkeit, ein bestimmtes Grundstück zu erwerben, zu bebauen und zu veräußern.[288]
2) Möglichkeit, Gewinne durch einen zentralen Wareneinkauf und -verkauf zu erzielen.[289]
3) Möglichkeit zur Verwertung von konkreten Kenntnissen über geschäftliche Möglichkeiten tatsächlicher oder rechtsgeschäftlicher Art, wie z. B. über Kaufinteressenten für ein betimmtes Grundstück.[290]
4) Vertraglich abgesicherte Möglichkeit, eine Immobilie zu einem unter dem Marktpreis liegenden Preis zu erwerben.[291]
5) Möglichkeit zur Verwertung von Wissen, das ein Geschäftsführer möglicherweise im Rahmen seiner Geschäftsführertätigkeit erworben hat.[292]
6) Möglichkeit, einzelne, bereits akquirierte Aufträge auf eigene Rechnung auszuführen.[293]

Im Ergebnis ist eine Geschäftschance "die Möglichkeit, künftig einen Vermögenswert zu erzielen, der jedoch zur Zeit nach der Verkehrsauffassung noch keiner besonderen Bewertung zugänglich und deshalb auch noch nicht zu einem Wirtschaftsgut erstarkt ist."[294] Geschäftschancen sind nahezu ausschließlich in einzelnen Geschäften verborgen, nicht dagegen in einer unbestimmten Vielzahl möglicherweise unterschiedlicher Ge-

284 Vgl. BFH vom 13. November 1996, I R 149/94; BFH vom 07. August 2002, I R 64/91; BFH vom 18. Dezember 1996, I R 26/95.
285 Vgl. BFH vom 26. Oktober 2004, IX R 53/02.
286 Vgl. Crüger, A. / Wintzer, E. (2008), S. 308; Jahndorf, C. (2008), S. 102 f.
287 Vgl. Bodenmüller, R. (2004), S. 289 f.; Jahndorf, C. (2008), S. 102 f.
288 Vgl. BFH vom 30. August 1995, I R 155/94.
289 Vgl. BFH vom 06. Dezember 1995, I R 40/95.
290 Vgl. BFH vom 30. August 1995, I R 155/94.
291 Vgl. BFH vom 12. Juni 1997, I R 14/96.
292 Vgl. BFH vom 11. Juni 1996, I R 97/95.
293 Vgl. BFH vom 12. Oktober 1995, I R 127/94; BFH vom 13. November 1996, I R 149/94; BFH vom 24. März 1998, I R 93/96.
294 Wassermeyer, F. (1993), S. 332.

schäfte auf einem Markt. Letztere stellen demnach keine eigenständigen Werte oder Vorteile dar, sondern gehen im allgemeinen Geschäftswert auf. Nach den Grundsätzen der Geschäftschancenlehre war über den Wert der übertragenen Einzelwirtschaftsgüter hinaus ein Gewinnpotenzial nicht zu versteuern.

Ausgangspunkt für die Bestimmung des Verrechnungspreises bei Funktionsverlagerungen ist nunmehr das Transferpaket.[295] "Für den Regelfall wird angeordnet, dass das Entgelt für die Übertragung der Funktion als Ganzes ('Transferpaket') zu ermitteln ist."[296] "Mithin sind Funktionsverlagerungen nicht auf Basis einer Einzelbetrachtung der übertragenen Wirtschaftsgüter und Geschäftschancen zu bewerten. Vielmehr fungiert die 'Funktion als Ganzes' und das damit übergehende Transferpaket als Bewertungsobjekt."[297]

Das Transferpaket besteht aus den mit der verlagerten Funktion zusammenhängenden Chancen und Risiken sowie den Wirtschaftsgütern und Vorteilen, die das verlagernde Unternehmen dem übernehmenden Unternehmen zusammen mit der Funktion überträgt oder überlässt und den in diesem Zusammenhang erbrachten Dienstleistungen.[298] In der Regel wird ein Transferpaket unterschiedliche Wirtschaftsgüter und Vorteile enthalten, für die unter Umständen unterschiedliche Einzelverträge wie z. B. Kaufverträge, Nutzungsüberlassungsverträge, Dienstleistungsverträge abgeschlossen sind. Die wesentlichen Elemente der Preisbestimmung für das Transferpaket als Ganzes sind nach Ansicht der Finanzverwaltung jedoch die übergehenden Chancen und Risiken.[299]

Schließlich führt die Transferpaketbetrachtung dazu, dass bei einer Funktionsverlagerung ein einheitlicher Verrechnungspreis für die Funktion als Ganzes ermittelt wird. Eine Aufteilung auf die einzelnen übertragenen Wirtschaftsgüter erfolgt nicht. Um eine steuerliche Berücksichtigung im Ausland zu erreichen wird der Steuerpflichtige allerdings für die ausländische Finanzverwaltung eine Aufteilung des Verrechnungspreises

295 Vgl. Begründung zur FVerlV, BR-Drucksache 352/08, S. 11.
296 Gesetzentwurf BT-Drucksache 16/4841, S. 86.
297 Baumhoff, H. / Ditz, X. / Greinert, M. (2007b), S. 1651.
298 Vgl. § 1 Abs. 3 FVerlV.
299 Vgl. Begründung zur FVerlV, BR-Drucksache 352/08, S. 12.

vornehmen müssen.[300] Dabei sind zunächst die Einzelwerte der übertragenen Wirtschaftsgüter zu bestimmen. Der übersteigende Betrag, d. h. Verrechnungspreis abzüglich Summe der Einzelwerte der übertragenen Wirtschaftsgüter, ist als "geschäftswertähnliches Wirtschaftsgut"[301] zu qualifizieren.[302] "Letztlich beruht das Konzept der Funktionsverlagerung mit dem gewollten Abstellen auf Ertragswerte auf der Annahme, dass dort mehr als die Summe der transferierten Wirtschaftsgüter übertragen wird."[303]

4.3.3 Gewinnpotenzial

4.3.3.1 Bewertung auf der Grundlage von Gewinnerwartungen und Implikationen für die Berücksichtigung der Anteilseignerebene

Grundlage für die Ermittlung des Verrechnungspreises stellt das Gewinnpotenzial dar.[304] Dieses wird von der Finanzverwaltung definiert als die aus der verlagerten Funktion zu erwartenden Reingewinne nach Steuern (Barwert), auf die ein ordentlicher und gewissenhafter Geschäftsleiter aus Sicht des verlagernden Unternehmens nicht unentgeltlich verzichten würde und für die ein solcher Geschäftsleiter aus der Sicht des übernehmenden Unternehmens bereit wäre, ein Entgelt zu zahlen.[305] "Auszugehen ist von dem zu erwartenden Reingewinn nach Steuern, denn auch voneinander unabhängige Dritte würden ihre Zahlungsbereitschaft für das Transferpaket von dem zu erwartenden Nettoergebnis aus der Übernahme der Funktion abhängig machen."[306] Neben der Finanzverwaltung geht auch der Gesetzgeber davon aus, dass die "Preisvorstellungen [...] von den jeweiligen Gewinnerwartungen [abhängen]"[307]. Es scheint somit völliges Einvernehmen zwischen Gesetzgeber und Finanzverwaltung zu bestehen, "dass der Wert eines Unternehmens bzw. eines Unternehmensteils ganz bzw. zumindest zu einem gewichtigen Teil von seinem Gewinnpotenzial, d. h. von seiner Ertragskraft abhängt

300 Zur Anerkennung des Verrechnungspreises im Ausland siehe ausführlich Tz. 2.2; 3.3.1.
301 Wassermeyer, F. (2007a), S. 538.
302 Schreiber, R. (2007), S. 54.
303 Rödder, T. (2007b), S. 16.
304 Vgl. Kroppen, H. / Rasch, S. / Eigelshoven, A. (2007), S. 312.
305 Vgl. § 1 Abs. 4 FVerlV.
306 Begründung zur FVerlV, BR-Drucksache 352/08, S. 12.
307 Gesetzesbegründung zur Unternehmensteuerreform (Stand: 14. März 2007), S. 147.

und dass sich die Ertragskraft aus den künftigen, nachhaltig erzielbaren Reingewinnen ermittelt"[308].

Diese Auffassung ist unzutreffend. Der Gesetzgeber verfolgt zwar das Ziel, den Verrechnungspreis "nach betriebswirtschaftlichen Grundsätzen"[309] zu ermitteln, ignoriert dabei jedoch fundamentale Erkenntnisse der Betriebswirtschaftslehre. Gleiches gilt für die Finanzverwaltung, die diese Auffassung des Gesetzgebers ungeprüft zu übernehmen scheint. Ein rational handelnder Entscheidungsträger wird unabhängig von der Höhe der erzielbaren Gewinne den Wert eines Investitionsvorhabens ausschließlich an den erzielbaren (Netto-)Cash-Flows messen.[310] Bei entsprechenden (Netto-)Cash-Flows sind die erzielbaren Reingewinne abgesehen von gegebenenfalls auftretenden Ausschüttungsrestriktionen völlig bedeutungslos. Wertbestimmend ist der "Barwert der mit dem Eigentum an dem Unternehmen verbundenen Nettozuflüsse an die Unternehmenseigner"[311] (Nettoeinnahmen der Unternehmenseigner). Das Abstellen auf die (Netto-) Cash-Flows anstelle der Reingewinne entspricht zudem dem Fremdvergleichsgrundsatz, da Aufgabe eines ordentlichen und gewissenhaften Geschäftsleiters die Maximierung des shareholder value ist. Der Reingewinn überschätzt tendenziell die Wirtschaftlichkeit einer Funktion, wenn diese z. B. durch hohe nicht erfolgswirksame Investitionsausgaben oder steuerwirksame Abschreibungen über einen längeren Zeitraum gekennzeichnet ist.[312]

Werden aus Gründen der Praktikabilität Gewinnpotenziale bei der Ermittlung des Verrechnungspreises zugrunde gelegt, ist das zwar aus investitionstheoretischer und somit betriebswirtschaftlicher Sicht unzutreffend, aber vor dem Hintergrund der Rechtsanwendung akzeptabel. In diesem Fall ist die Sachlage jedoch eine andere, da die Gewinnpotenziale nicht aus Vereinfachungsgründen, sondern offensichtlich aus voller Überzeugung der Wertermittlung zugrunde gelegt werden. Dies ist ein Baustein, der zu

308 Schreiber, R. (2007), S. 57.
309 Gesetzesbegründung zur Unternehmensteuerreform (Stand: 14. März 2007), S. 147. Vgl. Richter, A. / Welling, B. (2008), S. 74.
310 Vgl. Jenzen, H. (2007), S. 3125; IDW-Prüfungsstandard S1, Rz. 4; Günter, S. (2007), S. 1086; Oestreicher, A. / Hundeshagen, C. (2008b), S. 1693.
311 IDW-Prüfungsstandard S1, Rz. 4.
312 Vgl. Looks, C. / Scholz, C. (2007), S. 2544.

dem von Wassermeyer beschriebenen modernen Gesetzgebungsniveau beiträgt und Charakteristikum des "dramatischen Verfall[s] des gesetzgeberischen Niveaus"[313] ist.

Darüber hinaus gibt der Gesetzgeber ebenso wie die Finanzverwaltung mit dem Abstellen auf die Reingewinne aus der verlagerten Funktion m. E. zu verstehen, dass bei der Ermittlung des Verrechnungspreises die Perspektive der Unternehmens- und nicht der Anteilseignerebene eingenommen werden soll.[314] Dies bedeutet eine isolierte Betrachtung der Unternehmenssphäre ohne Berücksichtigung der Anteilseignerebene. Ansonsten hätte der Gesetzgeber respektive die Finanzverwaltung bei der Bewertung der verlagerten Funktion nicht auf die Reingewinne, sondern auf die (Netto-)Cash-Flows beim Anteilseigner abstellen müssen. Fundiert wird diese Ansicht durch den ersten Entwurf der FVerlV, wonach der Verrechnungspreis für die verlagerte Funktion "ausgehend von dem Gewinnpotenzial, jeweils aus Sicht der beteiligten Unternehmen, zu bestimmen" ist.[315]

Abweichend von der Auslegung des Gesetzestextes bzw. des Wortlauts der FVerlV-E könnte sich die Finanzverwaltung bei der Ermittlung der Reingewinne nach Steuern jedoch auf den IDW Prüfungsstandard S1 berufen. Danach sollen die Reingewinne nach Steuern nicht nur um die Ertragsteuerbelastung auf Unternehmensebene, sondern auch um die Ertragsteuerbelastung des Anteilseigners, d. h. die Abgeltungsteuer, gekürzt werden.[316] M. E. würde die Finanzverwaltung in diesem Fall einen Systembruch begehen, da Komponenten der Betrachtung der Anteilseignerebene (Abgeltungsteuer) mit Komponenten der isolierten Betrachtung der Unternehmensebene (Zugrundelegen von Reingewinnen) vermischt werden. Ungeachtet dessen soll diesem (Misch-)Ansatz im Verlauf der folgenden Arbeit Rechnung getragen werden, da die FVerlV nicht präzisiert, welche Steuern bei der Ermittlung der Reingewinne zu berücksichtigen sind.[317] Neben der isolierten Betrachtung der Unternehmensebene wird auch der (Misch-)Ansatz unter Bezugnahme auf den IDW Prüfungsstandard S1 untersucht.[318]

313 Wassermeyer, F. (2007a), S. 535.
314 A.A. Looks, C. / Scholz, C. (2007), S. 2545.
315 Vgl. § 2 Abs. 1 Satz 1 FVerlagV-E vom 04. Juni 2007.
316 Vgl. IDW-Prüfungsstandard S1, Rz. 28; Looks, C. / Scholz, C. (2007), S. 2545.
317 Vgl. Oestreicher, A. / Hundeshagen, C. (2008a), S. 1638.
318 Der (Misch-)Ansatz wird im Folgenden durch den formelhaften Klammerzusatz a gekennzeichnet.

4.3.3.2 Isolierbarkeit des Gewinnpotenzials

Die wertmäßige Quantifizierung des übertragenen Transferpakets ist mit erheblichen praktischen Schwierigkeiten und Unsicherheiten verbunden.[319] Dies wird zu Problemen im Bereich der betrieblichen Steuerplanung führen. Insbesondere wird es in der Praxis Schwierigkeiten bereiten, der einzelnen Funktion aufgrund der Eingliederung in den Wertschöpfungsprozess des gesamten Unternehmens den entsprechenden Zahlungsstrom bzw. Gewinnanteil zuzuordnen und zu prognostizieren.[320] Dabei ist zu beachten, dass bei einer Funktionsverlagerung nicht einmal die Teilbetriebsvoraussetzungen erfüllt sein müssen.[321] Eine Funktion muss lediglich über eine gewisse Eigenständigkeit verfügen, die eine Zuordnung bestimmter Erträge und Aufwendungen erlaubt.[322]

Während Einnahmen verhältnismäßig einfach zugeordnet werden können, wird es vor allem auf der Ausgabenseite zu Diskussionen mit der Finanzverwaltung kommen. Im Fokus wird die Zuordnung von Gemeinkosten wie z. B. Zinsaufwendungen stehen, bei der zwangsläufig auf die Erkenntnisse der Kostenrechnung zurückgegriffen werden muss. Dieser Problematik wird in der Praxis mit einer Profit-Center-Betrachtung für die verlagerte Funktion begegnet werden müssen. Vergleichbare Probleme bestehen im Rahmen der internationalen Rechnungslegung (IFRS) beim Konzept der cash generating unit (IAS 36).[323]

4.3.3.3 Prognose des Gewinnpotenzials

Während die Isolierbarkeit des Gewinnpotenzials ein spezifisches Problem des hypothetischen Fremdvergleichs darstellt, ist die Prognose der Gewinnpotenziale jeder ertragswertorientierten Bewertung immanent. Die Prognose kann als Kernproblem von zukunftsorientierten Bewertungsrechnungen bezeichnet werden.[324] Im Bereich des hypothetischen Fremdvergleichs ist außerdem zu beachten, dass zwei getrennte Prognosen erforderlich sind. Prognostiziert werden muss neben dem Gewinnpotenzial bei

---

319 Vgl. Freytag, U. (2007), S. 241; Bernhardt, L. / Ham, S. / Kluge, S. (2008b), S. 848.

320 Vgl. Blumers, W. (2007), S. 1762; Kuckhoff, H. / Schreiber, R. (1999a), S. 328; Baumhoff, H. / Ditz, X. / Greinert, M. (2007b), S. 1652; Günter, S. (2007), S. 1086; Bodenmüller, R. (2004), S. 201 ff.

321 Siehe Tz. 2.3; 4.3.2.

322 Vgl. Begründung zur FVerlV, BR-Drucksache 352/08, S. 10.

323 A. A. Serg, O. (2006), S. 210.

324 Vgl. Ahsen, H. / Witt, B. (2005), S. 137; IDW-Prüfungsstandard S1, Rz. 68.

weiterer Inlandsausübung der Funktion auch das Gewinnpotenzial bei Funktionsverlagerung, d. h. Funktionsausübung im Ausland.

Eine fundierte Prognose der Gewinnpotenziale erfordert eine umfangreiche Informationsbeschaffung und darauf aufbauende vergangenheits-, stichtags- und zukunftsorientierte Unternehmensanalysen, die durch Plausibilitätsüberlegungen im Hinblick auf ihre Angemessenheit und Widerspruchsfreiheit zu überprüfen sind.[325] "Vergangenheits- und stichtagsbezogene Informationen sind nur insoweit von Bedeutung, als sie als Grundlage für die Schätzung künftiger Entwicklungen oder für die Vornahme von Plausibilitätsbeurteilungen dienen können."[326]

Die inhaltliche Qualität der Prognose wird durch Qualität und Umfang der verfügbaren Informationen bestimmt. Für die Prognose sind grundsätzlich unternehmens- und marktorientierte zukunftsbezogene Informationen erforderlich.[327] Dabei sind die relevanten Märkte und die Wettbewerbssituation des jeweiligen Unternehmens zu analysieren, um Chancen und Risiken aufzuzeigen, die sich erst zukünftig auf das entsprechende Unternehmen auswirken.[328]

Den Ausgangspunkt für die Prognose künftiger Entwicklungen bildet die Vergangenheitsanalyse.[329] Durch diese soll ein tragfähiges Fundament für die Ermittlung der künftigen Gewinnpotenziale geschaffen werden.[330] Zu diesem Zweck sind die Daten der Vergangenheit zu bereinigen. Dies betrifft insbesondere periodenfremde Erträge bzw. Aufwendungen, Effekte aus Bilanzierungs- oder Bewertungsänderungen sowie außerordentliche Erträge bzw. Aufwendungen.[331] Im Hinblick auf die Prognose des Gewinnpotenzials bei Funktionsverlagerung können die vorhandenen Daten aus der Vergangenheit jedoch nur eingeschränkt zugrunde gelegt werden. Die veränderten Rahmenbedingungen im Ausland erfordern zumindest aufwendige Bereinigungen. Neben Bereinigungen von Standorteffekten wie z. B. Lohnkosten oder Besteuerung bedarf es auch

325 Vgl. IDW-Prüfungsstandard S1, Rz. 68.
326 IDW-Prüfungsstandard S1, Rz. 70.
327 Vgl. IDW-Prüfungsstandard S1, Rz. 69 ff.
328 Vgl. Ahsen, H. / Witt, B. (2005), S. 135.
329 Vgl. IDW-Prüfungsstandard S1, Rz. 72; Ahsen, H. / Witt, B. (2005), S. 135.
330 Vgl. Ahsen, H. / Witt, B. (2005), S. 136.
331 Vgl. Ahsen, H. / Witt, B. (2005), S. 137.

einer Analyse und Auswertung der ggf. veränderten Wettbewerbs- und Marktposition im Ausland. Zu den relevanten Wettbewerbs- und Marktfaktoren gehören unter anderem Zugangsbeschränkungen, gesetzliche Auflagen, Konjunktur, Verfügbarkeit von Rohstoffen, Moden und Trends.[332] Die Prognose des Gewinnpotenzials bei Funktionsverlagerung wird somit zwangsläufig auf einer Grundlage erfolgen, die mit hohen Unsicherheiten behaftet ist.

Aufbauend auf der Vergangenheitsanalyse sind die künftigen Gewinnpotenziale zu prognostizieren. "Hierzu ist eine Analyse der erwarteten leistungs- und finanzwirtschaftlichen Entwicklungen des Unternehmens unter Berücksichtigung der erwarteten Markt- und Umweltentwicklungen erforderlich."[333] Die daraus resultierenden Plan-Bilanzen, Plan-Gewinn- und Verlustrechnungen und Finanzplanungen müssen aufeinander abgestimmt und in sich plausibel sein.[334]

4.3.3.4 Berücksichtigung von Standort- und Synergieeffekten

In höchstem Maß umstritten ist die Einbeziehung von Standort- und Synergieeffekten in die ertragswertorientierte Bewertung beim hypothetischen Fremdvergleich. Dabei ist zwischen der investitionstheoretischen Sichtweise, dem gesetzgeberischen Willen und der Auslegung dieses Willens durch die Finanzverwaltung zu differenzieren.

Aus investitionstheoretischer Sicht sind bei der Ermittlung der Grenzpreise und somit beim Gewinnpotenzial sämtliche Faktoren zu berücksichtigen, die einen Einfluss auf die ökonomische (Nutzen-)Position des (hypothetischen) Käufers oder Verkäufers haben.[335] Insofern sind grundsätzlich "alle Faktoren, die auch unabhängige Dritte in Betracht gezogen hätten, zu berücksichtigen"[336]. "Für die Ermittlung subjektiver Entscheidungswerte potenzieller Käufer ist es unerheblich, ob zu erwartende Synergieeffekte und die zu ihrer Erschließung erforderlichen Maßnahmen bereits eingeleitet sind oder nicht. In den subjektiven Entscheidungswert eines Kaufinteressenten sind [...] Synergieeffekte in

[332] Vgl. Ahsen, H. / Witt, B. (2005), S. 141.
[333] IDW-Prüfungsstandard S1, Rz. 75.
[334] Vgl. IDW-Prüfungsstandard S1, Rz. 81.
[335] Vgl. Dirrigl, H. (1988), S. 10 f.; Matschke, M. / Brösel, G. (2005), S. 650.
[336] Naumann, M. (2007), S. 204.

vollem Umfang einzubeziehen."[337] Soweit sich der Funktionsgewinn aufgrund von Standort- oder Synergieeffekten des übernehmenden Unternehmens erhöht, kann jedoch "nicht ohne weiteres davon ausgegangen werden, dass der ordentliche Geschäftsleiter eines unabhängigen, die Funktion übernehmenden Unternehmens hierfür ein Entgelt zahlen würde"[338]. "Ein unabhängiger Dritter würde [...] nicht eigene Synergie- und Standortvorteile zu seinen Lasten in die Kaufpreisbestimmung einfließen lassen. Er wird insbesondere keinen Ausgleich für Synergien oder andere Vorteile vergüten, die das abgebende Unternehmen selbst nicht realisieren kann."[339] "Wenn das übernehmende Unternehmen den ihm übertragenen Aufgabenbereich ohne weiteres selbst aufbauen und hierbei Gewinn aus Standort- und Effizienzvorteilen in gleicher Höhe realisieren kann, hat es keine Veranlassung, ein Entgelt für ein Gewinnpotenzial zu zahlen."[340] Insoweit besteht keine Konkurrenz zwischen funktionsabgebendem und -aufnehmendem Unternehmen um das gleiche Gewinnpotenzial.[341]

Nach der Intention des Gesetzgebers soll die Besteuerung von Funktionsverlagerungen "dazu beitragen, die Besteuerung in Deutschland geschaffener Werte sicherzustellen, wenn immaterielle Wirtschaftsgüter und Vorteile (Know-how, patentiertes oder nicht patentiertes Wissen, Markenrechte und -namen, Kundenstamm usw.) ins Ausland verlagert werden"[342]. Vor diesem Hintergrund stellt sich die Frage, ob es sich bei Standort- und Synergieeffekten um Werte handelt, die in Deutschland geschaffen wurden. Werden Standort- und Synergieeffekte bei der Ermittlung des Verrechnungspreises berücksichtigt, besteht der Ansatzpunkt der Besteuerung nicht in der Werthaltigkeit der im Inland geschaffenen Werte, sondern im Zusammenspiel verschiedener Komponenten in einem organischen Unternehmensteil inklusive ausländischer Standortvorteile.[343] Aufgrund der gesetzgeberischen Regelungsabsicht ist die Berücksichtigung von Standort- und Synergieeffekten bei der Ermittlung des Verrechnungspreises äußert fragwürdig.[344]

---

337 IDW-Prüfungsstandard S1, Rz. 50.
338 Schreiber, R. (2007), S. 58.
339 Jenzen, H. (2007), S. 3126. Vgl. Frotscher, G. (2007b), S. 6; Frotscher, G. (2008), S. 55.
340 Schreiber, R. (2007), S. 58.
341 Vgl. Frotscher, G. (2008), S. 55.
342 Gesetzentwurf BT-Drucksache 16/4841, S. 84.
343 Vgl. Frischmuth, M. (2007a), S. 391.
344 Vgl. Rödder, T. (2007b), S. 16; Frischmuth, M. (2007d), S. 913; Serg, O. (2005), S. 1920; Frischmuth, M. (2007a), S. 391.

"Jedenfalls handelt es sich dabei nicht um im Inland geschaffene Werte, die insofern auch nicht in Deutschland besteuert werden sollten."[345]

Die Auslegung des gesetzgeberischen Willens erfolgt durch die Finanzverwaltung in Form der FVerlV. Danach beinhaltet das Gewinnpotenzial auch Standort- und Synergieeffekte.[346] Dies sei geboten, da "jeweilige Standortvorteile bzw. -nachteile und zu erwartende Synergieeffekte [...] aus der Sicht voneinander unabhängiger Dritter die Gewinnerwartung und damit auch das Gewinnpotenzial"[347] beeinflussen und somit wegen des Fremdvergleichsgrundsatzes auch zwischen nahe stehenden Unternehmen berücksichtigt werden müssen.[348] Zumindest theoretisch müssen nach Auffassung der Finanzverwaltung auch Synergieeffekte anderer Konzernunternehmen berücksichtigt werden.[349] "Darüber kann ggf. in späteren Jahren mit einigen Erfahrungen weiter nachgedacht werden."[350] Insofern legt die Finanzverwaltung den gesetzgeberischen Willen bezüglich des Umfangs des Gewinnpotenzials aus fiskalischen Gründen universal aus. "Letztlich geht es darum, dass Deutschland einen Ausgleich dafür erhält, dass vor allem selbstgeschaffene immaterielle Wirtschaftsgüter [...] auf Kosten der deutschen Besteuerung (Betriebsausgaben) entwickelt worden sind und anschließend mit zum Teil erheblichen Gewinnen im Ausland verwertet werden."[351] Es scheint, dass die Finanzverwaltung keine Möglichkeit ungenutzt lässt, um Besteuerungssubstrat in Deutschland zu generieren.

Aufgrund der unterschiedlichen und teilweise umstrittenen Sichtweisen zwischen Investitionstheorie, Gesetzgebung und Finanzverwaltung stellt sich die Frage, welche Standort- und Synergieeffekte – bei der Zielsetzung, Standort- und Synergieeffekte in die Ermittlung des Verrechnungspreises nicht einzubeziehen – aus den Gewinnpotenzialen zu eliminieren sind und wie diese Eliminierung erfolgen kann. Entscheidungsrelevante Standort- und Synergieeffekte bei Funktionsverlagerungen ergeben sich insbe-

[345] Rödder, T. (2007b), S. 16.
[346] Vgl. § 3 Abs. 2 Satz 1 FVerlV.
[347] Begründung zur FVerlV, BR-Drucksache 352/08, S. 18.
[348] Vgl. Begründung zur FVerlV, BR-Drucksache 352/08, S. 18.
[349] Vgl. Naumann, M. (2007), S. 204.
[350] Naumann, M. (2007), S. 204.
[351] Naumann, M. (2007), S. 203.

sondere aus Steuervorteilen in Form niedrigerer ausländischer Steuerbelastungen sowie aus Kostenvorteilen im Ausland durch niedrigere variable Kosten respektive Fixkosten.

Die Besteuerung als Standortvorteil wird von den Quellenstaaten als steuerpolitisches Instrument zur Generierung von Besteuerungsgrundlagen genutzt. Dabei fällt die Wahl des steuerpolitischen Mittels in der Regel nicht auf die Steuerbemessungsgrundlage, sondern auf den Steuersatz.[352] Erfolgt die Ermittlung des Funktionsverrechnungspreises unter isolierter Betrachtung der Unternehmensebene, berücksichtigen die Grenzpreise des (hypothetischen) Verkäufers und Käufers entsprechend § 1 Abs. 3 AStG i. V. mit FVerlV sowohl bei den zu diskontierenden Funktionsgewinnen[353] (Zähler des Kalküls) als auch bei den funktions- und risikoadäquaten Kapitalisierungszinssätzen[354] (Nenner des Kalküls) den jeweils nationalen (Unternehmen-)Steuersatz. Aus diesem Grund können die Steuerwirkungen aus den Grenzpreisen des (hypothetischen) Verkäufers und Käufers eliminiert werden.[355] Das unterschiedliche Steuerniveau zwischen funktionsabgebendem Inland und funktionsaufnehmendem Ausland hat entgegen Teilen der Literatur keine Auswirkung auf die Höhe des Verrechnungspreises für die verlagerte Funktion.[356] Eine Eliminierung dieses bedeutenden, viel diskutierten und emotionalen Standorteffekts ist somit mangels Auswirkung auf den Verrechnungspreis nicht erforderlich. Die abweichenden Meinungen in der Literatur begründen sich aus den Betrachtungsweisen der Autoren. Im Gegensatz zu einem ganzheitlichen Ansatz, der sowohl die zu diskontierenden Funktionsgewinne (Zähler des Kalküls) als auch die funktions- und risikoadäquaten Kapitalisierungszinssätze (Nenner des Kalküls) umfassen muss, betrachten die Autoren lediglich die zu diskontierenden Funktionsgewinne ohne die Besteuerung des Kapitalisierungszinssatzes in das Kalkül einzubeziehen.

Dagegen wirkt sich das unterschiedliche Steuerniveau zwischen funktionsabgebendem Inland und funktionsaufnehmendem Ausland beim (Misch-)Ansatz unter Bezugnahme auf den IDW Prüfungsstandard S1 auf die Höhe des Verrechnungspreises aus. Ursache ist, dass der jeweils nationale (Unternehmen-)Steuersatz nur bei den zu diskontierenden

352 Vgl. Wellisch, D. (2002a), S. 1; BMF (1999), S. 29 f.; Hohaus, B. (1996), S. 52.
353 Siehe Tz. 4.3.3.1.
354 Siehe Tz. 4.3.4.3.1.
355 Ausführlich Tz. 4.3.6; 4.3.7.
356 A.A. Frotscher, G. (2008), S. 57; Richter, A. / Welling, B. (2008), S. 74; Kroppen, H. / Rasch, S. (2008), S. 550 f.; Hey, J. (2007), S. 1303 und 1308.

Funktionsgewinnen (Zähler des Kalküls) berücksichtigt wird.[357] Mangels Berücksichtigung bei den funktions- und risikoadäquaten Kapitalisierungszinssätzen[358] (Nenner des Kalküls) ist eine Eliminierung dieses Standorteffekts nicht möglich.

Andere Standort- und Synergieeffekte, die sich insbesondere aus Kostenvorteilen im Ausland ergeben, sind in den Gewinnpotenzialen und somit in den Grenzpreisen des (hypothetischen) Verkäufers und Käufers in jedem Fall enthalten. Eine Eliminierung dieser Effekte in beiden Grenzpreisen, d. h. die Ermittlung von Grenzpreisen, die frei von jeglichen Standort- und Synergieeffekten sind, ist m. E. nicht möglich. Dazu müssten auch beim Grenzpreis des (hypothetischen) Verkäufers inländische Standort- und Synergieeffekte eliminiert werden, wofür eine Vergleichsbasis als Referenz für die Höhe dieser Effekte erforderlich wäre. Dahingegen besteht die Möglichkeit, nur die ausländischen Standort- und Synergieeffekte zu eliminieren, d. h. die Vor- und Nachteile bei Funktionsausübung im Ausland gegenüber der Ausübung im Inland. Dabei könnte das Inland als Referenzgröße (Basis = 100) zur Ermittlung der Standort- und Synergieeffekte der Höhe nach zugrunde gelegt werden. Die Eliminierung würde sich nur auf das Gewinnpotenzial und somit den Grenzpreis des (hypothetischen) Käufers auswirken.

4.3.4 Kapitalisierungszinssatz

4.3.4.1 Risikoloser Zinssatz

Der ertragswertorientierten Bewertung des Transferpakets ist immanent, dass die Gewinnpotenziale auf den Übertragungsstichtag zu diskontieren sind. Materiell werden die Gewinnpotenziale dadurch mit einer Alternativanlage bewertet (verglichen).[359] Beim Diskontieren sollen nach § 1 Abs. 3 Satz 9 AStG funktions- und risikoadäquate Kapitalisierungszinssätze zugrunde gelegt werden. Diese sind Referenz für die Alternativanlage des Steuerpflichtigen. "Der Kapitalisierungszinssatz repräsentiert die Rendite aus einer zur Investition in das zu bewertende Unternehmen adäquaten Alternativanlage und

357 Vgl. Kroppen, H. / Rasch, S. (2008), S. 557.
358 Siehe Tz. 4.3.4.3.2.
359 Vgl. Moxter, A. (1983), S. 123; Wüstemann, J. (2007), S. 2223.

muss dem zu kapitalisierenden Zahlungsstrom hinsichtlich Fristigkeit, Risiko und Besteuerung äquivalent sein."[360]

Auszugehen ist vom Zinssatz für eine risikolose Investition am jeweiligen Investitionsstandort, die im Bewertungszeitpunkt verfügbar ist. "Für die Quantifizierung kommen deshalb ausschließlich risikolose Anlagemöglichkeiten wie z. B. festverzinsliche inländische Wertpapiere erster Bonität in Frage."[361] Dabei wird grundsätzlich auf die langfristig erzielbare Rendite öffentlicher Anleihen am Bewertungsstichtag abgestellt.[362] Diese spiegelt "eine Alternativanlage zum 'quasi-sicheren' Zins wider"[363]. Entsprechend dem Stichtagsprinzip müssen die im Bewertungszeitpunkt erreichbaren risikolosen Renditen zugrunde gelegt werden.[364]

"Die Laufzeit der vergleichbaren risikolosen Investition richtet sich danach, wie lange die übernommene Funktion voraussichtlich ausgeübt wird."[365] Insofern wird der in der Unternehmensbewertung geforderten "Laufzeitäquivalenz"[366] Rechnung getragen.[367] Dies bedeutet, dass die Laufzeit der Alternativanlage adäquat zur Funktionslebensdauer ist.

In der Bewertungspraxis stellt sich die Frage, ob mit der Effektivverzinsung öffentlicher Anleihen oder mit periodenspezifischen spot rates, d. h. Renditen von (risikolosen) Nullkuponanleihen, gerechnet werden soll. Die Effektivverzinsung vernachlässigt, dass der periodenspezifische Zinssatz mit steigender Laufzeit in der Regel zunimmt und unterstellt implizit flache Zinsstrukturkurven.[368] Um die periodische Veränderung des Zinssatzes abzubilden, könnte das periodische Gewinnpotenzial mit der entsprechenden spot rate gleicher Laufzeit diskontiert werden. Als Datenquelle stünde mangels aus-

360 IDW-Prüfungsstandard S1, Rz. 124. Vgl. Wüstemann, J. (2007), S. 2226; Ballwieser, W. (2007), S. 82 ff.; Kruschwitz, L. (2007), S. 418; Obermaier, R. (2005), S. 3; Moxter, A. (1983), S. 155-202.

361 Drukarczyk, J. / Schüler, A. (2007), S. 246.

362 Vgl. Pankoke, T. / Petersmeier, K. (2005), S. 110; IDW-Prüfungsstandard S1, Rz. 116; OFD Rheinland (2007), Tz. B.1.3.1; Ballwieser, W. (2007), S. 83.

363 Wüstemann, J. (2007), S. 2224.

364 Vgl. Drukarczyk, J. / Schüler, A. (2007), S. 248.

365 § 5 Satz 2 FVerlV.

366 IDW-Prüfungsstandard S1, Rz. 117. Vgl. Looks, C. / Scholz, C. (2007), S. 2544; Wüstemann, J. (2007), S. 2226.

367 Vgl. Obermaier, R. (2005), S. 4.

368 Vgl. Obermaier, R. (2005), S. 6; Drukarczyk, J. / Schüler, A. (2007), S. 249; Wüstemann, J. (2008), S. 1500.

reichender Marktdaten für risikolose Zerobonds die geschätzte Zinsstrukturkurve der Deutschen Bundesbank zur Verfügung. Diese basiert auf einem von Nelson und Siegel entwickelten und von Svensson erweiterten Modell[369].[370] Ähnliche Modelle werden auch von den meisten anderen europäischen Notenbanken verwendet, so dass eine nationale Datenquelle regelmäßig gegeben ist.[371]

Zur Beantwortung dieser Frage ist die Vorgehensweise bei der Ermittlung der Grenzpreise für den (hypothetischen) Verkäufer respektive Käufer entsprechend der FVerlV einzubeziehen. Nach der FVerlV ist der Grenzpreisermittlung grundsätzlich ein unbegrenzter Kapitalisierungszeitraum zugrunde zu legen.[372] Mit anderen Worten erfolgt die Grenzpreisermittlung auf Basis einer ewigen Rente. In diesen Regelfällen stellt sich mangels Betrachtung der einzelnen Perioden die Frage nach periodenspezifischen Zinssätzen nicht, so dass auf die Effektivverzinsung öffentlicher Anleihen zurückgegriffen werden kann.

Ein kürzerer Kapitalisierungszeitraum wird der Grenzpreisermittlung nur zugrunde gelegt, wenn der Steuerpflichtige Gründe dafür glaubhaft macht oder solche Gründe ersichtlich sind.[373] In diesen Ausnahmefällen kann anstelle der Diskontierung auf Basis der ewigen Rente die Diskontierung der periodischen Gewinnpotenziale über die Funktionslebensdauer, d. h. "zeitkongruent aus Zinsstrukturkurven"[374] erfolgen. Die Anwendung laufzeitäquivalenter spot rates ist in diesen Fällen aus investitionstheoretischer Sicht sachgerecht und angezeigt.[375] "Die durch Marktdaten gestützte Zinsstrukturkurve ist vollständig auszunutzen."[376]

369 Vgl. Nelson, C. / Siegel, A. (1987); Svensson, L. (1994).
370 Vgl. Günter, S. (2007), S. 1087; Obermaier, R. (2005), S. 13 f.; Drukarczyk, J. / Schüler, A. (2007), S. 249; Oestreicher, A. / Hundeshagen, C. (2008a), S. 1639.
371 Vgl. Wiese, J. / Gampenrieder, P. (2007), S. 444.
372 Vgl. § 6 FVerlV. Siehe Tz. 4.3.5.
373 Vgl. § 6 FVerlV.
374 Wüstemann, J. (2007), S. 2227. Vgl. Ballwieser, W. (2007), S. 84 f.
375 Vgl. Ballwieser, W. (2007), S. 83 ff.; Drukarczyk, J. / Schüler, A. (2007), S. 251; IDW-Prüfungsstandard S1, Rz. 117; Oestreicher, A. / Hundeshagen, C. (2008a), S. 1639.
376 Drukarczyk, J. / Schüler, A. (2007), S. 251.

4.3.4.2 Risikozuschlag

"Theorie und Praxis gehen übereinstimmend davon aus, dass die Wirtschaftssubjekte zukünftige Risiken stärker gewichten als zukünftige Chancen"[377]. Diese Risikoeinstellung wird als Risikoaversion bezeichnet. Aus diesem Grund müssen auf den Zinssatz für die risikolose Investition funktions- und risikoadäquate Zuschläge vorgenommen werden.[378] Dies ist notwendig, um die Volatilität der Rendite, d. h. die Chancen und Risiken, die mit der verlagerten Funktion zusammenhängen, im Vergleich zu derjenigen, die mit einer risikolosen Investition verbunden sind, zu berücksichtigen (Risikoäquivalenz).[379]

Nach Auffassung der Finanzverwaltung haben sich die Risikozuschläge nach Möglichkeit an den Renditen zu orientieren, die für die Ausübung vergleichbarer Funktionen erzielt werden, wenn ausreichend vergleichbare Renditeerwartungen ermittelt werden können. Ist dies nicht der Fall, ist von den Gewinnerwartungen des Gesamtunternehmens auszugehen und der verlagerten Funktion ein angemessener Anteil am zu erwartenden Gesamtgewinn zuzuordnen, der als Zuschlag auf eine risikolose Investition darzustellen ist.[380]

In der Praxis wird die konkrete Höhe des Risikozuschlags insbesondere hinsichtlich unterschiedlicher Grade der Risikoaversion nur mit Hilfe von Typisierungen und vereinfachenden Annahmen festgelegt werden können.[381] Dabei wird bei der Unternehmensbewertung und der Investitionstheorie im Allgemeinen auf das Capital Asset Pricing Model (CAPM) zurückgegriffen.[382] Der Risikozuschlag wird beim CAPM anhand einer Risikoprämie ermittelt, die sich aus dem Preis für die Übernahme des Marktrisikos und der Höhe des anlagenspezifischen Risikos, dem Beta-Faktor, ergibt.[383]

377 IDW-Prüfungsstandard S1, Rz. 88.
378 Vgl. Naumann, M. (2007), S. 204; OFD Rheinland (2007), Tz. B.1.3.1.
379 Vgl. Begründung zur FVerlV, BR-Drucksache 352/08, S. 20; Wüstemann, J. (2007), S. 2226.
380 Vgl. Begründung zur FVerlV, BR-Drucksache 352/08, S. 20.
381 Vgl. IDW-Prüfungsstandard S1, Rz. 91.
382 Vgl. Ballwieser, W. (2007), S. 93; IDW-Prüfungsstandard S1, Rz. 92; Günter, S. (2007), S. 1087; Looks, C. / Scholz, C. (2007), S. 2544.
383 Vgl. Pankoke, T. / Petersmeier, K. (2005), S. 109.

Die Marktrisikoprämie bestimmt sich aus der Differenz zwischen der erwarteten Marktrendite und dem risikolosen Zinssatz. "Unter der Marktrendite ist diejenige Rendite zu verstehen, die durch das sogenannte Marktportfolio – die Kombination sämtlicher am Markt gehandelter Anlagen – erzielt wird. Da ein derartiges Portfolio nur schwer zu konstruieren ist, behilft man sich mit einem breit diversifizierten bzw. für den Aktienmarkt repräsentativen Aktienindex (z. B. DAX, EuroStoxx), der als Approximation für das Marktportfolio Verwendung findet."[384] Die Marktrisikoprämie ist für alle Investitionen identisch.[385] Wesentliche Einflußgrößen auf die Marktrisikoprämie sind Kapitalmarktstruktur sowie wirtschaftliche und politische Stabilität des entsprechenden Marktes.[386] Mit steigenden wirtschaftlichen und politischen Risiken steigt die Marktrisikoprämie ebenso wie bei volatilen Kapitalmärkten. Empirische Studien belegen, dass die durchschnittliche Marktrisikoprämie beispielsweise für Deutschland bei ca. 6 %[387] und für die USA bei ca. 7%[388] liegt.

Die Risikoprämie errechnet sich sodann durch Mulitplikation der Marktrisikoprämie mit dem Beta-Faktor. Der Beta-Faktor reflektiert das sogenannte systematische Risiko und informiert über die Sensitivität eines Einzelwerts im Verhältnis zum Gesamtmarkt.[389] Dem systematischen Risiko unterliegen alle Handelsobjekte. Im Gegensatz dazu kann das spezielle unternehmensspezifische Risiko (unsystematisches Risiko) einer risikobehafteten Kapitalanlage durch die Bildung von Portfolios seitens der Marktteilnehmer wegdiversifiziert werden und wird somit beim CAPM am Markt nicht vergütet.[390] Ein Risikozuschlag für das unsystematische Risiko kommt nach dem CAPM nicht in Betracht.

Die Höhe des Beta-Faktors eines Unternehmens ist von drei Variablen abhängig: dem Unternehmenssektor und -umfeld, dem operativen Risiko sowie dem finanziellen Risiko. Im Allgemeinen gilt, dass der Beta-Faktor sinkt, je sicherer und nachhaltiger die Erträge des Unternehmens sind, je geringer der Fixkostenanteil des Unternehmens ist

384 Pankoke, T. / Petersmeier, K. (2005), S. 111.
385 Vgl. Pankoke, T. / Petersmeier, K. (2005), S. 109.
386 Vgl. Damodaran, A. (1994), S. 23.
387 Vgl. Morawietz, M. (1994); Stehle, R. (1999); Drukarczyk, J. / Schüler, A. (2007), S. 254; Stehle, R. (2004).
388 Vgl. Drukarczyk, J. / Schüler, A. (2007), S. 253.
389 Vgl. Kruschwitz, L. (2007), S. 402.
390 Vgl. Matschke, M / Brösel, G. (2007), S. 34; Pankoke, T. / Petersmeier, K. (2005), S. 109.

und je geringer der Verschuldungsgrad des Unternehmens ist. Beim finanziellen Risiko wird unterstellt, dass das Fremdkapital keinem Ausfallrisiko unterliegt.[391] Auf einen weiteren Zuschlag für das Ausfallrisiko des Fremkapitals (credit spread) wird in der Bewertungspraxis üblicherweise verzichtet, sofern das Unternehmen kein schlechtes Bonitätsranking aufweist.[392]

Bei börsennotierten Unternehmen wird der Beta-Faktor durch lineare Regression zwischen historischen Aktienrenditen und der Rendite des zugehörigen Index ermittelt.[393] Die Ermittlung des Beta-Faktors ist verhältnismäßig einfach, weil mit statistischen Verfahren auf entsprechende Vergangenheitsdaten zurückgegriffen werden kann. Unternehmen, deren Aktienkurse in gelistete Aktienindizes einfließen, können sogar auf eigenständige Berechnungen verzichten, weil entsprechende Zahlen z. B. in der Börsen-Zeitung veröffentlicht werden. Alternativ stehen Informationsdienste wie z. B. Bloomberg zur Verfügung.

In der Praxis wird bei der Bestimmung des Beta-Faktors üblicherweise auf Wochendaten zurückgegriffen. Tagesdaten hängen zu stark von Sondereinflüssen ab und Monatsdaten sind nicht zeitnah genug.[394] Das Problem bei der Verwendung derartiger historischer Daten zu Prognosezwecken besteht darin, dass implizit unterstellt wird, dass sich die Risikoklasse des zu bewertenden Unternehmens nicht ändert, also weder das Unternehmen noch der Markt einem Wandel unterliegt.[395] Besonders im vorliegenden Kontext von Funktionsverlagerungen ist daher äußerst fraglich, ob historische Daten eine zutreffende Approximation bieten. Je größer der Umfang der verlagerten Funktion im Vergleich zum übrigen verlagernden bzw. übernehmenden Unternehmen ist, desto ungenauer bilden historische Daten die tatsächliche Risikosituation der zu bewertenden Funktion ab.

Ist das Unternehmen nicht börsennotiert, gestaltet sich die Ermittlung des Beta-Faktors wesentlich schwieriger. In diesen Fällen empfiehlt sich die Orientierung an vergleichba-

---

391 Vgl. Pankoke, T. / Petersmeier, K. (2005), S. 114.
392 Vgl. Pankoke, T. / Petersmeier, K. (2005), S. 122.
393 Vgl. Pankoke, T. / Petersmeier, K. (2005), S. 115.
394 Vgl. Vettiger, T. / Volkart, R. (2002), S. 756; Pankoke, T. / Petersmeier, K. (2005), S. 117.
395 Vgl. Pankoke, T. / Petersmeier, K. (2005), S. 118.

ren Mitbewerbern (peer group) oder geeigneten Branchen-Betas.[396] Beiden Methoden sind im Hinblick auf die Approximation von zutreffenden Risikozuschlägen enge Grenzen gesetzt. Bei der Orientierung an Mitbewerbern fehlen regelmäßig vergleichbare Unternehmen und Branchen-Betas eignen sich aufgrund der großen Bandbreite der Beta-Faktoren innerhalb einer Branche[397] allenfalls für eine erste Einschätzung der Risikosituation.[398]

Bei Funktionsverlagerungen ist zudem eine wesentliche Besonderheit zu beachten. Denn eine Funktion stellt kein Unternehmen, sondern nur einen unternehmerischen Teilbereich dar. Nach Auffasung des Gesetzgebers und der Finanzverwaltung müssen nicht einmal die Teilbetriebsvoraussetzungen gemäß R 16 Abs. 3 Satz 1 EStR erfüllt sein.[399] Sogar selbstständige Lebensfähigkeit ist nicht erforderlich.[400] Für derartige Teilbereiche eines Unternehmens gibt es weder Marktdaten noch zugängliche Vergleichswerte, die bei der Ermittlung des Beta-Faktors zugrunde gelegt werden können. Gesucht wird nicht ein Unternehmens-Beta, sondern ein für die jeweilige Funktion typisches Funktions-Beta. Auch die Aufteilung des Beta-Faktors eines Unternehmens auf die zu bewertende Funktion anhand von Buchwerten, Gewinngrößen oder Umsätzen kann nur eine näherungsweise Schätzung eines Funktions-Betas liefern.[401]

Angesichts dieser Schwierigkeiten bei der Ermittlung eines Funktions-Betas gibt die Finanzverwaltung vor, dass der Risikozuschlag aus der übrigen Geschäftstätigkeit des jeweiligen Unternehmens zu bestimmen ist.[402] Damit soll eine "Verzerrung des Einigungsbereichs"[403] vermieden werden. Mit dem Abstellen auf die Risikobeurteilung des übrigen Unternehmens verstößt die Finanzverwaltung jedoch gegen den Grundsatz der Risikoäquivalenz des Kapitalisierungszinssatzes. Bewertet (verglichen) werden soll nicht das übrige Unternehmen, sondern die verlagerte Funktion. Der Kapitalisierungszinssatz ist nicht äquivalent zum zu kapitalisierenden Zahlungsstrom.

396 Vgl. Kruschwitz, L. (2007), S. 420; Oestreicher, A. / Hundeshagen, C. (2008a), S. 1640.
397 Vgl. Timmreck, C. (2004), S. 65.
398 Vgl. Pankoke, T. / Petersmeier, K. (2005), S. 119 ff.
399 Siehe Tz. 4.3.2.
400 Vgl. Oestreicher, A. / Hundeshagen, C. (2008b), S. 1693.
401 Vgl. Günter, S. (2007), S. 1088; Hachmeister, D. (2006), S. 146.
402 Vgl. Begründung zur FVerlV, BR-Drucksache 352/08, S. 21.
403 Begründung zur FVerlV, BR-Drucksache 352/08, S. 21.

Die Schwierigkeiten bei der Ermittlung des Funktions-Betas werden im Ergebnis dazu führen, dass das CAPM nicht bzw. nur in seltenen Ausnahmefällen anwendbar ist.[404] Der zwangsläufig zu schätzende Risikozuschlag wird regelmäßig zu Konfliktpotenzial mit der Finanzverwaltung führen, aber auch Gestaltungsspielräume für den Steuerpflichtigen eröffnen.

Für den Steuerpflichtigen wird regelmäßig ein Anreiz bestehen, der Ermittlung des Verrechnungspreises möglichst hohe Kapitalisierungszinssätze zugrunde zu legen. Dies führt zu geringeren Ertragswerten und somit zu einem geringeren Verrechnungspreis für die verlagerte Funktion, der im Inland der Besteuerung unterliegt.

Niedrige Kapitalisierungszinssätze wird der Steuerpflichtige nur dann anstreben, wenn die Funktionsverlagerung in ein Land mit einem höheren Steuerniveau erfolgt und der Verrechnungspreis zumindest großteils im Ausland steuerlich anerkannt wird. In diesem Ausnahmefall könnte der Barwert der Steuerentlastung im Ausland die inländische Steuerbelastung nach Maßgabe des § 1 Abs. 3 AStG überkompensieren.

4.3.4.3 Berücksichtigung von Steuern

4.3.4.3.1 Isolierte Betrachtung der Unternehmensebene

Für den (hypothetischen) Verkäufer respektive Käufer müssen getrennte Kapitalisierungszinssätze ermittelt werden, da beim (hypothetischen) Verkäufer im Inland andere Rahmenbedingungen zugrunde liegen als beim (hypothetischen) Käufer im Ausland. Für den Kapitalisierungszinssatz des (hypothetischen) Verkäufers bzw. Käufers gilt in allgemeiner Form:

$$(78)\quad i^{V/K} = i^{risikolos} + i^{Risiko\ V/K}$$

Mit der Anwendung von funktions- und risikoadäquaten Kapitalisierungszinssätzen macht der Gesetzgeber deutlich, dass "der Kapitalisierungszinssatz unter Anwendung solcher Methoden zu ermitteln ist, die durch die Finanzwirtschaftslehre im Allgemeinen und die Unternehmensbewertungslehre im Speziellen abgeleitet wurden"[405]. Dabei sind

404 Vgl. Serg, O. (2005), S. 1917; Kahle, H. (2007b), S. 653; Günter, S. (2007), S. 1088.
405 Baumhoff, H. / Ditz, X. / Greinert, M. (2007b), S. 1653.

auch Steuereffekte zu berücksichtigen, da die Alternativinvestition ebenso der Besteuerung unterliegt wie die Funktionsgewinne (Äquivalenz der Besteuerung).[406] Hinsichtlich der einzubeziehenden Steuereffekte bedarf es einer Differenzierung zwischen isolierter Betrachtung der Unternehmensebene bei der Ermittlung des Funktionsverrechnungspreises respektive der Einbeziehung der Anteilseignerebene unter Bezugnahme auf den IDW Prüfungsstandard S1.[407]

Bei isolierter Betrachtung der Unternehmensebene muss mangels Einbeziehung der Anteilseignerebene[408] die entsprechende Steuerbelastung des (hypothetisch) verlagernden bzw. aufnehmenden Unternehmens für die Rendite der Alternativinvestition maßgeblich sein.[409] Insofern ist der funktions- und risikoadäquate Kapitalisierungszinssatz des (hypothetischen) Verkäufers um den inländischen Ertragsteuersatz bestehend aus Körperschaftsteuer, Gewerbesteuer und Solidaritätszuschlag zu reduzieren.[410] Der Kapitalisierungszinssatz des (hypothetischen) Verkäufers ermittelt sich unter Berücksichtigung von Steuerwirkungen wie folgt:

$$(79) \quad i_s^V = \left(1 - s^{Inland}\right) * \left(i^{risikolos} + i^{Risiko\ V}\right)$$

Beim Kapitalisierungszinssatz des (hypothetischen) Käufers ist die ausländische Körperschaftsteuerbelastung zu berücksichtigen. Für den Kapitalisierungszinssatz des (hypothetischen) Käufers gilt:

$$(80) \quad i_s^K = \left(1 - s^{Ausland}\right) * \left(i^{risikolos} + i^{Risiko\ K}\right)$$

4.3.4.3.2 Einbeziehung der Anteilseignerebene

Wird die Anteilseignerebene bei der Ermittlung des Funktionsverrechnungspreises einbezogen, so ist die Ertragsteuerbelastung des Anteilseigners nicht nur bei den zu diskontierenden Funktionsgewinnen,[411] sondern auch beim funktions- und risikoadäqua-

[406] Vgl. IDW-Prüfungsstandard S1, Rz. 93; § 5 Satz 1 FVerlV; Oestreicher, A. / Hundeshagen, C. (2008a), S. 1640.
[407] Siehe Tz. 4.3.3.1.
[408] Siehe Tz. 4.3.3.1.
[409] Zur Kritik siehe Tz. 4.4.
[410] Vgl. Looks, C. / Scholz, C. (2007), S. 2544; Günter, S. (2007), S. 1088.
[411] Siehe Tz. 4.3.3.1.

ten Kapitalisierungszinssatz zu berücksichtigen. Allein die Ertragsteuerbelastung des Anteilseigners wirkt sich auf die Rendite der Alternativinvestition aus.[412] Einer Differenzierung zwischen dem Kapitalisierungszinssatz des (hypothetischen) Verkäufers und Käufers bedarf es nicht. Der funktions- und risikoadäquate Kapitalisierungszinssatz ermittelt sich unter Berücksichtigung der Abgeltungsteuer wie folgt:

$$(79a)\quad i_s^{V/K} = \left(1 - s^{est}\right) * \left(i^{risikolos} + i^{Risiko\ V/K}\right)$$

4.3.5 *Kapitalisierungszeitraum*

Nach der FVerlV ist der ertragswertorientierten Bewertung grundsätzlich ein unbegrenzter Kapitalisierungszeitraum zugrunde zu legen. Ein kürzerer Kapitalisierungszeitraum kommt nur in Betracht, wenn der Steuerpflichtige Gründe dafür glaubhaft macht oder diese ersichtlich sind.[413] Die Gründe müssen in den Umständen der Funktionsausübung liegen.[414] "Gründe können z. B. sein, dass das übernehmende Unternehmen die verlagerte Funktion nur für einen begrenzten Zeitraum ausüben wird oder dass die ursprünglichen Investitionen und Vorleistungen des verlagernden Unternehmens mit der Zeit ihren Wert verlieren und die eigenen Investitionen des übernehmenden Unternehmens für die Ausübung der Funktion entscheidend sind."[415]

Die grundsätzliche Prognose der Gewinne über einen unbegrenzten Kapitalisierungszeitraum im Zusammenhang mit der Beweislastumkehr zu Lasten des Steuerpflichtigen ist nach Auffassung der Finanzverwaltung "notwendig, damit die erforderlichen Berechnungen rechtssicher vorgenommen werden können."[416] Die Berechtigung sieht die Finanzverwaltung darin, dass Funktionsverlagerungen den Betriebs- und Teilbetriebsveräußerungen ähnliche Vorgänge sind und letztere nach betriebswirtschaftlichen Grundsätzen unter Anwendung eines unbegrenzten Kapitalisierungszeitraums bewertet werden.[417] Auf die Unterschiede zwischen einer Funktionsverlagerung und der Ver-

---

412 Vgl. IDW-Prüfungsstandard S1, Rz. 93.
413 Vgl. § 6 FVerlV.
414 Vgl. Oestreicher, A. / Hundeshagen, C. (2008b), S. 1693.
415 Begründung zum FVerlagV-E vom 04. Juni 2007, S. 11.
416 Begründung zur FVerlV, BR-Drucksache 352/08, S. 21.
417 Vgl. Begründung zur FVerlV, BR-Drucksache 352/08, S. 21.

äußerung eines Betriebs respektive Teilbetriebs wurde bereits hingewiesen.[418] "Sie sollten es wirtschaftlich verbieten, dass bei einer Übertragung von Funktionen, die keine selbstständigen wirtschaftlichen Einheiten sind, ein unbegrenzter Kapitalisierungszeitraum zugrunde gelegt wird. Die Kapitalisierung einer ewigen Rente sollte nur zulässig sein, soweit ein Betrieb oder Betriebsteil übertragen wird, der selbstständig lebensfähig ist und sich ohne die Unterstützung durch das ausländische Unternehmen dauerhaft erhalten kann."[419]

Die Diskontierung über einen unbegrenzten Kapitalisierungszeitraum widerspricht zudem Erfahrungwerten aus der Praxis und führt zu unangemessenen Ergebnissen.[420] Zeitlichen Aspekten wie "Produktlebenszyklen, technische[n] Entwicklungen, Absatzmarktänderungen, Bedarfswandlungen am Markt, Kundenfluktuation etc."[421] kommt bei Funktionsverlagerungen entscheidende Bedeutung zu, "denn angesichts des rasanten technologischen Fortschritts kann ein Know-how-Vorsprung schnell dahinschmelzen und ein gegenwärtig hochprofitables Unternehmen schnell in die Verlustzone geraten"[422].[423] Dementsprechend sind zeitliche Aspekte beim Kapitalisierungszeitraum zu berücksichtigen. "Vorteile, immaterielle Wirtschaftsgüter oder Geschäftschancen unterliegen einem ständigen Wandel. Ihre Werte verflüchtigen sich, sie rechtfertigen jedenfalls keine zeitlich unbefristete Kapitalisierung. Vielmehr sollte sich der Abzinsungszeitraum an den tatsächlichen Verhältnissen orientieren."[424]

Der grundsätzliche Ansatz eines unbegrenzten Kapitalisierungszeitraums kann auch in Anbetracht der Regelungen zur Ermittlung des funktions- und risikoadäquaten Kapitalisierungszinssatzes nicht überzeugen. Nach der FVerlV richtet sich der Zinssatz für die risikolose Investition nach der voraussichtlichen Funktionslebensdauer.[425] Insofern ist eine Prognose bezüglich der Funktionslebensdauer ohnehin erforderlich. Weshalb diese Prognose nicht gleichzeitig als Grundlage für die Bestimmung des Kapitalisierungszeit-

418 Siehe Tz. 2.3; 4.3.2.
419 Oestreicher, A. / Hundeshagen, C. (2008b), S. 1693.
420 Ausführlich Tz. 3.1.
421 Baumhoff, H. / Ditz, X. / Greinert, M. (2007b), S. 1653.
422 Kuckhoff, H. / Schreiber, R. (1999a), S. 328.
423 Vgl. Frotscher, G. (2008), S. 56.
424 Jenzen, H. (2007), S. 3126.
425 Vgl. § 5 Satz 2 FVerlV.

raums verwendet wird, kann nur mit fiskalischen Motiven begründet werden.[426] Denn die Anwendung eines unbegrenzten im Vergleich zu einem begrenzten Kapitalisierungszeitraum führt zu erheblich höheren Grenzpreisen und somit zu einem höheren Verrechnungspreis. Bei einem Kapitalisierungszinssatz von 5 % und nachhaltigen Gewinnen von EUR 100.000 beträgt der Ertragswert auf Basis eines unbegrenzten Kapitalisierungszeitraums EUR 2.000.000. Dahingegen ergibt sich bei Anwendung eines Kapitalisierungszeitraums von z. B. 25 Jahren ein Ertragswert in Höhe von rund EUR 1.409.395. Bei einer inländischen Ertragsteuerbelastung von rund 30 % ergeben sich für den deutschen Fiskus durch die Anwendung des unbegrenzten Kapitalisierungszeitraums bezogen auf diesen Einzelfall Steuermehreinnahmen in Höhe von rund EUR 177.182.

4.3.6 Grenzpreiskalkül bei unbegrenztem Kapitalisierungszeitraum

4.3.6.1 Isolierte Betrachtung der Unternehmensebene

Für den Regelfall sind die Grenzpreise des (hypothetischen) Verkäufers und Käufers auf der Grundlage eines unbegrenzten Kapitalisierungszeitraums zu ermitteln. Bei der Entwicklung des Grenzpreiskalküls bedarf es einer Unterscheidung zwischen isolierter Betrachtung der Unternehmensebene und Einbeziehung der Anteilseignerebene in die Ermittlung des Funktionsverrechnungspreises.

Der (hypothetische) Verkäufer hat die inländischen Funktionsgewinne nach Steuern mit dem individuellen funktions- und risikoadäquaten Kapitalisierungszinssatz zu diskontieren. Aufgrund der isolierten Betrachtung der Unternehmensebene werden sowohl die Funktionsgewinne[427] als auch der funktions- und risikoadäquate Kapitalisierungszinssatz[428] um die inländische Ertragsteuerbelastung gekürzt. Der Grenzpreis des (hypothetischen) Verkäufers ermittelt sich wie folgt:

[426] Vgl. Frotscher, G. (2007a), 7.

[427] Siehe Tz. 4.3.3.1.

[428] Siehe Tz. 4.3.4.3.1.

$$(81)\quad GP^V = \frac{\left(1 - s^{Inland}\right) * EBT^{Inland}}{i_s^V}$$
$$mit \quad i_s^V = \left(1 - s^{Inland}\right) * \left(i^{risikolos} + i^{Risiko\ V}\right)$$

Da sowohl die Funktionsgewinne im Zähler als auch der funktions- und risikoadäquate Kapitalisierungszinssatz im Nenner des Grenzpreiskalküls der inländischen Ertragsteuerbelastung unterliegen, können die Steuerwirkungen aus der Formel eliminiert werden. Danach gilt:

$$(82)\quad GP^V = \frac{EBT^{Inland}}{i^V}$$
$$mit \quad i^V = i^{risikolos} + i^{Risiko\ V}$$

Der Grenzpreis wird somit bei isolierter Betrachtung der Unternehmensebene durch die inländische Ertragsteuerbelastung nicht beeinflusst. Steuerwirkungen auf den Grenzpreis des (hypothetischen) Verkäufers bestehen nicht.[429]

Beispiel:

EBT^{Inland}= 1.000 i^V= 0,1

Ebene	t	∞
KapGes	EBT^{Inland}	1.000,00
	DKF	0,10
	GP^V	**10.000,00**

Abbildung 44: Grenzpreis des Verkäufers (unbegrenzter Kapitalisierungszeitraum)

Der Grenzpreis des (hypothetischen) Käufers ermittelt sich durch Diskontieren der ausländischen Funktionsgewinne jeweils unter Berücksichtigung der ausländischen Körperschaftsteuerbelastung im Zähler und Nenner des Grenzpreiskalküls. Das Grenzpreiskalkül lautet wie folgt:

[429] A.A. Frotscher, G. (2008), S. 57; Richter, A. / Welling, B. (2008), S. 74; Kroppen, H. / Rasch, S. (2008), S. 550 f.; Hey, J. (2007), S. 1303 und 1308. Ausführlich Tz. 4.3.3.4.

$$(83) \quad GP^K = \frac{\left(1 - s^{Ausland}\right) * EBT^{Ausland}}{i_s^K}$$
$$mit \quad i_s^K = \left(1 - s^{Ausland}\right) * \left(i^{risikolos} + i^{Risiko\ K}\right)$$

Die ausländische Körperschaftsteuerbelastung kann wiederum aus dem Grenzpreiskalkül gekürzt werden, so dass der Grenzpreis des (hypothetischen) Käufers ebenso wie der Grenzpreis des (hypothetischen) Verkäufers frei von Steuerwirkungen ist. Der Grenzpreis ermittelt sich wie folgt:

$$(84) \quad GP^K = \frac{EBT^{Ausland}}{i^K}$$
$$mit \quad i^K = i^{risikolos} + i^{Risiko\ K}$$

Beispiel:

$EBT^{Ausland}$= 1.000 i^K= 0,15

Ebene	t	∞
KapGes	$EBT^{Ausland}$	1.000,00
	DKF	0,15
	GP^K	**6.666,67**

Abbildung 45: Grenzpreis des Käufers (unbegrenzter Kapitalisierungszeitraum)

4.3.6.2 Einbeziehung der Anteilseignerebene

Bei Einbeziehung der Anteilseignerebene in die Ermittlung des Funktionsverrechnungspreises sind die Funktionsgewinne nach Steuern neben der inländischen Ertragsteuerbelastung um die Abgeltungsteuer des Anteilseigners zu kürzen.[430] Der funktions- und risikoadäquate Kapitalisierungszinssatz als Alternativinvestition des Anteilseigners unterliegt der Abgeltungsteuer.[431] Der Grenzpreis des (hypothetischen) Verkäufers ermittelt sich wie folgt:

[430] Siehe Tz. 4.3.3.1.
[431] Siehe Tz. 4.3.4.3.2.

$$(81a)\quad GP^{V} = \frac{\left(1-s^{est}\right)*\left(1-s^{Inland}\right)*EBT^{Inland}}{i_{s}^{V}}$$

$$mit\quad i_{s}^{V} = \left(1-s^{est}\right)*\left(i^{risikolos}+i^{Risiko\ V}\right)$$

Da sowohl die Funktionsgewinne im Zähler als auch der funktions- und risikoadäquate Kapitalisierungszinssatz im Nenner des Grenzpreiskalküls die Abgeltungsteuer beinhalten, kann diese aus der Formel eliminiert werden. Danach gilt:

$$(82a)\quad GP^{V} = \frac{\left(1-s^{Inland}\right)*EBT^{Inland}}{i^{V}}$$

$$mit\quad i^{V} = i^{risikolos}+i^{Risiko\ V}$$

Die Abgeltungsteuer auf Ebene des Anteilseigners wirkt sich somit auf den Grenzpreis des (hypothetischen) Verkäufers nicht aus. Steuerwirkungen ergeben sich bei Einbeziehung der Anteilseignerebene nur aus der inländischen Ertragsteuerbelastung im Zähler des Grenzpreiskalküls.

Beispiel:

$s^{Inland}=$	0,3	$i^{V}=$	0,15
$EBT^{Inland}=$	1.000		

Ebene	t	∞
KapGes	EBT^{Inland}	1.000,00
	S^{Inland}	-300,00
	E^{Inland}	700,00
	DKF	0,15
	GP^{V}	**4.666,67**

Abbildung 46: Grenzpreis des Verkäufers (unbegrenzter Kapitalisierungszeitraum)

Der Grenzpreis des (hypothetischen) Käufers ermittelt sich bei Einbeziehung der Anteilseignerebene durch Diskontieren der ausländischen Funktionsgewinne unter Berücksichtigung sowohl der ausländischen Körperschaftsteuerbelastung als auch der Abgeltungsteuer. Das Grenzpreiskalkül lautet wie folgt:

$$(83a) \quad GP^K = \frac{(1-s^{est})*(1-s^{Ausland})*EBT^{Ausland}}{i_s^K}$$
$$mit \quad i_s^K = (1-s^{est})*(i^{risikolos} + i^{Risiko\ K})$$

Die Abgeltungsteuerbelastung des Anteilseigners kann wiederum aus dem Grenzpreiskalkül gekürzt werden, so dass der Grenzpreis des (hypothetischen) Käufers ebenso wie der Grenzpreis des (hypothetischen) Verkäufers frei von Steuerwirkungen der Anteilseignerebene ist. Steuerwirkungen ergeben sich nur durch die ausländische Körperschaftsteuerbelastung im Zähler des Grenzpreiskalküls. Der Grenzpreis ermittelt sich wie folgt:

$$(84a) \quad GP^K = \frac{(1-s^{Ausland})*EBT^{Ausland}}{i^K}$$
$$mit \quad i^K = i^{risikolos} + i^{Risiko\ K}$$

Beispiel:

$s^{Ausland}$= 0,15 i^K= 0,2
$EBT^{Ausland}$= 1.000

Ebene	t	∞
KapGes	$EBT^{Ausland}$	1.000,00
	$S^{Ausland}$	-150,00
	$E^{Ausland}$	850,00
	DKF	0,20
	GP^K	**4.250,00**

Abbildung 47: Grenzpreis des Käufers (unbegrenzter Kapitalisierungszeitraum)

4.3.7 Grenzpreiskalkül bei begrenztem Kapitalisierungszeitraum

4.3.7.1 Isolierte Betrachtung der Unternehmensebene

Gelingt es dem Steuerpflichtigen, Gründe für einen begrenzten Kapitalisierungszeitraum glaubhaft zu machen bzw. sind diese ersichtlich, ermitteln sich die Grenzpreise des (hypothetischen) Verkäufers und Käufers durch Diskontieren der Funktionsgewinne über die prognostizierte Funktionslebensdauer. Auf die Einbeziehung von periodenspezifischen Kapitalisierungszinssätzen wird verzichtet. Hinsichtlich der Einbeziehung der Anteilseignerebene in die Ermittlung des Funktionsverrechnungspreises ist wiederum eine Differenzierung erforderlich.

Bei isolierter Betrachtung der Unternehmensebene ermittelt sich der Grenzpreis des (hypothetischen) Verkäufers durch Diskontieren der inländischen (Netto-)Funktionsgewinne nach inländischer Ertragsteuerbelastung über die prognostizierte Funktionslebensdauer. Das Grenzpreiskalkül des (hypothetischen) Verkäufers lautet wie folgt:

$$(85)\quad GP^V = \sum_{t=1}^{n} \left(1 - s^{Inland}\right) * EBT_t^{Inland} * w_V^{-t}$$
$$mit \quad w_V = 1 + i_s^V \quad i_s^V = \left(1 - s^{Inland}\right) * \left(i^{risikolos} + i^{Risiko\ V}\right)$$

Da die inländische Ertragsteuerbelastung sowohl im Zähler als auch im Nenner des Grenzpreiskalküls enthalten ist, kann diese aus der Formel eliminiert werden. Daraus folgt:

$$(86)\quad GP^V = \sum_{t=1}^{n} EBT_t^{Inland} * w_V^{-t}$$
$$mit \quad w_V = 1 + i^V \quad i^V = i^{risikolos} + i^{Risiko\ V}$$

Das Grenzpreiskalkül des (hypothetischen) Verkäufers ist ebenso wie bei unbegrenztem Kapitalisierungszeitraum frei von Steuerwirkungen.[432]

[432] A.A. Frotscher, G. (2008), S. 57; Richter, A. / Welling, B. (2008), S. 74; Kroppen, H. / Rasch, S. (2008), S. 550 f.; Hey, J. (2007), S. 1303 und 1308. Ausführlich Tz. 4.3.3.4.

Beispiel:

n= 5 i^V= 0,1 EBT^{Inland}= 700

Ebene	t	1	2	3	4	5
KapGes	EBT^{Inland}	700,00	700,00	700,00	700,00	700,00
	DKF	1,100000	1,210000	1,331000	1,464100	1,610510
	GP^V	**2.653,55**				

Abbildung 48: Grenzpreis des Verkäufers (begrenzter Kapitalisierungszeitraum)

Dem Grenzpreis des (hypothetischen) Käufers sind die ausländischen Funktionsgewinne zugrunde zu legen. Dabei ist sowohl bei den Funktionsgewinnen als auch beim Kapitalisierungszinssatz die ausländische Körperschaftsteuerbelastung zu berücksichtigen. Der Grenzpreis ermittelt sich wie folgt:

$$(87)\quad GP^K = \sum_{t=1}^{n} \left(1 - s^{Ausland}\right) * EBT_t^{Ausland} * w_K^{-t}$$
$$mit \quad w_K = 1 + i_s^K \quad i_s^K = \left(1 - s^{Ausland}\right) * \left(i^{risikolos} + i^{Risiko\ K}\right)$$

Nach Eliminierung der ausländischen Körperschaftsteuer im Zähler und Nenner des Grenzpreiskalküls, gilt für den Grenzpreis des (hypothetischen) Käufers:

$$(88)\quad GP^K = \sum_{t=1}^{n} EBT_t^{Ausland} * w_K^{-t}$$
$$mit \quad w_K = 1 + i^K \quad i^K = i^{risikolos} + i^{Risiko\ K}$$

Steuerwirkungen treten ebenso wie beim Grenzpreis des (hypothetischen) Verkäufers nicht auf.[433]

[433] A.A. Frotscher, G. (2008), S. 57; Richter, A. / Welling, B. (2008), S. 74; Kroppen, H. / Rasch, S. (2008), S. 550 f.; Hey, J. (2007), S. 1303 und 1308. Ausführlich Tz. 4.3.3.4.

Beispiel:

n= 5 i^K= 0,1 $EBT^{Ausland}$= 850

Ebene	t	1	2	3	4	5
KapGes	$EBT^{Ausland}$	850,00	850,00	850,00	850,00	850,00
	DKF	1,100000	1,210000	1,331000	1,464100	1,610510
	GP^K	**3.222,17**				

Abbildung 49: Grenzpreis des Käufers (begrenzter Kapitalisierungszeitraum)

4.3.7.2 Einbeziehung der Anteilseignerebene

Wird die Anteilseignerebene in die Ermittlung des Funktionsverrechnungspreises einbezogen und somit im Grenzpreiskalkül berücksichtigt, ermittelt sich der Grenzpreis des (hypothetischen) Verkäufers durch Diskontieren der inländischen (Netto-)Funktionsgewinne nach inländischer Ertrag- und Abgeltungsteuerbelastung über die prognostizierte Funktionslebensdauer.

Das Grenzpreiskalkül des (hypothetischen) Verkäufers lautet wie folgt:

$$(85a) \quad GP^V = \sum_{t=1}^{n} \left(1 - s^{est}\right) * \left(1 - s^{Inland}\right) * EBT_t^{Inland} * w_V^{-t}$$
$$mit \quad w_V = 1 + i_s^V \quad i_s^V = \left(1 - s^{est}\right) * \left(i^{risikolos} + i^{Risiko\ V}\right)$$

Da die Abgeltungsteuerbelastung sowohl im Zähler als auch im Nenner des Grenzpreiskalküls enthalten ist, kann diese aus der Formel eliminiert werden. Daraus folgt:

$$(86a) \quad GP^V = \sum_{t=1}^{n} \left(1 - s^{Inland}\right) * EBT_t^{Inland} * w_V^{-t}$$
$$mit \quad w_V = 1 + i^V \quad i^V = i^{risikolos} + i^{Risiko\ V}$$

Das Grenzpreiskalkül des (hypothetischen) Verkäufers ist ebenso wie bei unbegrenztem Kapitalisierungszeitraum frei von den Steuerwirkungen der Anteilseignerebene. Steuerwirkungen treten nur im Zähler des Grenzpreiskalküls durch die inländische Ertragsteuerbelastung auf.

<u>*Beispiel:*</u>

s^{Inland}= 0,3 i^{V}= 0,12 EBT^{Inland}= 1.000 n = 5

Ebene	t	1	2	3	4	5
KapGes	EBT^{Inland}	1.000,00	1.000,00	1.000,00	1.000,00	1.000,00
	S^{Inland}	-300,00	-300,00	-300,00	-300,00	-300,00
	E^{Inland}	700,00	700,00	700,00	700,00	700,00
	DKF	1,120000	1,254400	1,404928	1,573519	1,762342
	GP^{V}	**2.523,34**				

Abbildung 50: Grenzpreis des Verkäufers (begrenzter Kapitalisierungszeitraum)

Dem Grenzpreis des (hypothetischen) Käufers sind die ausländischen Funktionsgewinne zugrunde zu legen. Dabei ist sowohl bei den Funktionsgewinnen als auch beim Kapitalisierungszinssatz die Abgeltungsteuer des Anteilseigners zu berücksichtigen. Darüber hinaus sind die ausländischen Funktionsgewinne um die ausländische Körperschaftsteuerbelastung zu kürzen. Der Grenzpreis des (hypothetischen) Käufers ermittelt sich wie folgt:

$$(87a) \quad GP^{K} = \sum_{t=1}^{n} \left(1 - s^{est}\right) * \left(1 - s^{Ausland}\right) * EBT_{t}^{Ausland} * w_{K}^{-t}$$
$$mit \quad w_{K} = 1 + i_{s}^{K} \quad i_{s}^{K} = \left(1 - s^{est}\right) * \left(i^{risikolos} + i^{Risiko\ K}\right)$$

Nach Eliminierung der Abgeltungsteuer im Zähler und Nenner des Grenzpreiskalküls, gilt für den Grenzpreis des (hypothetischen) Käufers:

$$(88a) \quad GP^{K} = \sum_{t=1}^{n} \left(1 - s^{Ausland}\right) * EBT_{t}^{Ausland} * w_{K}^{-t}$$
$$mit \quad w_{K} = 1 + i^{K} \quad i^{K} = i^{risikolos} + i^{Risiko\ K}$$

Ebenso wie beim Grenzpreis des (hypothetischen) Verkäufers wirkt sich die Abgeltungsteuer des Anteilseigners nicht auf den Grenzpreis des (hypothetischen) Käufers aus. Steuerwirkungen treten nur in Form der ausländischen Körperschaftsteuerbelastung auf.

Beispiel:

$s^{Ausland}$= 0,15 i^K= 0,17 $EBT^{Ausland}$= 1.000 n = 5

Ebene	t	1	2	3	4	5
KapGes	$EBT^{Ausland}$	1.000,00	1.000,00	1.000,00	1.000,00	1.000,00
	$S^{Ausland}$	-150,00	-150,00	-150,00	-150,00	-150,00
	$E^{Ausland}$	850,00	850,00	850,00	850,00	850,00
	DKF	1,170000	1,368900	1,601613	1,873887	2,192448
	$\mathbf{GP^K}$	**2.719,44**				

Abbildung 51: Grenzpreis des Käufers (begrenzter Kapitalisierungszeitraum)

4.3.8 Einigungsbereich

Determinanten des Einigungsbereichs sind der Grenzpreis des (hypothetischen) Verkäufers als Untergrenze und der Grenzpreis des (hypothetischen) Käufers als Obergrenze.[434]

Für den (hypothetischen) Verkäufer ergibt sich die Untergrenze des Verhandlungsrahmens (Mindestpreis des Einigungsbereichs) grundsätzlich aus dem Ausgleich für den Wegfall oder die Minderung des Gewinnpotenzials zuzüglich der gegebenenfalls anfallenden Schließungskosten.[435] Ohne eine solche Zahlung ist die Aufgabe einer Funktion, aus der in Zukunft Gewinne erwartet werden, aus Sicht des verlagernden Unternehmens betriebswirtschaftlich nicht sinnvoll.[436]

"Sofern mit dem Transferpaket auch Wirtschaftsgüter übertragen werden, bildet deren Liquidationswert (abzüglich Liquidationskosten) die Untergrenze für das steuerlich maßgebliche Entgelt für das Paket."[437] Dies betrifft Fälle, in denen das verlagernde Unternehmen aus rechtlichen, tatsächlichen oder wirtschaftlichen Gründen nicht mehr

434 Ausführlich Tz. 4.2.
435 Vgl. § 7 Abs. 1 Satz 1 FVerlV; Frotscher, G. (2008), S. 53.
436 Vgl. Begründung zur FVerlV, BR-Drucksache 352/08, S. 21 f.
437 Schreiber, R. (2007), S. 58.

dazu in der Lage ist, die Funktion mit eigenen Mitteln selbst auszuüben.[438] "Der Liquidationswert umfasst auch die Schließungskosten und kann deshalb auch kleiner als Null sein."[439]

Bei prognostizierten Verlusten aus der verlagerten Funktion wird die Untergrenze des Verhandlungsrahmens "durch die zu erwartenden Verluste oder die Schließungskosten begrenzt [...], denn auch ein unabhängiges Unternehmen stünde vor der Alternative, die Funktion entweder mit laufenden Verlusten fortzuführen oder sie einzustellen und die Schließungskosten hinzunehmen"[440].[441] Maßgeblich ist der niedrigere absolute Betrag.[442]

In Verlustfällen kann es auch fremdüblich sein, zur Begrenzung von Verlusten ein Entgelt für die Funktionsverlagerung zu vereinbaren, das die anfallenden Schließungskosten nur teilweise deckt, oder eine Ausgleichszahlung an das übernehmende Unternehmen für die Übernahme der Verlustquelle zu leisten.[443] Die beim übertragenden Unternehmen entstehenden Schließungskosten werden in der Regel erheblich sein, "weil z. B. Mietverträge nicht vorzeitig gekündigt werden können, Abfindungen für Mitarbeiter bezahlt werden müssen oder aber für die Stilllegung der Fertigungsstätte Abriss- bzw. Entsorgungskosten anfallen."[444] Deren Berücksichtigung bei der Untergrenze des Verhandlungsrahmens ist aus investitionstheoretischer Sicht zutreffend, da deren Vergütung zur Aufrechterhaltung der bisher gehaltenen ökonomischen (Nutzen-) Position des (hypothetischen) Verkäufers erforderlich ist.[445] "Ein ordentlicher Geschäftsleiter würde eine Verlagerungsentscheidung auf Basis einer Investitionsrechnung treffen, wobei die Schließungskosten zu einer Erhöhung der anfänglichen Investitionskosten führen."[446]

438 Vgl. § 7 Abs. 2 FVerlV.
439 Begründung zur FVerlV, BR-Drucksache 352/08, S. 22.
440 Begründung zur FVerlV, BR-Drucksache 352/08, S. 22.
441 Vgl. Serg, O. (2006), S. 226.
442 Vgl. § 7 Abs. 3 Satz 1 FVerlV.
443 Vgl. § 7 Abs. 3 Satz 2 FVerlV; Freudenberg, M. / Peters, H. (2008), S. 1427 f.
444 Serg, O. (2006), S. 224.
445 Ausführlich Tz. 4.2.
446 Serg, O. (2006), S. 225 f.

Klargestellt wird in § 7 Abs. 5 FVerlV, dass ein Verrechnungspreis auch dann nach allgemeinen Grundsätzen zu berechnen ist, wenn die Untergrenze des Verhandlungsrahmens (Mindestpreis des Einigungsbereichs) bei Null liegt oder negativ ist. "Auch in dieser Situation wäre ein unabhängiger Dritter als verlagerndes Unternehmen grundsätzlich nicht dazu bereit, das Transferpaket unentgeltlich zur Verfügung zu stellen, und andererseits wäre ein unabhängiger Dritter als übernehmendes Unternehmen bereit, ein Entgelt zu bezahlen, wenn er damit Gewinnpotenzial erschließen kann, auf das er sonst keinen Zugriff hat."[447]

In allen Fällen sind die tatsächlich bestehenden Handlungsmöglichkeiten, die das verlagernde Unternehmen als vom übernehmenden Unternehmen unabhängiges Unternehmen hätte, zu berücksichtigen, ohne die unternehmerische Dispositionsfreiheit des verlagernden Unternehmens in Frage zu stellen.[448] "Grenze dieser Dispositionsbefugnis ist die Verrechnungspreisbestimmung aus der Sicht von zwei ordentlichen und gewissenhaften Geschäftsleitern [...], deren Kenntnis über alle wesentlichen Umstände unterstellt werden muss, um den Einigungsbereich und das Ergebnis fiktiver Verhandlungen zwischen voneinander unabhängigen Dritten bestimmen zu können."[449] Insofern erwartet die Finanzverwaltung, dass der Steuerpflichtige entsprechend investitionstheoretischen Grundsätzen bei der Ermittlung der Untergrenze des Verhandlungsrahmens diejenige Handlungsalternative zugrunde legt, die zum höchsten Entgelt führt.

Die Obergrenze des Verhandlungsrahmens (Höchstpreis des Einigungsbereichs) wird durch das Gewinnpotenzial des übernehmenden Unternehmens aus der übernommenen Funktion determiniert.[450] Dabei sind mögliche Handlungsalternativen des übernehmenden Unternehmens ebenso wie bei der Untergrenze des Verhandlungsrahmens (Mindestpreis des Einigungsbereichs) zu berücksichtigen, "weil diese Einfluss auf den von diesem Unternehmen noch zu akzeptierenden Höchstpreis haben können"[451].[452] Der (hypothetische) Käufer wird der Ermittlung seiner maximalen Zahlungsbereitschaft die optimale Handlungsalternative zugrunde legen.

---

447 Begründung zur FVerlV, BR-Drucksache 352/08, S. 24.
448 Vgl. § 7 Abs. 1 Satz 2 FVerlV.
449 Begründung zur FVerlV, BR-Drucksache 352/08, S. 22.
450 Vgl. § 7 Abs. 4 Satz 1 FVerlV; Frotscher, G. (2008), S. 53.
451 Begründung zur FVerlV, BR-Drucksache 352/08, S. 23.
452 Vgl. § 7 Abs. 4 Satz 2 FVerlV.

Gesetzliche oder vertragliche Schadenersatz-, Entschädigungs- und Ausgleichsansprüche sowie Ansprüche aus dem vertraglichen oder tatsächlichen Ausschluss von für unabhängige Dritte bestehenden Handlungsmöglichkeiten können der Besteuerung einer Funktionsverlagerung zugrunde gelegt werden, wenn der Steuerpflichtige glaubhaft macht, dass solche Dritte unter ähnlichen Umständen in vergleichbarer Art und Weise verfahren wären.[453] Betroffen sind Fälle, in denen Funktionsverlagerungen in der Form der Entziehung oder Reduzierung einer Funktion durchgeführt werden (Abschmelzungsfälle).[454] Zusätzlich muss der Steuerpflichtige glaubhaft machen, dass keine wesentlichen immateriellen Wirtschaftsgüter und Vorteile[455] übertragen oder zur Nutzung überlassen worden sind, es sei denn, die Übertragung ist zwingende Folge eines oben genannten Anspruchs.[456] Unter diesen Voraussetzungen kann eine Begrenzung auf einen Schadenersatz-, Entschädigungs- oder sonstigen Ausgleichsanspruch erreicht werden.

Sind die entsprechenden Grenzpreise für das verlagernde und für das übernehmende Unternehmen ermittelt, geht der Gesetzgeber und die Finanzverwaltung von der Existenz eines Einigungsbereichs zwischen den beiden Unternehmen aus. Insofern wird unterstellt, dass die Zahlungsbereitschaft des (hypothetischen) Käufers stets die Kaufpreisforderung des (hypothetischen) Verkäufers übersteigt. Dies ist allerdings nicht zwingend und somit als Unterstellung für alle Fälle der Funktionsverlagerung unzutreffend. "Man muss sich deutlich vor Augen führen, dass es nicht immer einen Einigungsbereich geben muss. Daran fehlt es, wenn das, was der eine Vertragspartner mindestens gefordert hätte, von dem anderen Vertragspartner nie gezahlt worden wäre."[457] Die Unterstellung eines stets vorhandenen Einigungsbereichs geht an den Realitäten vorbei.[458] "Demzufolge wäre in diesem Fall der Fremdvergleich weder in seiner tatsächlichen noch in seiner hypothetischen Form anwendbar."[459]

453 Vgl. § 8 Satz 1 FVerlV.
454 Vgl. Begründung zur FVerlV, BR-Drucksache 352/08, S. 24.
455 Zur Wesentlichkeit siehe Tz. 4.7.1.
456 Vgl. § 8 Satz 2 FVerlV.
457 Wassermeyer, F. (2007a), S. 538.
458 Vgl. Wassermeyer, F. (2007a), S. 538; Baumhoff, H. (2007), S. 135; Blumers, W. (2007), S. 1760; Baumhoff, H. / Ditz, X. / Greinert, M. (2007a), S. 1464.
459 Baumhoff, H. (2007), S. 135.

Insbesondere in Entscheidungssituationen, die durch das Verlustmodell[460] abgebildet werden, d. h. wenn vorhandene Verlustvorträge eine Besteuerung im Ausland (zumindest auf absehbare Zeit) vermeiden, können Funktionsverlagerungen stattfinden, bei denen ein Einigungsbereich i. S. des § 1 Abs. 3 Satz 6 AStG nicht vorliegt. Daneben können derartige Situationen eintreten, wenn das Unternehmen die Entscheidung über die Funktionsverlagerung nicht auf der Grundlage von Gewinnen – wie es § 1 Abs. 3 AStG vorsieht –, sondern nach investitionstheoretischen Grundsätzen auf Basis von (Netto-)Cash-Flows trifft. Wie in diesen Fällen der Verrechnungspreis für die Funktion bestimmt werden soll, ist ungeklärt. Die dem hypothetischen Fremdvergleich zugrunde liegende Simulation fiktiver Preisverhandlungen zwischen voneinander unabhängigen Dritten ist jedenfalls nicht anwendbar.[461] Es ist anzunehmen, dass die Finanzverwaltung entsprechend dem Vorgehen bei der Preisanpassungsklausel gemäß § 1 Abs. 3 Satz 11 AStG in diesen Fällen, obwohl tatsächlich kein Einigungsbereich vorliegt, einen fiktiven „Einigungsbereich" aus den Grenzpreisen des (hypothetischen) Verkäufers und Käufers bildet.[462] Dabei würde der Grenzpreis des (hypothetischen) Käufers die Untergrenze und der Grenzpreis des (hypothetischen) Verkäufers die Obergrenze determinieren.[463] Die Anwendung dieser Fiktion wäre jedoch mit Ziel der Simulation fiktiver Preisverhandlungen unvereinbar und würde die Investitionstheorie, die Vorbild des hypothetischen Fremdvergleichs ist, ad absurdum führen.

4.3.9 Bestimmung des Verrechnungspreises im Einigungsbereich

Im Einigungsbereich ist der Preis der Einkünfteermittlung zugrunde zu legen, der dem Fremdvergleichsgrundsatz mit der höchsten Wahrscheinlichkeit entspricht.[464] Gelingt es dem Steuerpflichtigen nicht, einen anderen Wert glaubhaft zu machen, kommt der Mittelwert des Einigungsbereichs zur Anwendung.

Die Vermutung für den Mittelwert simuliert nach Auffassung des Gesetzgebers das Ergebnis fiktiver Preisverhandlungen zwischen voneinander unabhängigen Dritten.[465]

460 Siehe Tz. 3.4.
461 Vgl. Gesetzentwurf BT-Drucksache 16/4841, S. 85.
462 Siehe Tz. 4.8.4.
463 Vgl. § 10 Satz 3 i. V. mit § 11 FVerlV.
464 Vgl. § 1 Abs. 3 Satz 7 AStG.
465 Vgl. Gesetzentwurf BT-Drucksache 16/4841, S. 86.

Eine derartige Pauschalisierung durch die Berücksichtigung des Mittelwertes dürfte jedoch kaum empirisch belegbar sein[466], "zumal sich solche Aufteilungen am Markt nicht direkt beobachten lassen, nicht zuletzt wegen der fehlenden Transparenz im Hinblick auf die Ertragssituation des jeweils anderen Vertragspartners"[467]. In der Realität sind Preisverhandlungen maßgeblich von den wirtschaftlichen Machtstellungen und dem Informationsstand der beteiligten Parteien abhängig. Daher werden die Preisverhandlungen nur ausnahmsweise zum Mittelwert führen.[468] Die Mittelwertvermutung ist somit nicht als Verhandlungslösung, sondern vielmehr als Arbitrium- bzw. Schiedsrichterlösung anzusehen. Diese führt regelmäßig dazu, "dass die Preisbandbreite zu gleichen Teilen auf die Beteiligten aufgeteilt wird ('salomonische Mitte')"[469]. Ergebnis ist ein objektiv gerechter und neutraler Kompromisswert.[470]

Bei der Anwendung des Mittelwerts handelt es sich allerdings um eine widerlegbare Vermutung. Ein abweichender Verrechnungspreis wird der Einkünfteermittlung zugrunde gelegt, wenn der Steuerpflichtige einen anderen Wert innerhalb des Einigungsbereichs glaubhaft macht. Dies setzt voraus, dass der abweichende Wert mit höherer Wahrscheinlichkeit der fiktiven Verhandlungslösung zwischen dem (hypothetischen) Verkäufer und Käufer entspricht als der Mittelwert. Wie die Glaubhaftmachung der höchsten Wahrscheinlichkeit für einen bestimmten Wert innerhalb des Einigungsbereichs erfolgen kann, ist völlig unklar[471], zumal "es sich bei 'Wahrscheinlichkeit' doch um einen statistischen Begriff [handelt], der die beobachtbare Häufigkeit einer Ausprägung bei im Prinzip beliebig oft wiederholbaren Vorgängen wiedergibt"[472]. Um einen Wert, dem eine höhere Wahrscheinlichkeit beizumessen ist, glaubhaft zu machen, bedarf es einer Basis, auf der dieser Wert zu ermitteln ist. Diese Basis müsste sich zwingend aus einer Datenmenge ableiten.[473] Diese wird dem Steuerpflichtigen allerdings

[466] Vgl. Kroppen, H. / Rasch, S. / Eigelshoven, A. (2007), S. 316.
[467] Baumhoff, H. (2007), S. 136.
[468] Vgl. Baumhoff, H. (2007), S. 137 f.
[469] Baumhoff, H. (2007), S. 138.
[470] Vgl. Baumhoff, H. (2007), S. 138.
[471] Vgl. Jenzen, H. (2007), S. 3127; Baumhoff, H. / Ditz, X. / Greinert, M. (2007a), S. 1465; Kroppen, H. / Rasch, S. / Eigelshoven, A. (2007), S. 316; Frotscher, G. (2007b), S. 5.
[472] Baumhoff, H. / Ditz, X. / Greinert, M. (2007a), S. 1465.
[473] Vgl. Kroppen, H. / Rasch, S. / Eigelshoven, A. (2007), S. 317.

nicht zur Verfügung stehen, da sich derartige Aufteilungen am Markt nicht direkt beobachten lassen[474].

4.3.10 Ergebnis

Grundlage für die Bestimmung der Grenzpreise des (hypothetischen) Käufers respektive Verkäufers nach den Grundsätzen der FVerlV sind die Gewinnpotenziale des Transferpakets. Diese sind definiert als die aus der Funktion zu erwartenden Reingewinne nach Steuern. Standort- und Synergieeffekte sind einzubeziehen. Bei der Diskontierung sind funktions- und risikoadäquate Kapitalisierungszinssätze bestehend aus risikolosem Zinssatz und Risikozuschlag zu verwenden. Ob neben der Besteuerungsebene der Kapitalgesellschaft auch die Besteuerungsebene des Anteilseigners zu berücksichtigen ist, ist zweifelhaft. Die Diskontierung der Gewinnpotenziale erfolgt grundsätzlich über einen unendlichen Planungshorizont, d. h mittels ewiger Rente. Ein kürzerer Kapitalisierungszeitraum muss gegenüber der Finanzverwaltung begründet und glaubhaft gemacht werden. Interdependenzen zwischen dem Grenzpreis des Käufers und dem Grenzpreis des Verkäufers werden ausgeblendet. Ferner wird die Existenz eines Einigungsbereichs unterstellt.

4.4 Kritische Würdigung der Grenzpreisbestimmung nach § 1 Abs. 3 AStG i. V. mit FVerlV

Der Gesetzgeber bedient sich mit der ertragswertorientierten Bewertung[475] beim hypothetischen Fremdvergleich investitionstheoretischen Grundsätzen. Aus diesem Grund ist die investitionstheoretische Bestimmung von Grenzpreisen[476] Messlatte für die Grenzpreisbestimmung beim hypothetischen Fremdvergleich[477]. Die Kritikpunkte der Grenzpreisbestimmung nach § 1 Abs. 3 AStG i. V. mit FVerlV ergeben sich durch Vergleich mit der Grenzpreisbestimmung aus investitionstheoretischer Sicht.

---

474 Vgl. Baumhoff, H. (2007), S. 136.

475 Vgl. Rödder, T. (2007b), S. 16; Waldens, S. (2007), S. 211; Frischmuth, M. (2007a), S. 386 und S. 391; Baumhoff, H. / Ditz, X. / Greinert, M. (2007b), S. 1649 f.; Wulf, M. (2007), S. 2283.

476 Siehe Tz. 4.2.

477 Siehe Tz. 4.3.

1) Dem hypothetischen Fremdvergleich liegt die Vorstellung zugrunde, dass sich der Wert einer Funktion nach dem Gewinnpotenzial, d. h. nach den erzielbaren Reingewinnen nach Steuern, bemisst. Dabei werden fundamentale Erkenntnisse der Investitionstheorie missachtet. Wertbegründend sind nicht etwa Gewinne, sondern einzig die erzielbaren (Netto-)Cash-Flows.

2) Beim hypothetischen Fremdvergleich gibt der Gesetzgeber ebenso wie die Finanzverwaltung m. E. zu verstehen, dass die Ermittlung des Verrechnungspreises durch isolierte Betrachtung der Unternehmensebene erfolgt. Insofern würden die Anteilseigner der Unternehmen ausgeblendet. Im Fall dieser isolierenden Betrachtungsweise wird vernachlässigt, dass für die Wertermittlung einer Funktion nicht die erzielbaren Reingewinne beim verlagernden respektive aufnehmenden Unternehmen, sondern vielmehr die (Netto-)Cash-Flows beim Anteilseigner maßgebend sind.[478] Aufgabe eines ordentlichen und gewissenhaften Geschäftsführers ist die Maximierung des Unternehmenswerts aus der Sicht des Anteilseigners (shareholder value).[479] Insoweit wäre die Ermittlung des Verrechnungspreises sowohl aus investitionstheoretischer Sicht als auch aus Fremdvergleichssicht unvollständig. Für den Fall, dass die Ermittlung des Funktionsverrechnungspreises abweichend von der Auslegung des Gesetzestextes bzw. des Wortlauts der FVerlV unter Einbeziehung der Anteilseignerebene erfolgt, ist dieser Kritikpunkt gegenstandslos.

3) Der ertragswertorientierten Bewertung beim hypothetischen Fremdvergleich ist immanent, dass die Gewinnpotenziale auf den Übertragungsstichtag zu diskontieren sind. Der Kapitalisierungszinssatz repräsentiert die Rendite aus einer zur Investition in die zu bewertende Funktion adäquaten Alternativanlage und muss dem zu kapitalisierenden Zahlungsstrom hinsichtlich Fristigkeit, Risiko und Besteuerung äquivalent sein. Entgegen dem Grundsatz der Risikoäquivalenz stellt die Finanzverwaltung bei der Ermittlung des Risikozuschlags auf die Risikobeurteilung der übrigen Geschäftstätigkeit des

---

[478] Vgl. IDW-Prüfungsstandard S1, Rz. 24 ff.
[479] Vgl. Looks, C. / Scholz, C. (2007), S. 2545.

jeweiligen Unternehmens ab. Bewertet (verglichen) werden muss jedoch nicht das übrige Unternehmen, sondern die verlagerte Funktion. Der Grundsatz der Risikoäquivalenz wird verletzt.

4) Nach der FVerlV ist der Ermittlung der Grenzpreise des (hypothetischen) Verkäufers und Käufers grundsätzlich ein unbegrenzter Kapitalisierungszeitraum zugrunde zu legen.[480] Es wird von einer ewigen Rente ausgegangen. Diese Kapitalisierung führt zu unangemessenen Bewertungsergebnissen und steht nicht im Einklang mit den Erfahrungen aus der Praxis. Insbesondere vor dem Hintergrund, dass es bei der Bestimmung der funktions- und risikoadäquaten Kapitalisierungszinssätze ohnehin einer Prognose bezüglich der Funktionslebensdauer bedarf,[481] ist diese Vorgehensweise nicht nachvollziehbar. Die Finanzverwaltung scheint sich ausschließlich von fiskalischen Aspekten leiten zu lassen.[482]

5) Der Grenzpreis stellt gleichzeitig eine steuerabhängige und steuerbeeinflussende Größe dar.[483] Aus investitionstheoretischer Sicht sind daher Interdependenzen zwischen dem Grenzpreis des (hypothetischen) Verkäufers und Käufers zu berücksichtigen. Dies ist bei der Ermittlung des Verrechnungspreises im Rahmen des hypothetischen Fremdvergleichs nicht vorgesehen. Insoweit werden die Wirkungskreise der Grenzpreisbestimmung nur unvollständig berücksichtigt. Allerdings ist festzustellen, dass dem Steuerpflichtigen unter dem Gesichtspunkt der Rechtsanwendung in der Praxis eine Berücksichtigung der Interdependenzen wohl auch nicht zugemutet werden kann.

6) Gesetzgeber und Finanzverwaltung unterstellen beim hypothetischen Fremdvergleich die Existenz eines Einigungsbereichs zwischen dem (hypothetischen) Verkäufer und Käufer. Diese Unterstellung geht an den Realitäten vorbei und ignoriert, dass ein Einigungsbereich zwischen (hypothetischem)

480 Vgl. § 6 FVerlV.
481 Vgl. § 5 Satz 2 FVerlV.
482 Vgl. Frotscher, G. (2007a), S. 7.
483 Vgl. Gratz, K. (1981), S. 981 ff.

Verkäufer und Käufer bei einer Funktionsverlagerung nicht zwingend bestehen muss. Ungeklärt bleibt, wie der Verrechnungspreis für die verlagerte Funktion in diesen Fällen ermittelt werden soll. Der hypothetische Fremdvergleich ist jedenfalls nicht anwendbar.[484]

4.5 Kritische Funktionslebensdauer bei Ermittlung des Verrechnungspreises auf Basis eines unbegrenzten Kapitalisierungszeitraums

4.5.1 Ausgangssituation

Der Verrechnungspreis beim hypothetischen Fremdvergleich wird nach der FVerlV grundsätzlich auf Basis eines unbegrenzten Kapitalisierungszeitraums, d. h. mittels ewiger Rente, ermittelt.[485] Ein begrenzter Kapitalisierungszeitraum kann nur dann zugrunde gelegt werden, wenn es dem Steuerpflichtigen gelingt, einen solchen glaubhaft zu machen.[486] Die Feststellungslast eines kürzeren Zeitraums liegt beim Steuerpflichtigen.

Sollte dem Steuerpflichtigen eine derartige Glaubhaftmachung nicht gelingen, muss der Ermittlung des Verrechnungspreises ein unbegrenzter Kapitalisierungszeitraum zugrunde gelegt werden, obwohl die Funktion tatsächlich keine unendliche Lebensdauer hat und somit nur für einen begrenzten Zeitraum positive Zielbeiträge erwirtschaften wird. In diesen Fällen ist für den Steuerpflichtigen von entscheidender Bedeutung, wie lange die tatsächliche Funktionslebensdauer betragen muss, damit die Funktionsverlagerung nicht zu einer Verschlechterung der ökonomischen (Nutzen-)Position führt. Dies bedeutet, dass der Steuerpflichtige die kritische Funktionslebensdauer kennen muss, wenn er sich in einer Entscheidungssituation über eine Funktionsverlagerung befindet. Geht der Steuerpflichtige davon aus, dass die tatsächliche kürzer als die kritische Funktionslebensdauer sein wird, wird eine Funktionsverlagerung nicht erfolgen. Vice versa wird der Steuerpflichtige eine Funktionsverlagerung durchführen, wenn er eine tatsächliche Funktionslebensdauer prognostiziert, die länger als die kritische Funktionslebensdauer ist.

---

484 Vgl. Baumhoff, H. (2007), S. 135.

485 Vgl. § 6 FVerlV.

486 Siehe Tz. 4.3.5.

4.5.2 Prämissen bei der Ermittlung der kritischen Funktionslebensdauer

Um die kritische Funktionslebensdauer bestimmen zu können, muss zunächst definiert werden, welches Entscheidungsmodell, d. h. Standard-, Bewertungs-, Verlust- oder Finanzierungsmodell, der Steuerpflichtige bei seiner Entscheidung über die Funktionsverlagerung zugrunde legt. Dabei wird im Rahmen der folgenden Untersuchung idealtypisch von einer Entscheidung auf Grundlage des Standardmodells ausgegangen. Methodisch gelten die Ausführungen jedoch für die anderen Entscheidungsmodelle entsprechend. Die Ermittlung des Verrechnungspreises für die Funktion erfolgt nach Maßgabe des hypothetischen Fremdvergleichs. Der Nachweis eines begrenzten Kapitalisierungszeitraums kann annahmegemäß nicht geführt werden, so dass der Ermittlung des Verrechnungspreises ein unbegrenzter Kapitalisierungszeitraum zugrunde liegt. Ferner kommt die Mittelwertvermutung zur Anwendung.

Erfolgt die Ermittlung des Funktionsverrechnungspreises unter isolierter Betrachtung der Unternehmensebene, kommen für die Grenzpreise des (hypothetischen) Verkäufers und Käufers die Formeln (82) respektive (84) zur Anwendung. Für den Funktionsverrechnungspreis gilt:

$$(93) \quad VP = 0{,}5 * \left(\overbrace{\frac{EBITDA^{Inland}}{i^V}}^{GP^V} + \overbrace{\frac{EBITDA^{Ausland}}{i^K}}^{GP^K} \right)$$

$$mit \quad i^V = \left(i^{risikolos} + i^{Risiko\ V} \right)$$

$$i^K = \left(i^{risikolos} + i^{Risiko\ K} \right)$$

Wird die Anteilseignerebene in die Bestimmung des Verrechnungspreises einbezogen, ermittelt sich der Verrechnungspreis abweichend von Formel (93) unter Verwendung der Formeln (82a) respektive (84a) für die Grenzpreise des (hypothetischen) Verkäufers und Käufers. Es gilt:

$$(93a)\quad VP = 0{,}5 * \left(\frac{\overbrace{\left(1 - s^{Inland}\right) * EBITDA^{Inland}}^{GP^V}}{i^V} + \frac{\overbrace{\left(1 - s^{Ausland}\right) * EBITDA^{Ausland}}^{GP^K}}{i^K} \right)$$

$$mit \quad i^V = \left(i^{risikolos} + i^{Risiko\ V}\right)$$

$$i^K = \left(i^{risikolos} + i^{Risiko\ K}\right)$$

Dabei wird bei der Ermittlung der Grenzpreise des (hypothetischen) Verkäufers und Käufers als nachhaltiger Gewinn – im Gegensatz zu den Formeln (82) und (84) respektive (82a) und (84a) – EBT durch EBITDA substituiert. Bei dieser Substitution handelt es sich ausschließlich um eine begriffliche Veränderung. Im Rahmen der Untersuchung besteht der einzige Unterschied zwischen den beiden Begrifflichkeiten in den Abschreibungen auf den Verrechnungspreis.[487] Diese werden bei der Ermittlung des Verrechnungspreises nach Maßgabe des hypothetischen Fremdvergleichs jedoch nicht berücksichtigt.[488] Insofern sind EBT und EBITDA im Rahmen der Untersuchung inhaltsgleich.

Darüber hinaus sollen annahmegemäß zeitkonstante Funktionsgewinne (EBITDA) vorliegen. Diese Annahme, die der Ermittlung des Verrechnungspreises beim hypothetischen Fremdvergleich auf Basis eines unbegrenzten Kapitalisierungszeitraums ohnehin zugrunde liegt, wird somit für das Standardmodell übernommen.

4.5.3 Zu untersuchende Kombinationen der Gewinnverwendung

Bei der Entscheidung über die Vorteilhaftigkeit der Funktionsverlagerung wird der Ertragswert bei Funktionsverlagerung mit dem Ertragswert ohne Funktionsverlagerung verglichen. Gleiches gilt bei der Ermittlung der kritischen Funktionslebensdauer. Ausgangspunkt der Ermittlung ist die Situation, in der Indifferenz zwischen Funktionsverlagerung und weiterer Inlandsausübung der Funktion besteht. Sowohl der Ertragswert bei Funktionsverlagerung als auch der Ertragswert ohne Funktionsverlagerung sind von der Funktionslebensdauer abhängig, der Verrechnungspreis dagegen aufgrund des unbegrenzten Kapitalisierungszeitraums nicht. Die Indifferenzbedingung lautet in allgemeiner Form:

---

487 Siehe Tz. 3.2.1.

488 Siehe Tz. 4.4.

$$(94) \quad EW^{keineFV}(n) \overset{!}{=} EW^{FV}(n;VP)$$

Dabei ist zu berücksichtigen, dass sowohl für den Ertragswert bei Funktionsverlagerung als auch für den Ertragswert ohne Funktionsverlagerung unterschiedliche Gewinnverwendungen in Betracht kommen.[489] Hinsichtlich der Indifferenzbedingung bedeutet dies, dass die Gewinnverwendungen beim Ertragswert bei Funktionsverlagerung und beim Ertragswert ohne Funktionsverlagerung miteinander kompatibel sein müssen. Die Kompatibilität ergibt sich aus den Ergebnissen der bisherigen Untersuchungen zur Gewinnverwendung bei Funktionsverlagerung[490] und ohne Funktionsverlagerung[491]. Danach wird die Entscheidung über die Gewinnverwendung für den Fall, dass keine Funktionsverlagerung erfolgt, und bei Funktionsverlagerung bezogen auf die Mutter-Kapitalgesellschaft nach denselben Kriterien getroffen. Die Gewinnverwendung in diesen Bereichen ist stets identisch. Somit ergeben sich drei Kombinationen der Gewinnverwendung, die miteinander kompatibel sind und im Anschluss untersucht werden.

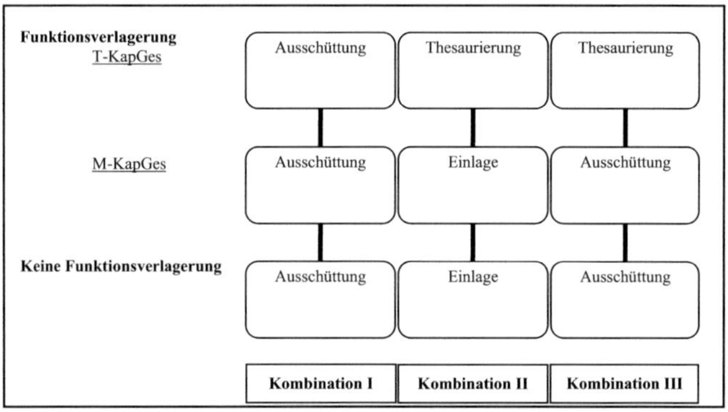

Abbildung 52: Kombinationen der Gewinnverwendung

Bei der Ermittlung der kritischen Funktionslebensdauer ist zu berücksichtigen, dass die Entscheidung über die Gewinnverwendung für den Fall, dass keine Funktionsverlagerung erfolgt, und bei Funktionsverlagerung bezogen auf die Mutter-Kapitalgesellschaft

489 Siehe Tz. 3.2.2.
490 Siehe Tz. 3.2.2.2.
491 Siehe Tz. 3.2.2.1.

von der Zeitkomponente n und somit von der Funktionslebensdauer abhängig ist.[492] Aus diesem Grund muss nach Ermittlung der kritischen Funktionslebensdauer überprüft werden, ob die zugrunde liegende Kombination der Gewinnverwendung unter Berücksichtigung der (nun bekannten) Zeitkomponente zutreffend ist (Interdependenzproblem). Sollte sich aufgrund der ermittelten Funktionslebensdauer eine Änderung bezüglich der Gewinnverwendungskombination ergeben, ist die Ermittlung der Funktionslebensdauer mit der zutreffenden Gewinnverwendungskombination zu wiederholen.

4.5.4 Kritische Funktionslebensdauer bei Gewinnverwendungskombination I

Zur Ermittlung der kritischen Funktionslebensdauer bei Gewinnverwendungskombination I müssen die entsprechenden Ertragswerte bei und ohne Funktionsverlagerung in die allgemeine Indifferenzbedingung eingesetzt werden. Die Gewinnverwendungskombination I sieht auf allen Ebenen die Ausschüttung der Gewinne an den Anteilseigner vor. Für den Ertragswert bei Funktionsverlagerung kommt somit Formel (28) und ohne Funktionsverlagerung Formel (24) zur Anwendung. Nach Einsetzen in die allgemeine Indifferenzbedingung aus Formel (94) ergibt sich:

$$(95)\quad (1-s^{est})*(1-s^{Inland})*\sum_{t=1}^{n}\left(EBITDA^{Inland}*q^{-t}\right)$$
$$\stackrel{!}{=}\ (1-s^{gesamt})*\sum_{t=1}^{n}\left[\left(EBITDA^{Ausland}-AfA_t\right)*q^{-t}\right]$$
$$+VP*(1-s^{est})*\left[\sum_{t=1}^{n}\left(n^{-1}*q^{-t}\right)-s^{Inland}\right]$$

$$mit\quad EBITDA^{Inland}=const.$$
$$EBITDA^{Ausland}=const.$$
$$q=1+i*(1-s^{est})\qquad AfA_t=\frac{VP}{n}$$

Anhand dieser Indifferenzbedingung kann mit Hilfe einer softwaregesteuerten Iteration die kritische Funktionslebensdauer ermittelt werden. Für den Verrechnungspreis ist in Abhängigkeit von der Einbeziehung der Anteilseignerebene in die Ermittlung des

492 Siehe Tz. 3.2.2.1.4; 3.2.2.2.5.

Funktionsverrechnungspreises Formel (93) respektive (93a) einzusetzen. Ergebnis ist die kritische Funktionslebensdauer, bei der sich die Ertragswerte bei und ohne Funktionsverlagerung betragsmäßig entsprechen. Eine Funktionsverlagerung ist für den Steuerpflichtigen nur dann vorteilhaft, wenn seine Prognose eine tatsächliche Funktionslebensdauer vorsieht, die die kritische Funktionslebensdauer übersteigt.

Beispiel bei isolierter Betrachtung der Unternehmensebene:

$EBITDA^{Inland}$=	1.000,00	s^{Inland}=	0,3	i=	0,1
$EBITDA^{Ausland}$=	1.300,00	s^{est}=	0,25	i^{V}_{s}=	0,08
VP=	7.895,83	$s^{Ausland}$=	0,35	i^{K}_{s}=	0,12
		s^{qst}=	0,05		
Indifferenzlebensdauer:		$n^{kritisch}$=	**25,77**		
Kontrolle:	$EW^{keineFV}$=		5.914,02		
	EW^{FV}=		5.914,02		

Abbildung 53: Kritische Funktionslebensdauer bei Kombination I

4.5.5 Kritische Funktionslebensdauer bei Gewinnverwendungskombination II

Bei Gewinnverwendungskombination II werden die Funktionsgewinne bei Funktionsverlagerung in der Tochter-Kapitalgesellschaft thesauriert. Die Mutter-Kapitalgesellschaft legt ihre Gewinne in die Tochter-Kapitalgesellschaft ein. Der Ertragswert bei Funktionsverlagerung ermittelt sich nach Formel (32) und ohne Funktionsverlagerung nach Formel (26). Einsetzen in die allgemeine Indifferenzbedingung aus Formel (94) ergibt:

$$(96)\quad (1-s^{est})*(1-s^{Inland})*q^{-n}*\left[\sum_{t=1}^{n}\left(EBITDA^{Inland}*p^{n-t}\right)-\left(s^{qst}+0{,}05*s^{Inland}\right)*\sum_{t=1}^{n}\left[EBITDA^{Inland}*\left(p^{n-t}-1\right)\right]\right]$$

$$\stackrel{!}{=}\ (1-s^{gesamt})*q^{-n}*\sum_{t=1}^{n}\left[\left(EBITDA^{Ausland}-AfA_t\right)*p^{n-t}\right]$$

$$+VP*q^{-n}*\left\{\begin{array}{l}(1-s^{est})*s^{Inland}*\left[\left(s^{qst}+0{,}05*s^{Inland}\right)*\left(p^{n}-1\right)-p^{n}\right]+\\ \sum_{t=1}^{n}\left(n^{-1}*p^{n-t}\right)-s^{est}-\left[s^{est}+(1-s^{est})*\left(s^{qst}+0{,}05*s^{Inland}\right)\right]*\left[\sum_{t=1}^{n}\left(n^{-1}*p^{n-t}\right)-1\right]\end{array}\right\}$$

mit $EBITDA^{Inland}=const.$

$EBITDA^{Ausland}=const.$

$q=1+i*(1-s^{est})\qquad p=1+i*(1-s^{Ausland})\qquad AfA_t=\frac{VP}{n}$

Die kritische Funktionslebensdauer kann anhand dieser Indifferenzbedingung – ebenso wie bei Gewinnverwendungskombination I – unter Zuhilfenahme einer softwaregesteuerten Iteration und Einsetzen der maßgeblichen Formel für den Funktionsverrechnungspreis ermittelt werden. Der Steuerpflichtige kann die kritische Funktionslebensdauer seiner Prognose bezüglich der tatsächlichen Funktionslebensdauer gegenüber stellen.

<u>Beispiel bei isolierter Betrachtung der Unternehmensebene:</u>

$EBITDA^{Inland}=$	1.000,00	$s^{Inland}=$	0,3	$i=$	0,1
$EBITDA^{Ausland}=$	1.100,00	$s^{est}=$	0,25	$i^{V}_{s}=$	0,08
$VP=$	8.041,67	$s^{Ausland}=$	0,2	$i^{K}_{s}=$	0,12
		$s^{qst}=$	0,05		
Indifferenzlebensdauer:		$n^{kritisch}=$	**18,62**		
Kontrolle:	$EW^{keineFV}=$	5.259,29			
	$EW^{FV}=$	5.259,29			

Abbildung 54: Kritische Funktionslebensdauer bei Kombination II

4.5.6 Kritische Funktionslebensdauer bei Gewinnverwendungskombination III

Ebenso wie bei Kombination II werden bei Gewinnverwendungskombination III die Funktionsgewinne bei Funktionsverlagerung in der Tochter-Kapitalgesellschaft thesauriert. Die Gewinne der Mutter-Kapitalgesellschaft werden an den Anteilseigner ausgeschüttet. Für den Ertragswert bei Funktionsverlagerung kommt Formel (30) und ohne Funktionsverlagerung Formel (24) zur Anwendung. Einsetzen dieser Ertragswerte in die allgemeine Indifferenzbedingung aus Formel (94) ergibt:

$$(97)\quad \left(1-s^{est}\right)*\left(1-s^{Inland}\right)*\sum_{t=1}^{n}\left(EBITDA^{Inland}*q^{-t}\right)$$
$$\stackrel{!}{=}\left(1-s^{gesamt}\right)*q^{-n}*\sum_{t=1}^{n}\left[\left(EBITDA^{Ausland}-AfA_t\right)*p^{n-t}\right]$$
$$+VP*\left\{\begin{array}{l} q^{-n}*\left[\sum_{t=1}^{n}\left(n^{-1}*p^{n-t}\right)-s^{est}-\left[s^{est}+\left(1-s^{est}\right)*\left(s^{qst}+0{,}05*s^{Inland}\right)\right]*\left[\sum_{t=1}^{n}\left(n^{-1}*p^{n-t}\right)-1\right]\right] \\ -\left(1-s^{est}\right)*s^{Inland} \end{array}\right\}$$

$$mit\quad EBITDA^{Inland}=const.$$
$$EBITDA^{Ausland}=const.$$
$$q=1+i*\left(1-s^{est}\right)\qquad p=1+i*\left(1-s^{Ausland}\right)\qquad AfA_t=\frac{VP}{n}$$

Die kritische Funktionslebensdauer kann sodann wiederum mit Hilfe einer softwaregesteuerten Iteration und Einsetzen der maßgeblichen Formel für den Funktionsverrechnungspreis berechnet werden. Nur wenn der Steuerpflichtige eine Funktionslebensdauer prognostiziert, die die kritische Funktionslebensdauer übersteigt, wird eine Funktionsverlagerung stattfinden.

Beispiel bei isolierter Betrachtung der Unternehmensebene:

$EBITDA^{Inland}$=	1.000,00	s^{Inland}=	0,3	i=	0,1
$EBITDA^{Ausland}$=	1.150,00	s^{est}=	0,25	i^{V}_{s}=	0,08
VP=	8.112,50	$s^{Ausland}$=	0,22	i^{K}_{s}=	0,12
		s^{qst}=	0,05		
Indifferenzlebensdauer:		$n^{kritisch}$=	**9,33**		
Kontrolle:	$EW^{keineFV}$=		3.434,16		
	EW^{FV}=		3.434,16		

Abbildung 55: Kritische Funktionslebensdauer bei Kombination III

4.5.7 Ergebnis

Bei Ermittlung des Verrechnungspreises auf Basis eines unbegrenzten Kapitalisierungszeitraums wird dem Steuerpflichtigen unterstellt, dass die verlagerte Funktion eine ewige Rente generiert. Tatsächlich wird die Funktionslebensdauer jedoch zeitlich begrenzt sein. Aus diesem Grund sollte der Steuerpflichtige im Vorfeld einer Funktionsverlagerung auf Basis von Planungsrechnungen die kritische Funktionslebensdauer ermitteln. Diese gibt an, wie lange die Funktion mindestens bestehen muss, damit die Funktionsverlagerung im Vergleich zur weiteren Inlandsausübung für den Steuerpflichtigen vorteilhaft ist. Eine Funktionsverlagerung ist aus investitionstheoretischer Sicht sinnvoll, wenn die prognostizierte Funktionslebensdauer die kritische Funktionslebensdauer übersteigt.

4.6 Korrektur des Verrechnungspreises beim hypothetischen Fremdvergleich

Hat der Steuerpflichtige beim hypothetischen Fremdvergleich der Einkünfteermittlung einen unzutreffenden Einigungsbereich zugrunde gelegt, ist der Verrechnungspreis nach § 1 Abs. 3 Satz 8 AStG grundsätzlich zu berichtigen.[493] Der Finanzverwaltung wird

[493] Vgl. Gesetzentwurf BT-Drucksache 16/4841, S. 86.

jedoch insoweit ein Ermessensspielraum eingeräumt, als auf eine Berichtigung des Verrechnungspreises verzichtet werden kann, wenn der vom Steuerpflichtigen zugrunde gelegte Wert innerhalb des zutreffenden Einigungsbereichs liegt. Dieses Ermessen hat die Finanzverwaltung entsprechend dem Zweck der Ermächtigung auszuüben und dabei die gesetzlichen Grenzen des Ermessens einzuhalten.[494] Zu beachten sind nicht nur die gesetzlich vorgeschriebenen Voraussetzungen, sondern auch die Grundsätze der Gleichmäßigkeit der Besteuerung, der Verhältnismäßigkeit der Mittel, der Erforderlichkeit, der Zumutbarkeit, der Billigkeit und von Treu und Glauben sowie das Willkürverbot und das Übermaßverbot.[495] Entsprechend der Gesetzesbegründung soll die Finanzverwaltung bei der Ermessensausübung berücksichtigen, ob die Abweichung vom eigentlich anzusetzenden Wert erheblich ist, ob durch die Berichtigung ein Verständigungs- oder Schiedsverfahren ausgelöst wird und wie die Aussichten eines solchen Verfahrens einzuschätzen sind.[496]

Der Einigungsbereich ist als unzutreffend zu beurteilen, wenn zumindest eine der Preisgrenzen, d. h. der Grenzpreis des (hypothetischen) Verkäufers als Untergrenze oder der Grenzpreis des (hypothetischen) Käufers als Obergrenze, auf der Grundlage der vorhandenen Informationen im Zeitpunkt der Funktionsverlagerung vom Steuerpflichtigen falsch ermittelt wurde.[497] Determinanten der Grenzpreise des (hypothetischen) Verkäufers und Käufers sind die Gewinnpotenziale (Zähler des Grenzpreiskalküls) und die Kapitalisierungszinssätze (Nenner des Grenzpreiskalküls).[498] Insofern ist der Einigungsbereich unzutreffend, wenn der Steuerpflichtige den Grenzpreisen entweder unzutreffende Gewinnpotenziale oder Kapitalisierungszinssätze zugrunde gelegt hat.

Abzugrenzen ist die Korrekturvorschrift des § 1 Abs. 3 Satz 8 AStG von der Preisanpassungsklausel nach § 1 Abs. 3 Satz 11 f. AStG. Während Gegenstand der Preisanpassungsklausel Fälle sind, in denen sich die Besteuerungsgrundlagen ex post verändert haben, erfolgt eine Einkünftekorrektur nach § 1 Abs. 3 Satz 8 AStG, wenn ex ante unzutreffende Besteuerungsgrundlagen bei der Ermittlung des Verrechnungspreises zu-

494 Vgl. § 5 AO.
495 Vgl. AEAO zu § 5 Tz. 1.
496 Vgl. Gesetzentwurf BT-Drucksache 16/4841, S. 86.
497 Vgl. Baumhoff, H. / Ditz, X. / Greinert, M. (2007a), S. 1466.
498 Siehe Tz. 4.3.6; 4.3.7.

grunde gelegt wurden. Mit anderen Worten erfasst die Preisanpassungsklausel in der Regel Abweichungen zwischen Plan- und Istwerten und die Einkünftekorrektur nach § 1 Abs. 3 Satz 8 AStG eine unzutreffende Auswertung der im Bewertungszeitpunkt vorhandenen Informationen.

Die Einkünftekorrekturvorschrift des § 1 Abs. 3 Satz 8 AStG führt zu dem kuriosen Ergebnis, dass der von vornherein richtig rechnende Steuerpflichtige schlechter gestellt wird als derjenige, der den Einigungsbereich von vornherein unzutreffend ermittelt.[499] Legt ein Steuerpflichtiger beispielsweise unzutreffenderweise eine Untergrenze von TEUR 50 und eine Obergrenze von TEUR 100 dem hypothetischen Fremdvergleich zugrunde, ergibt sich bei Anwendung der Mittelwertvermutung ein Verrechnungspreis in Höhe von TEUR 75. Die zutreffenden Preisgrenzen des Einigungsbereichs sollen TEUR 70 und TEUR 150 betragen. Insofern kann bei entsprechender Ermessensausübung durch die Finanzverwaltung auf eine Berichtigung des Verrechnungspreises verzichtet werden. Hätte der Steuerpflichtige den Einigungsbereich hingegen von vornherein zutreffend ermittelt, wäre bei Anwendung der Mittelwertvermutung ein Verrechnungspreis in Höhe von TEUR 110 der Besteuerung zugrunde gelegt worden. Die Einkünftekorrekturvorschrift des § 1 Abs. 3 Satz 8 AStG schafft somit Anreize, dem hypothetischen Fremdvergleich von vornherein unzutreffende Einigungsbereiche zugrunde zu legen.

4.7 Escape-Klausel beim hypothetischen Fremdvergleich

4.7.1 Keine Verlagerung wesentlicher immaterieller Wirtschaftsgüter und Vorteile

Abweichend von der Gesamtbewertung der verlagerten Funktion per Transferpaket beim hypothetischen Fremdvergleich eröffnet die Escape-Klausel in zwei Fällen die Möglichkeit der Einzelbewertung "aller übergegangenen oder überlassenen Wirtschaftsgüter und Vorteile"[500]. Dabei ist zu differenzieren, ob mit der Funktion wesentliche immaterielle Wirtschaftsgüter und Vorteile verlagert werden oder nicht.[501]

---

[499] Vgl. Frischmuth, M. (2007b), S. 464.
[500] Gesetzentwurf BT-Drucksache 16/4841, S. 86.
[501] Vgl. § 1 Abs. 3 Satz 10 AStG.

Wenn der Steuerpflichtige glaubhaft macht, dass keine wesentlichen immateriellen Wirtschaftsgüter und Vorteile mit der Funktion übergegangen sind oder zur Nutzung überlassen wurden, sind nach § 1 Abs. 3 Satz 10 1. Alt. AStG anstelle des Verrechnungspreises per Transferpaket die einzelnen Verrechnungspreise für alle betroffenen Wirtschaftsgüter und Dienstleistungen nach Vornahme sachgerechter Anpassungen anzuerkennen. Die Einzelbewertung schließt es – im Gegensatz zur Gesamtbewertung – aus, dass Gewinnpotenzial versteuert wird.[502] Der Gesetzgeber verzichtet letztlich auf die Besteuerung einer "Art (Teil-)Geschäftswert"[503].

Immaterielle Wirtschaftsgüter und Vorteile sind in Fällen der Funktionsverlagerung wesentlich, wenn sie für die verlagerte Funktion erforderlich sind und ihr Fremdvergleichspreis insgesamt mehr als 25 % der Summe der Einzelpreise aller Wirtschaftsgüter und Vorteile beträgt und dies unter Berücksichtigung der Auswirkungen der Funktionsverlagerung glaubhaft ist.[504] Die Wesentlichkeit immaterieller Wirtschaftsgüter und Vorteile beurteilt sich somit neben dem qualitativen Maßstab der Erforderlichkeit für die jeweilige Funktion auch nach einem quantitativen Maßstab in Form einer Bagatellgrenze von 25 %.[505] Im ersten Entwurf der FVerlV war die Bagatellgrenze noch mit 5 % vorgesehen und hat sich auf den Gesamtwert des übergehenden Transferpakets bezogen.

Der qualitative Wesentlichkeitsmaßstab der Erforderlichkeit der immateriellen Wirtschaftsgüter und Vorteile für die verlagerte Funktion wird regelmäßig erfüllt sein. Bezugsbasis des quantitativen Wesentlichkeitsmaßstabs war nach dem ersten Entwurf der FVerlV der Gesamtwert des übergehenden Transferpakets. Insofern hätte die Bestimmung der quantitativen Wesentlichkeit aufwendige Nebenrechnungen erfordert, denn für die Glaubhaftmachung durch den Steuerpflichtigen wäre zwangsläufig eine ertragswertorientierte Bestimmung des Gesamtpreises für das Transferpaket notwendig gewesen.[506] Für diesen Fall hätte die Escape-Klausel keine wirkliche Erleichterung für den Steuerpflichtigen dargestellt.[507] Besonders in den hier betroffenen Fällen "geringerer

[502] Vgl. Jahndorf, C. (2008), S. 107.
[503] Jenzen, H. (2007), S. 3127.
[504] Vgl. § 1 Abs. 5 FVerlV; Kroppen, H. / Rasch, S. (2008), S. 551.
[505] Vgl. Begründung zur FVerlV, BR-Drucksache 352/08, S. 12.
[506] Vgl. Frischmuth, M. (2007a), S. 390.
[507] Vgl. Frischmuth, M. (2007a), S. 390.

Bedeutung"[508] hätte die Escape-Klausel aufgrund der hohen Anforderungen an die Glaubhaftmachung ihren Charme verloren.[509] Aus diesem Grund hat die Finanzverwaltung in der vom Bundesrat verabschiedeten Fassung der FVerlV die Bagatellgrenze auf 25 % angehoben und stellt nun auf die Summe der Einzelpreise aller Wirtschaftsgüter und Vorteile des Transferpakets als Bezugsgröße der quantitativen Wesentlichkeit ab. Eine Gesamtbewertung per Transferpaket ist somit nicht mehr erforderlich.

4.7.2 Verlagerung wesentlicher immaterieller Wirtschaftsgüter und Vorteile

Beim verlagerungsbedingten Übergang wesentlicher immaterieller Wirtschaftsgüter und Vorteile können anstelle des Gesamtwerts für das Transferpaket die Einzelwerte der Besteuerung zugrunde gelegt werden, wenn der Steuerpflichtige glaubhaft macht, dass "nach Vornahme sachgerechter Anpassungen die Differenz zum rechnerischen Entgelt für das Transferpaket als Ganzes nach dem Fremdvergleichsgrundsatz begründet ist"[510].[511] Dies bedeutet, dass in jedem Fall eine Gesamtbewertung per Transferpaket vorgenommen werden muss.[512] Die Escape-Klausel ist demnach keine vereinfachende Regelung, die die Gesamtbewertung des Transferpakets mit der doppelten Ertragswertberechnung vermeidet, sondern eine Regelung, die es in bestimmten Fällen ermöglicht, den Ansatz eines zusätzlichen Gewinnpotenzials aufgrund der Transferpaketbetrachtung zu vermeiden.[513]

Die Anwendung der Ausnahmeregelung ist nach der FVerlV von zwei Voraussetzungen abhängig.[514] Erstens muss die Summe der Einzelverrechnungspreise innerhalb des Einigungsbereichs liegen, der der Gesamtbewertung des Transferpakets zugrunde gelegt wurde. Dies ist nicht konsequent, da die Summe der Einzelverrechnungspreise nicht immer die Untergrenze für den maßgeblichen Einigungsbereich respektive für den Grenzpreis des (hypothetischen) Verkäufers determiniert.[515] Insofern muss die Summe

508 Gesetzentwurf BT-Drucksache 16/4841, S. 86.
509 Vgl. Wassermeyer, F. (2007a), S. 539.
510 Gesetzentwurf BT-Drucksache 16/4841, S. 86.
511 Vgl. § 1 Abs. 3 Satz 10 2. Alt. AStG.
512 Vgl. § 2 Abs. 3 Satz 1 FVerlV; Gesetzentwurf BT-Drucksache 16/4841, S. 86.
513 Vgl. Frischmuth, M. (2007a), S. 390.
514 Vgl. § 2 Abs. 3 Satz 2 FVerlV.
515 Siehe Tz. 4.3.8. Vgl. Kroppen, H. / Rasch, S. / Eigelshoven, A. (2007), S. 319.

der Einzelverrechnungspreise keinesfalls innerhalb des maßgeblichen Einigungsbereichs liegen.

Zweitens obliegt es dem Steuerpflichtigen, glaubhaft zu machen, dass die Summe der Einzelverrechnungspreise für die Wirtschaftsgüter und Vorteile dem Fremdvergleichsgrundsatz entspricht. "Voraussetzung für die Glaubhaftmachung ist vor allem, dass der Steuerpflichtige die Differenz zwischen der Gesamtsumme der Einzelverrechnungspreise und dem Verrechnungspreis für das Transferpaket als Ganzes aufklärt, d. h. dass die Differenz nach dem Fremdvergleichsgrundsatz begründet ist."[516] Der Gesetzgeber will mit der Escape-Klausel eine Möglichkeit eröffnen, die es aber nach dem Gesetzesaufbau nicht geben kann.[517] Die Escape-Klausel läuft ins Leere.[518] "Im Ergebnis erweckt das Gesetz nur den Anschein, als ob eine Alternative zur Bewertung des Transferpakets bestünde."[519]

4.7.3 Ergebnis

Die Escape-Klausel eröffnet dem Steuerpflichtigen die Möglichkeit, sich der Gesamtbewertung per Transferpaket zu entziehen und eine Einzelbewertung der verlagerten Wirtschaftsgüter und Vorteile vorzunehmen. Da dem Fiskus bei der Einzelbewertung im Vergleich zur Gesamtbewertung eine geringere Bemessungsgrundlage zusteht, sind die Voraussetzungen der Escape-Klausel restriktiv. Es wird sich zeigen müssen, welchen Mehrwert die Escape-Klausel dem Steuerpflichtigen in der Praxis tatsächlich bieten wird.

4.8 Preisanpassungsklausel beim hypothetischen Fremdvergleich

4.8.1 Widerlegbare Vermutung der Vereinbarung einer Anpassungsklausel

Nach Auffassung des Gesetzgebers ist der Verrechnungspreis, der auf Basis des hypothetischen Fremdvergleichs ermittelt wurde, "mangels vergleichbarer Fremddaten mit

[516] Begründung zur FVerlV, BR-Drucksache 352/08, S. 17.
[517] Vgl. Kroppen, H. / Rasch, S. / Eigelshoven, A. (2007), S. 318.
[518] Vgl. Bundessteuerberaterkammer (2007a), S. 6.
[519] Wulf, M. (2007), S. 2284. Vgl. Jahndorf, C. (2008), S. 108; Ditz, X. (2008), S. 105-110.

erheblichen Unsicherheiten belastet"[520]. Diese Unsicherheiten könnten "erhebliche Auswirkungen auf die Verteilung des Besteuerungssubstrats der betroffenen Staaten"[521] haben und würden daher die Preisanpassungsklausel gemäß § 1 Abs. 3 Satz 11 f. AStG rechtfertigen. Somit soll die Preisanpassungsklausel "die Bemessungsgrundlage gegen systematische Unterbewertungen"[522] und "den Fiskus im Outbound-Fall vor Unterbezahlung schützen"[523].[524]

Gemäß § 1 Abs. 3 Satz 11 AStG wird widerlegbar vermutet, dass zum Zeitpunkt des Geschäftsabschlusses Unsicherheiten im Hinblick auf die Preisvereinbarung bestanden haben und unabhängige Dritte eine sachgerechte Anpassungsregelung vereinbart hätten, wenn wesentliche immaterielle Wirtschaftsgüter und Vorteile Gegenstand einer Geschäftsbeziehung sind und die tatsächliche spätere Gewinnentwicklung erheblich von der Gewinnentwicklung abweicht, die der Ermittlung des Verrechnungspreises zugrunde gelegt wurde.

"Ist aber zwischen den beiden Vertragsparteien – also den nahestehenden Personen – tatsächlich eine fremdübliche Preisanpassungsklausel vereinbart, verbleibt kein Raum für die gesetzliche Fiktion."[525] Insofern greift die gesetzlich standardisierte Preisanpassungsklausel nur in den Fällen, in denen eine individuelle Anpassungsklausel nicht vereinbart wurde.[526] "Betroffen von einer solchen Anpassung durch die Betriebsprüfung sind deshalb nur Fälle der Veräußerung zu einem Fixbetrag."[527] Die deutsche Finanzverwaltung nimmt die widerlegbare Vermutung zum Anlass, die Steuerpflichtigen zu ermutigen, von sich aus fremdübliche Anpassungsklauseln zu vereinbaren.[528] "Die proaktive Vereinbarung tatsächlicher Preisanpassungsklauseln kann der gesetzlichen Unterstellung 'sachgerechter' Preisanpassungsklauseln entgegenwirken."[529] Wie derartige

520 Gesetzentwurf BT-Drucksache 16/4841, S. 86.
521 Gesetzentwurf BT-Drucksache 16/4841, S. 87.
522 Kahle, H. (2007b), S. 655.
523 Kahle, H. (2007b), S. 656.
524 Vgl. Endres, D. / Spengel, C. / Reister, T. (2007), S. 487; Scholz, M. (2007), S. 524 f.
525 Jenzen, H. (2007), S. 3128. Vgl. Begründung zur FVerlV, BR-Drucksache 352/08, S. 25.
526 Vgl. Baumhoff, H. / Ditz, X. / Greinert, M. (2007b), S. 1655; Jahndorf, C. (2008), S. 108.
527 Naumann, M. (2007), S. 204.
528 Vgl. Naumann, M. (2007), S. 204; Gesetzentwurf BT-Drucksache 16/4841, S. 87; Wulf, M. (2007), S. 2284.
529 Kahle, H. (2007b), S. 656. Vgl. Endres, D. / Spengel, C. / Reister, T. (2007), S. 487; Bernhardt, L. / Ham, S. / Kluge, S. (2008a), S. 10.

Anpassungsklauseln ausgestaltet werden müssen, um von der Finanzverwaltung anerkannt zu werden, lässt die FVerlV jedoch offen.[530] Klargestellt wird nur, dass auch eine gewinn- bzw. umsatzabhängige Lizenz oder eine Kombination von beiden als entsprechende Anpassungsklausel angesehen wird und die Anpassungsklausel dem Fremdvergleichsgrundsatz entsprechen muss.[531] Maßgebliche Determinanten der Anerkennung sind vermutlich der Toleranzbereich, d. h. der Bereich, in dem gerade noch keine Preisanpassung erfolgt, der Berechnungsmodus des Anpassungsbetrags sowie die Laufzeit der Anpassungsklausel.

Daneben findet die gesetzliche Anpassungsklausel keine Anwendung, wenn der Steuerpflichtige die gesetzliche Vermutung einer Preisanpassungsklausel widerlegen kann. Hierzu muss er nachweisen, dass entweder zum Zeitpunkt der Funktionsverlagerung keine Bewertungsunsicherheiten bestanden haben oder unabhängige Dritte keine Anpassungsklausel vereinbart hätten.[532]

Bewertungsunsicherheiten sind einer ertragswertorientierten Bewertung wie beim hypothetischen Fremdvergleich jedoch immanent. Denn Grundlage der Wertfindung sind die prognostizierten zukunftsbezogenen Funktionsgewinne und diese sind zum Bewertungsstichtag gerade nicht mit Sicherheit bekannt, sondern müssen auf der Grundlage umfangreicher Unternehmensanalysen geschätzt werden.[533] Die Vergangenheitswerte bieten für diese Schätzung typischerweise eine wichtige Orientierungshilfe.[534] Insofern ist dem Steuerpflichtigen der Nachweis, dass keine Bewertungsunsicherheiten bestanden haben, nicht möglich.[535] Die Nachweismöglichkeit läuft aufgrund der Ungewissheit der Zukunft ins Leere.

Auch der Nachweis, dass voneinander unabhängige Dritte in der gleichen Situation wie die beteiligten nahe stehenden Unternehmen keine Preisanpassungsklausel vereinbart

---

530 Vgl. Baumhoff, H. / Ditz, X. / Greinert, M. (2007b), S. 1655.
531 Vgl. § 9 FVerlV; Begründung zur FVerlV, BR-Drucksache 352/08, S. 25.
532 Vgl. Jenzen, H. (2007), S. 3128.
533 Vgl. IDW-Prüfungsstandard S1, Rz. 88; Kruschwitz, L. (2007), S. 184. Ausführlich siehe Tz. 4.3.3.3.
534 Vgl. OFD Düsseldorf (2005), Tz. B.1.2; OFD Rheinland (2007), Tz. B.1.2; IDW-Prüfungsstandard S1, Rz. 72 ff. Ausführlich siehe Tz. 4.3.3.3.
535 Vgl. Wulf, M. (2007), S. 2284.

hätten, obliegt dem Steuerpflichtigen.[536] Zwar ist empirisch belegbar, dass Preisanpassungsklauseln zwischen unabhängigen Dritten nur in Ausnahmefällen vereinbart werden.[537] Ob diese empirischen Daten gegenüber der Finanzverwaltung allerdings als überzeugende Argumentationshilfe für den betrachteten Einzelfall dienen können, ist zumindest zweifelhaft. Die Finanzverwaltung wird sich regelmäßig auf den Standpunkt stellen, dass die betrachtete Funktionsverlagerung einen Einzelfall darstellt, der gerade nicht mit dem empirisch belegbaren Regelfall vergleichbar ist. Dabei könnte der Umstand, dass eine gesetzliche Preisanpassung nur dann vorgesehen ist, wenn ex post eine erhebliche Abweichung bezüglich der Funktionsgewinne eintritt, von der Finanzverwaltung als Indiz für einen vom Regelfall abweichenden Einzelfall aufgegriffen werden.

Insofern wird es dem Steuerpflichtigen praktisch nicht bzw. nur mit erheblichen Schwierigkeiten gelingen, die gesetzliche Vermutung der Vereinbarung einer Preisanpassungsklausel zu widerlegen.[538] Der Steuerpflichtige wird letztlich vor der Entscheidung stehen, entweder die gesetzliche Anpassungsklausel gemäß § 1 Abs. 3 Satz 11 f. AStG zu akzeptieren oder proaktiv eine individuelle Anpassungsklausel zu vereinbaren. Für den Fall, dass die individuelle Anpassungsklausel von der Finanzverwaltung nicht als sachgerecht anerkannt wird, kommt subsidiär die gesetzliche Anpassungsklausel zur Anwendung.

4.8.2 Voraussetzungen der gesetzlichen Preisanpassung

Voraussetzung für die Anwendung der gesetzlichen Anpassungsklausel ist nach § 1 Abs. 3 Satz 11 f. AStG, dass wesentliche immaterielle Wirtschaftsgüter und Vorteile Gegenstand der Funktionsverlagerung sind und die tatsächliche spätere Gewinnentwicklung innerhalb des zehnjährigen Anpassungszeitraums erheblich von der Gewinnentwicklung abweicht, die der Verrechnungspreisbestimmung zugrunde gelegt wurde.

536 Vgl. Gesetzentwurf BT-Drucksache 16/4841, S. 87.

537 Vgl. Waldens, S. (2007), S. 213; Bundessteuerberaterkammer (2007a), S. 7; Baumhoff, H. (2007), S. 134; Baumhoff, H. / Ditz, X. / Greinert, M. (2007b), S. 1654; Jenzen, H. (2007), S. 3128; Kahle, H. (2007b), S. 656; Frotscher, G. (2008), S. 54 f.

538 Vgl. Frotscher, G. (2008), S. 54.

Hinsichtlich der Beurteilung der Wesentlichkeit der immateriellen Wirtschaftsgüter und Vorteile kann auf die Aussagen zur Escape-Klausel verwiesen werden.[539] Danach sind in Fällen der Funktionsverlagerung immaterielle Wirtschaftsgüter und Vorteile wesentlich, wenn sie für die verlagerte Funktion erforderlich sind und ihr Fremdvergleichspreis insgesamt mehr als 25 % der Summe der Einzelpreise aller Wirtschaftsgüter und Vorteile des Transferpakets beträgt und dies unter Berücksichtigung der Auswirkungen der Funktionsverlagerung glaubhaft ist.[540]

Der Tatbestand der erheblichen Abweichung ist im Gesetz nicht weiter definiert. Die Präzisierung erfolgt durch die Finanzverwaltung im Rahmen der FVerlV. Danach liegt eine erhebliche Abweichung vor, wenn der unter Zugrundelegung der tatsächlichen Gewinnentwicklung zutreffende Verrechnungspreis außerhalb des ursprünglichen Einigungsbereichs liegt. Der neue Einigungsbereich wird durch den ursprünglichen Mindestpreis, d. h. den Grenzpreis des (hypothetischen) Verkäufers, und den neu ermittelten Höchstpreis des übernehmenden Unternehmens, d. h. den Grenzpreis des (hypothetischen) Käufers, determiniert.[541] Dabei "wird unverändert vom ursprünglichen Mindestpreis des verlagernden Unternehmens ausgegangen, denn bei diesem kann nach der Funktionsverlagerung insoweit keine Veränderung eingetreten sein."[542] Mit anderen Worten gibt es beim Mindestpreis des verlagernden Unternehmens, der auf der Grundlage der Funktionsgewinne bei weiterer Inlandsausübung ermittelt wird, nach der Funktionsverlagerung keine tatsächliche Gewinnentwicklung als Referenz für eine erhebliche Abweichung.

Nach Auffassung der Finanzverwaltung soll die Definition der erheblichen Abweichung dazu führen, dass nachträgliche Preisanpassungen nur in Ausnahmefällen durchzuführen sind.[543] Ziel sei es, "so weit wie möglich Planbarkeit und Vorhersehbarkeit für Unternehmen und Finanzbehörden sicher zu stellen"[544]. Ungeachtet dessen wird die Definition der erheblichen Abweichung entgegen der Absicht der Finanzverwaltung bei den Steuerpflichtigen Anreize zu strategischem Verhalten und zur Steueroptimierung

539 Siehe Tz. 4.7.
540 Vgl. § 1 Abs. 5 FVerlV.
541 Vgl. § 10 Satz 2 FVerlV.
542 Begründung zur FVerlV, BR-Drucksache 352/08, S. 25.
543 Vgl. Begründung zur FVerlV, BR-Drucksache 352/08, S. 25.
544 Begründung zur FVerlV, BR-Drucksache 352/08, S. 25.

hervorrufen.[545] Durch gezielten Einsatz bestehender Instrumentarien könnten die Steuerpflichtigen den ursprünglichen Einigungsbereich vergrößern und somit das Risiko einer nachträglichen Preisanpassung zu Ihren Lasten reduzieren. Dabei müsste sich nicht einmal der Verrechnungspreis für die Funktion verändern, so dass eine höhere Steuerbelastung im Zeitpunkt der Funktionsverlagerung vermieden werden könnte. Als Instrument stünde dem Steuerpflichtigen z. B. der Risikozuschlag bei der Ermittlung der funktions- und risikoadäquaten Kapitalisierungszinssätze zur Verfügung, da sich bei der Bestimmung eines angemessenen Risikozuschlags ein Ermessensspielraum nicht vermeiden lässt.[546] Ergibt die Prognose bezüglich des nachhaltig erzielbaren Funktionsgewinns bei weiterer Inlandsausübung beispielsweise einen Wert in Höhe von TEUR 100 und bei Auslandsausübung in Höhe von TEUR 180 könnte sich für den Steuerpflichtigen unter Zugrundelegung eines unbegrenzten Kapitalisierungszeitraums folgender Gestaltungsspielraum eröffnen: Bei Kapitalisierung mit einem Zinssatz von 10,00 % beim Grenzpreis des (hypothetischen) Verkäufers und 15,00 % beim Grenzpreis des (hypothetischen) Käufers ergeben sich Grenzpreise von TEUR 1.000 bzw. TEUR 1.200. Der Verrechnungspreis bei Mittelwertvermutung beträgt folglich TEUR 1.100. Gelingt es dem Steuerpflichtigen hingegen, Kapitalisierungszinssätze in Höhe von 15,00 % für den Grenzpreis des (hypothetischen) Verkäufers und 11,75 % für den Grenzpreis des (hypothetischen) Käufers zu begründen, ergeben sich Grenzpreise von TEUR 667 bzw. TEUR 1.532. Der Verrechnungspreis beträgt bei Mittelwertvermutung unverändert TEUR 1.100. Das Risiko einer nachträglichen Preisanpassung zu Lasten des Steuerpflichtigen ist aufgrund des vergrößerten Einigungsbereichs jedoch wesentlich geringer.

4.8.3 Durchführung der gesetzlichen Preisanpassung

Tritt innerhalb von 10 Jahren nach der Funktionsverlagerung eine erhebliche Abweichung hinsichtlich der Gewinnentwicklung ein, bestimmt § 1 Abs. 3 Satz 12 AStG, dass einmalig ein angemessener Anpassungsbetrag auf den ursprünglichen Verrechnungspreis der Besteuerung des Wirtschaftsjahres zugrunde zu legen ist, das dem Jahr folgt, in dem die Abweichung eingetreten ist. Eine Anpassung wird im Grundsatz nur zu Lasten des Steuerpflichtigen vorgenommen, denn § 1 AStG sieht nur Einkünfteerhöhungen

545 Vgl. Scholz, M. (2007), S. 525; Kahle, H. (2007b), S. 657.
546 Vgl. Wüstemann, J. (2007), S. 2228. Siehe Tz. 4.3.4.2.

zu Lasten des Steuerpflichtigen vor.[547] Allerdings ermöglicht die FVerlV offenbar die Möglichkeit einer Anpassung zu Gunsten des Steuerpflichtigen.[548] Die gesetzliche Preisanpassung per se enthält keine vorgegebene Korrekturrichtung, sondern kann sowohl einkünfteerhöhend als auch -mindernd sein.[549]

Dabei könnte die gesetzlich bestimmte Einmaligkeit der Preisanpassung innerhalb des zehnjährigen Anpassungszeitraums zu ungerechtfertigten Ergebnissen führen, wenn im Anpassungszeitraum die Funktionsgewinne mehrfach erheblich in beiden Richtungen von den Prognosewerten abweichen und sich letztendlich aufheben.[550] In diesen Fällen könnte die Finanzverwaltung eine einmalige Anpassung zu Ungunsten des Steuerpflichtigen durchführen. Einer anschließenden Anpassung zu Gunsten des Steuerpflichtigen würde dann die gesetzliche Grundlage fehlen. Insofern ist die gesetzliche Fixierung auf eine einmalige Anpassung innerhalb des Anpassungszeitraums als problematisch anzusehen.

Als angemessenen Anpassungsbetrag sieht die Finanzverwaltung die Differenz zwischen dem ursprünglichen und dem neu ermittelten Verrechnungspreis an.[551] Dabei ist der "'neue' Verrechnungspreis für die Funktionsverlagerung nach den allgemeinen Regeln zu ermitteln (neuer Einigungsbereich; Mittelwert, falls kein anderer Wert glaubhaft gemacht wird)"[552]. Die Simulation fiktiver Preisverhandlungen zwischen voneinander unabhängigen Dritten, die dem hypothetischen Fremdvergleich zugrunde liegt, wird somit im Bereich der Preisanpassung fortgeführt.[553]

547 Vgl. Frischmuth, M. (2007c), S. 486; Frischmuth, M. (2007b), S. 464; Jenzen, H. (2007), S. 3128; Flick, H. / Wassermeyer, F. / Baumhoff, H. (2007), § 1 AStG Rz. 252.

548 Vgl. § 10 Satz 3 FVerlV; Kahle, H. (2007b), S. 656; Günter, S. (2007), S. 1089; Bernhardt, L. / Ham, S. / Kluge, S. (2008b), S. 846.

549 Vgl. Frischmuth, M. (2007c), S. 487.

550 Vgl. Kahle, H. (2007b), S. 656.

551 Vgl. § 11 FVerlV.

552 Begründung zur FVerlV, BR-Drucksache 352/08, S. 26.

553 Vgl. Gesetzentwurf BT-Drucksache 16/4841, S. 85.

4.8.4 Sonderfall bei erheblicher Abweichung zu Gunsten des Steuerpflichtigen

Nach der FVerlV ist der Tatbestand der erheblichen Abweichung auch in den (Sonder-) Fällen gegeben, in denen der neu ermittelte Höchstpreis, d. h. der Grenzpreis des (hypothetischen) Käufers, niedriger ist als der ursprüngliche Mindestpreis, d. h. der Grenzpreis des (hypothetischen) Verkäufers.[554] Betroffen sind Funktionsverlagerungen, bei denen sich die tatsächlichen Funktionsgewinne im Ausland so ungünstig entwickeln, dass sich ex post kein Einigungsbereich mehr ergibt.[555] Der angemessene Anpassungsbetrag ermittelt sich hier als Differenz zwischen dem ursprünglichen Verrechnungspreis und dem Mittelwert zwischen dem neuen Höchstpreis des übernehmenden Unternehmens und dem ursprünglichen Mindestpreis des verlagernden Unternehmens.[556] Systematisch ist die Ermittlung des Anpassungsbetrags in diesen (Sonder-)Fällen somit mit den Regelfällen der erheblichen Abweichung zu Ungunsten des Steuerpflichtigen identisch. Entscheidender Unterschied ist jedoch, dass ex post kein Einigungsbereich besteht. Aus investitionstheoretischer Sicht wäre eine Transaktion unter diesen Umständen nicht zustande gekommen mit der Folge, dass die dem hypothetischen Fremdvergleich zugrunde liegende Simulation fiktiver Preisverhandlungen zwischen voneinander unabhängigen Dritten nicht anwendbar wäre.[557] Die nachträgliche Preisanpassung in Fällen der erheblichen Abweichung zu Gunsten des Steuerpflichtigen, wonach eine Anpassung auch dann vorzunehmen ist, wenn (ex post) kein Einigungsbereich besteht, führt die Investitionstheorie, die Vorbild des hypothetischen Fremdvergleichs ist, ad absurdum.

4.8.5 Empirische Beurteilung der widerlegbaren Vermutung

Die Annahme des Gesetzgebers, dass fremde Dritte bei Funktionsverlagerungen oder (Teil-)Unternehmensverkäufen Preisanpassungsklauseln vereinbart hätten, ist unrealistisch.[558] Aus diesem Grund stellt sich die Frage, welche Erkenntnisse dieser widerlegbaren Vermutung zugrunde liegen. Zwar finden sich in der Unternehmenspraxis durch-

---

554 Vgl. § 10 Satz 3 FVerlV.
555 Vgl. Begründung zur FVerlV, BR-Drucksache 352/08, S. 26.
556 Vgl. § 11 FVerlV.
557 Vgl. Gesetzentwurf BT-Drucksache 16/4841, S. 85.
558 Vgl. Baumhoff, H. (2007), S. 140; Jahndorf, C. (2008), S. 108.

aus Anpassungsklauseln. Diese stellen allerdings nicht den Regel-, sondern den Ausnahmefall dar.[559] Allgemeine Markterfahrungssätze, wonach fremde Dritte stets Anpassungsklauseln vereinbaren, gibt es nicht.[560] "Vielmehr wird sogar wegen der erheblichen Schwierigkeiten bei der Handhabung und Ausgestaltung späterer Kaufpreiskorrekturen von derartigen Anpassungsklauseln abgeraten."[561] "Bei vergleichbaren Veräußerungsvorgängen zwischen fremden Dritten werden eben keine rückwirkenden Anpassungen vereinbart."[562] Der Gesetzgeber hat hier, weil ein solches Verhalten am Markt nicht anzutreffen ist, seine Vorstellungen von einem Drittverhalten gesetzlich normiert.[563]

Selbst im Vergleich zu den Fällen, in denen ausnahmsweise rückwirkende Preisanpassungsklauseln vereinbart werden, sind die Modalitäten der gesetzlichen Preisanpassungsklausel als unüblich zu beurteilen. Dies gilt insbesondere für den zehnjährigen Anpassungszeitraum, da in der Praxis Anpassungen – wenn überhaupt – in der Regel nur kurzfristig vereinbart werden.[564] Beobachtbar sind Laufzeiten zwischen einem und drei Jahren.[565] Die Kürze der Laufzeit der Preisanpassungsklauseln ist nicht verwunderlich, wenn man bedenkt, dass das Ziel vieler Übertragungen die Integration in einen neuen Wertschöpfungsprozess ist. Dies erschwert die Messung der relevanten Finanzkennzahlen bzw. deren Vergleichbarkeit mit früheren Daten.[566]

Im Ergebnis kann die Fiktion des Gesetzgebers mit empirischen Daten nicht befriedigend belegt werden. Vielmehr dient die gesetzgeberische Fiktion ausschließlich fiskalischen Interessen, indem die Verlagerung von Steuersubstrat ins Ausland erschwert wird. Dies stellt als solches kein neues Anliegen dar, bedarf jedoch nach Ansicht der

559 Vgl. Bundessteuerberaterkammer (2007a), S. 7; Waldens, S. (2007), S. 213; Baumhoff, H. / Ditz, X. / Greinert, M. (2007b), S. 1654; Jenzen, H. (2007), S. 3128; Kahle, H. (2007b), S. 656; Frotscher, G. (2008), S. 54; Wassermeyer, F. (2008), S. 68.

560 Vgl. Bundessteuerberaterkammer (2007a), S. 7; Kroppen, H. / Rasch, S. / Eigelshoven, A. (2007), S. 319.

561 Baumhoff, H. / Ditz, X. / Greinert, M. (2007b), S. 1654. Vgl. Kahle, H. (2007b), S. 655.

562 Baumhoff, H. (2007), S. 140. Vgl. Kahle, H. (2007b), S. 655.

563 Vgl. Frotscher, G. (2008), S. 54.

564 Vgl. Kahle, H. (2007b), S. 655; Wassermeyer, F. (2008), S. 68.

565 Vgl. Kroppen, H. / Rasch, S. / Eigelshoven, A. (2007), S. 319; Scholz, M. (2007), S. 524; Looks, C. / Scholz, C. (2007), S. 2543; Kroppen, H. / Rasch, S. (2008), S. 561.

566 Vgl. Scholz, M. (2007), S. 524.

Finanzverwaltung klarerer Regeln, um das vermutete Vollzugsdefizit zu beheben.[567] Die "Anpassungsmöglichkeit unterläuft die Bestandskraft von für die Vergangenheit erlassenen Steuerbescheiden [...], indem sie den maßgeblichen Besteuerungssachverhalt per Fiktion in die Gegenwart verlagert"[568].[569] Leitmotiv der Preisanpassungsklausel ist der Schutz des Fiskus vor Unterbezahlung.[570]

4.8.6 Gesetzliche Preisanpassung aus investitionstheoretischer Sicht

Grundlage einer investitionstheoretischen Grenzpreisbestimmung sind die voraussichtlich künftig erzielbaren (Netto-)Cash-Flows respektive beim hypothetischen Fremdvergleich die Gewinnpotenziale.[571] Die Prognose dieser Zukunftswerte stellt das "Kernproblem"[572] einer jeden Grenzpreisbestimmung dar.[573]

Aufgrund der Ungewissheit der Zukunft können und werden die tatsächlichen späteren Gewinne von den prognostizierten Gewinnerwartungen abweichen.[574] Planabweichungen sind einer ertragswertorientierten Bewertung, die auf der Diskontierung prognostizierter Zukunftswerte beruht, immanent. Dabei ist zu differenzieren, ob für die Planabweichung unangemessene, unplausible und nicht nachvollziehbare Planungsrechnungen ursächlich sind oder marktbedingte Umstände die Planabweichung verursacht haben.[575] "Es widerspricht dem Fremdvergleichsgrundsatz, derartige marktbedingte Gewinnabweichungen durch nachträgliche Preisanpassungen zu besteuern. Nur ein nicht angemessener Verrechnungspreis aufgrund einer unangemessenen, unplausiblen und nicht nachvollziehbaren Ertragswertberechnung dürfte Gegenstand des § 1 Abs. 3 Satz 11 AStG sein."[576] "Denn kann der Stpfl. belegen, dass er im Preisbildungszeitpunkt alle bekannten und absehbaren preisbestimmenden Faktoren objektiv und nachvollziehbar in

---

567 Vgl. Kahle, H. (2007b), S. 655 f.; Endres, D. / Spengel, C. / Reister, T. (2007), S. 487; Scholz, M. (2007), S. 524 f.; Frotscher, G. (2008), S. 57.

568 Wassermeyer, F. (2007a), S. 539.

569 Vgl. Schwenke, M. (2007), S. 34.

570 Vgl. Kahle, H. (2007b), S. 656.

571 Vgl. OFD Düsseldorf (2005), Tz. B.1.2; OFD Rheinland (2007), Tz. B.1.2. Zur Kritik siehe Tz. 4.3.3.1.

572 IDW-Prüfungsstandard S1, Rz. 68.

573 Siehe Tz. 4.3.3.3.

574 Vgl. Frischmuth, M. (2007b), S. 462.

575 Vgl. Frischmuth, M. (2007b), S. 462; Kahle, H. (2007b), S. 656; Richter, A. / Welling, B. (2008), S. 74.

576 Kahle, H. (2007b), S. 656.

die Preisbildung einbezogen hat, ist für eine nachträgliche Preisanpassung respektive Verrechnungspreiskorrektur kein Platz."[577] Eine derartige Unterscheidung sieht die gesetzliche Preisanpassung allerdings nicht vor. Vielmehr löst allein der Tatbestand der erheblichen Abweichung der tatsächlichen späteren Gewinne von der Gewinnentwicklung, die der Verrechnungspreisbestimmung zugrunde gelegt wurde, eine Preisanpassung aus. Damit kreiert die gesetzliche Preisanpassung gemäß § 1 Abs. 3 Satz 11 f. AStG ein neues Rechtsinstitut des deutschen Internationalen Steuerrechts, nämlich die nachträgliche Korrektur eines zunächst „richtigen", sich dann aber aus fiskalischer Sicht als „falsch" erweisenden Verrechnungspreises.[578] Erfasst werden Funktionsverlagerungen, bei denen die Grenzpreise im Bewertungszeitpunkt auch in einer ex-post-Betrachtung aus investitionstheoretischer Sicht zutreffend ermittelt wurden. Eine nachträgliche Korrektur ist in diesen Fällen nicht sachgerecht.

4.8.7 Ermittlung des angemessenen Anpassungsbetrags bei unbegrenztem Kapitalisierungszeitraum

4.8.7.1 Isolierte Betrachtung der Unternehmensebene

Nach der FVerlV ist der Anpassungsbetrag angemessen, wenn er dem Unterschiedsbetrag zwischen dem ursprünglichen Verrechnungspreis und dem neu ermittelten Verrechnungspreis entspricht.[579] Systematisch gilt dies auch in den (Sonder-)Fällen der erheblichen Abweichung zu Gunsten des Steuerpflichtigen.[580] Bei der Bestimmung des angemessenen Anpassungsbetrags bedarf es der Differenzierung zwischen isolierter Betrachtung der Unternehmensebene und Einbeziehung der Anteilseignerebene in die Ermittlung des Funktionsverrechnungspreises.

Bei Anwendung eines unbegrenzten Kapitalisierungszeitraums[581] und isolierter Betrachtung der Unternehmensebene erfolgt die Ermittlung des Anpassungsbetrags auf der Grundlage der Grenzpreise des (hypothetischen) Verkäufers und Käufers entsprechend

577 Frischmuth, M. (2007b), S. 463.
578 Vgl. Rödder, T. (2007b), S. 17; Looks, C. / Scholz, C. (2007), S. 2541.
579 Vgl. § 11 FVerlV.
580 Siehe Tz. 4.8.4.
581 Siehe Tz. 4.3.5.

den Formeln (82) und (84).[582] Nebenbedingung ist, dass der neu ermittelte Verrechnungspreis bei günstiger Entwicklung den ursprünglichen Höchstpreis, d. h. den Grenzpreis des (hypothetischen) Käufers, übersteigt respektive bei ungünstiger Entwicklung den ursprünglichen Mindestpreis, d. h. den Grenzpreis des (hypothetischen) Verkäufers, unterschreitet (erhebliche Abweichung).

Der Anpassungsbetrag ermittelt sich unter Anwendung der Mittelwertvermutung wie folgt:

$$(98)\quad AB = VP^{neu} - VP^{alt}$$

$$mit\quad VP^{neu} = 0{,}5 * \left(\frac{EBT_{neu}^{Ausland}}{i^K} + \frac{EBT^{Inland}}{i^V} \right)$$

$$VP^{alt} = 0{,}5 * \left(\frac{EBT_{alt}^{Ausland}}{i^K} + \frac{EBT^{Inland}}{i^V} \right)$$

$$VP^{neu} < \frac{EBT^{Inland}}{i^V} \quad oder \quad VP^{neu} > \frac{EBT_{alt}^{Ausland}}{i^K}$$

Eine Anpassung wird im Grundsatz nur zu Lasten des Steuerpflichtigen vorgenommen.[583] Allerdings ermöglicht die FVerlV offenbar auch eine Möglichkeit zur Anpassung zu Gunsten des Steuerpflichtigen.[584] Insofern sind sowohl positive als auch negative Anpassungsbeträge möglich. Nach Umstellen ergibt sich:

$$(99)\quad AB = 0{,}5 * \frac{EBT_{neu}^{Ausland} - EBT_{alt}^{Ausland}}{i^K}$$

4.8.7.2 Einbeziehung der Anteilseignerebene

Wird bei der Bestimmung des Verrechnungspreises neben der Unternehmensebene zusätzlich die Anteilseignerebene berücksichtigt, erfolgt die Ermittlung des Anpassungsbetrags abweichend von Formel (98) auf der Grundlage der Grenzpreise des (hypothetischen) Verkäufers und Käufers entsprechend den Formeln (82a) und (84a).[585]

[582] Siehe Tz. 4.3.6.1.
[583] Vgl. Frischmuth, M. (2007b), S. 464; Jenzen, H. (2007), S. 3128.
[584] Vgl. § 10 Satz 3 FVerlV. Vgl. Kahle, H. (2007b), S. 656; Günter, S. (2007), S. 1089.
[585] Siehe Tz. 4.3.6.2.

Unter Anwendung der Mittelwertvermutung gilt für den Anpassungsbetrag:

$$(98a)\quad AB = VP^{neu} - VP^{alt}$$

$$mit\quad VP^{neu} = 0{,}5 * \left(\frac{\left(1 - s^{Ausland}\right) * EBT_{neu}^{Ausland}}{i^K} + \frac{\left(1 - s^{Inland}\right) * EBT^{Inland}}{i^V} \right)$$

$$VP^{alt} = 0{,}5 * \left(\frac{\left(1 - s^{Ausland}\right) * EBT_{alt}^{Ausland}}{i^K} + \frac{\left(1 - s^{Inland}\right) * EBT^{Inland}}{i^V} \right)$$

$$VP^{neu} < \frac{\left(1 - s^{Inland}\right) * EBT^{Inland}}{i^V} \quad oder \quad VP^{neu} > \frac{\left(1 - s^{Ausland}\right) * EBT_{alt}^{Ausland}}{i^K}$$

Nach Umstellen ergibt sich folgender Anpassungsbetrag:

$$(99a)\quad AB = 0{,}5 * \left(1 - s^{Ausland}\right) * \frac{EBT_{neu}^{Ausland} - EBT_{alt}^{Ausland}}{i^K}$$

4.8.8 Ermittlung des angemessenen Anpassungsbetrags bei begrenztem Kapitalisierungszeitraum

4.8.8.1 Isolierte Betrachtung der Unternehmensebene

Gelingt es dem Steuerpflichtigen, Gründe für einen begrenzten Kapitalisierungszeitraum glaubhaft zu machen bzw. sind diese ersichtlich, ermittelt sich der Verrechnungspreis und somit auch der Anpassungsbetrag durch Diskontieren über die prognostizierte Funktionslebensdauer. Ebenso wie bei Zugrundelegen eines unbegrenzten Kapitalisierungszeitraums bedarf es der Differenzierung zwischen isolierter Betrachtung der Unternehmensebene und Einbeziehung der Anteilseignerebene in die Ermittlung des Funktionsverrechnungspreises.

Bei isolierter Betrachtung der Unternehmensebene kommen die Formeln (86) bzw. (88) für die Grenzpreise des (hypothetischen) Verkäufers respektive Käufers zur Anwendung.[586] Die Nebenbedingung bleibt unverändert bestehen.[587]

586 Siehe Tz. 4.3.7.1.

587 Siehe Tz. 4.8.7.1.

Bei Mittelwertvermutung ergibt sich folgender Anpassungsbetrag:

$$(100) \quad AB = VP^{neu} - VP^{alt}$$

$$mit \quad VP^{neu} = 0{,}5 * \left(\sum_{t=1}^{n} EBT_{t\,neu}^{Ausland} * w_K^{-t} + \sum_{t=1}^{n} EBT_t^{Inland} * w_V^{-t} \right)$$

$$VP^{alt} = 0{,}5 * \left(\sum_{t=1}^{n} EBT_{t\,alt}^{Ausland} * w_K^{-t} + \sum_{t=1}^{n} EBT_t^{Inland} * w_V^{-t} \right)$$

$$VP^{neu} < \sum_{t=1}^{n} EBT_t^{Inland} * w_V^{-t} \quad oder \quad VP^{neu} > \sum_{t=1}^{n} EBT_{t\,alt}^{Ausland} * w_K^{-t}$$

Nach Umstellen berechnet sich der Anpassungsbetrag wie folgt:

$$(101) \quad AB = 0{,}5 * \sum_{t=1}^{n} \left(EBT_{t\,neu}^{Ausland} - EBT_{t\,alt}^{Ausland} \right) * w_K^{-t}$$

4.8.8.2 Einbeziehung der Anteilseignerebene

Wird hingegen bei der Ermittlung des Funktionsverrechnungspreises die Anteilseignerebene einbezogen, sind die Formeln (86a) bzw. (88a) für die Grenzpreise des (hypothetischen) Verkäufers respektive Käufers maßgeblich.[588] Abweichend von Formel (100) ergibt sich bei Mittelwertvermutung folgender Anpassungsbetrag:

$$(100a) \quad AB = VP^{neu} - VP^{alt}$$

$$mit \quad VP^{neu} = 0{,}5 * \left(\sum_{t=1}^{n} \left(1 - s^{Ausland}\right) * EBT_{t\,neu}^{Ausland} * w_K^{-t} + \sum_{t=1}^{n} \left(1 - s^{Inland}\right) * EBT_t^{Inland} * w_V^{-t} \right)$$

$$VP^{alt} = 0{,}5 * \left(\sum_{t=1}^{n} \left(1 - s^{Ausland}\right) * EBT_{t\,alt}^{Ausland} * w_K^{-t} + \sum_{t=1}^{n} \left(1 - s^{Inland}\right) * EBT_t^{Inland} * w_V^{-t} \right)$$

$$VP^{neu} < \sum_{t=1}^{n} \left(1 - s^{Inland}\right) * EBT_t^{Inland} * w_V^{-t} \quad oder \quad VP^{neu} > \sum_{t=1}^{n} \left(1 - s^{Ausland}\right) * EBT_{t\,alt}^{Ausland} * w_K^{-t}$$

Nach Umstellen lautet der Anpassungsbetrag wie folgt:

$$(101a) \quad AB = 0{,}5 * \left(1 - s^{Ausland}\right) * \sum_{t=1}^{n} \left(EBT_{t\,neu}^{Ausland} - EBT_{t\,alt}^{Ausland} \right) * w_K^{-t}$$

---

588 Siehe Tz. 4.3.7.2.

4.8.9 Berücksichtigung der gesetzlichen Preisanpassung bei der Entscheidung über eine Funktionsverlagerung

4.8.9.1 Ausgangssituation

Tritt innerhalb des zehnjährigen Anpassungszeitraums eine erhebliche Abweichung der prognostizierten von den tatsächlichen Funktionsgewinnen ein und wurde eine sachgerechte individuelle Anpassungsklausel nicht vereinbart, ist einmalig eine gesetzliche Preisanpassung gemäß § 1 Abs. 3 Satz 11 f. AStG durchzuführen.[589] Aufgrund der Ungewissheit der Zukunft kann im Zeitpunkt der Funktionsverlagerung nicht ausgeschlossen werden, dass es zu einer gesetzlichen Preisanpassung kommt. Insofern sind mögliche Szenarien bezüglich der Gewinnentwicklung mit der jeweils kohärenten gesetzlichen Preisanpassung bei der Entscheidung über eine Funktionsverlagerung zu berücksichtigen.

Zu diesem Zweck bedarf es zunächst einer Szenarioanalyse hinsichtlich der möglichen künftigen Gewinnentwicklungen mit entsprechenden Eintrittswahrscheinlichkeiten.[590] Das Szenario mit der höchsten Eintrittswahrscheinlichkeit wird der Ermittlung des Verrechnungspreises beim hypothetischen Fremdvergleich zugrunde gelegt. Für die anderen Szenarien ist der Zeitpunkt der gesetzlichen Preisanpassung zu bestimmen und zu prüfen, ob dieser innerhalb des zehnjährigen Anpassungszeitraums liegt.[591] Danach müssen die Szenarien, bei denen eine gesetzliche Preisanpassung vorzunehmen ist, in das Entscheidungsmodell über die Funktionsverlagerung integriert werden. Dazu wird zunächst eine Erweiterung des Entscheidungsmodells um die gesetzliche Preisanpassung vorgenommen[592] und anschließend die gesamte Entscheidungssituation mit allen entscheidungsrelevanten Szenarien in einem Entscheidungsmodell abgebildet[593].

4.8.9.2 Szenarioanalyse

Eine Szenarioanalyse ist vorzunehmen, soweit die gesetzliche Preisanpassungsklausel gemäß § 1 Abs. 3 Satz 11 f. AStG dies erfordert. Maßgebend ist der Tatbestand der erheblichen Abweichung der tatsächlichen Gewinne von der prognostizierten Gewinn-

589 Zu Einzelheiten siehe Tz. 4.8.1; 4.8.2.
590 Siehe Tz. 4.8.9.2.
591 Siehe Tz. 4.8.9.3.
592 Siehe Tz. 4.8.9.4.
593 Siehe Tz. 4.8.9.5.

entwicklung innerhalb des zehnjährigen Anpassungszeitraums. Dabei wird nach der FVerlV unverändert vom ursprünglichen Mindestpreis des verlagernden Unternehmens, d. h. vom Grenzpreis des (hypothetischen) Verkäufers, ausgegangen.[594] Insofern bedarf es ausschließlich bezüglich der Funktionsgewinne im Ausland, die Grundlage für den Grenzpreis des (hypothetischen) Käufers sind, einer Szenarioanalyse.

Die Analyse umfasst grundsätzlich alle Szenarien, die hinsichtlich der Entwicklung der Funktionsgewinne im Ausland mit gewisser Wahrscheinlichkeit eintreten könnten. Typisierend wird im Rahmen der folgenden Untersuchung eine Kategorisierung in drei Szenarien vorgenommen. Die erste Kategorie beinhaltet den Normalfall, d. h. die Gewinnentwicklung, die nach dem Informationsstand im Zeitpunkt der Funktionsverlagerung mit der höchsten Wahrscheinlichkeit α eintreten und somit der Ermittlung des Verrechnungspreises zugrunde gelegt wird. Eine positive Abweichung der tatsächlichen von den prognostizierten Gewinnen berücksichtigt die zweite Kategorie (Outperformance). Diese sieht bei einer Eintrittswahrscheinlichkeit β eine lineare jährliche Steigerungsrate a hinsichtlich der Funktionsgewinne im Ausland vor. Den Fall einer negativen Abweichung der tatsächlichen von den prognostizierten Gewinnen berücksichtigt die dritte Kategorie (Underperformance), der eine Eintrittswahrscheinlichkeit γ und eine jährlich lineare Minderungsrate b hinsichtlich der Funktionsgewinne im Ausland zugrunde gelegt wird. Für die Eintrittswahrscheinlichkeiten der drei Kategorien gilt:

$$(102) \quad \alpha + \beta + \gamma = 1$$

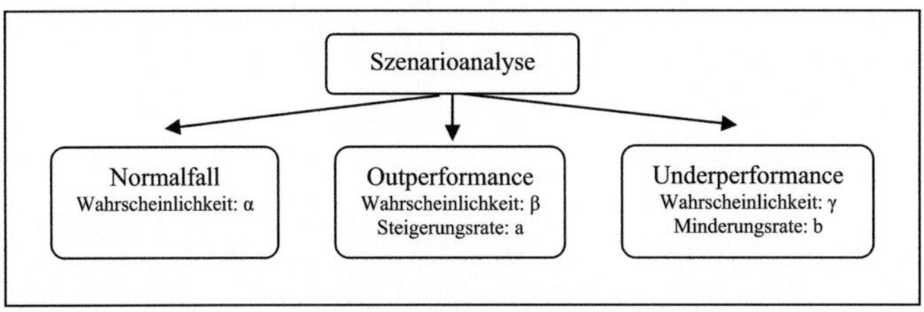

Abbildung 56: Szenarioanalyse

594 Vgl. § 10 Satz 2 FVerlV; Begründung zur FVerlV, BR-Drucksache 352/08, S. 25.

4.8.9.3 Ermittlung des Zeitpunkts der gesetzlichen Preisanpassung

4.8.9.3.1 Positive Abweichung vom Normalfall (Outperformance)

4.8.9.3.1.1 Isolierte Betrachtung der Unternehmensebene

Eine gesetzliche Preisanpassung gemäß § 1 Abs. 3 Satz 11 f. AStG kommt in den Szenarien Out- und Underperformance in Betracht. Bei diesen Szenarien bedarf es der Ermittlung des Zeitpunkts der gesetzlichen Preisanpassung, da ein Anwendungsfall nur gegeben ist, wenn der ermittelte Zeitpunkt innerhalb des zehnjährigen Anpassungszeitraums liegt. Mehrfache Anpassungen innerhalb des Anpassungszeitraums sind nach § 1 Abs. 3 Satz 12 AStG nicht zugelassen. Der folgenden Untersuchung liegt der Standardfall des hypothetischen Fremdvergleichs, d. h. die Anwendung eines unbegrenzten Kapitalisierungszeitraums sowie der Mittelwertvermutung, zugrunde.[595] Bei den zu betrachtenden Szenarien Out- und Underperformance bedarf es der Differenzierung bezüglich der isolierten Betrachtung der Unternehmensebene respektive der Einbeziehung der Anteilseignerebene in die Ermittlung des Funktionsverrechnungspreises.

Bei positiver Abweichung der tatsächlichen Funktionsgewinne von der prognostizierten Gewinnentwicklung kommt die gesetzliche Preisanpassung gemäß der FVerlV zur Anwendung, wenn der neu ermittelte Verrechnungspreis den ursprünglichen Höchstpreis, d. h. den Grenzpreis des (hypothetischen) Käufers, übersteigt.[596] Der kritische Zeitpunkt für die gesetzliche Preisanpassung ergibt sich somit bei Indifferenz zwischen dem neu zu ermittelnden Verrechnungspreis und dem ursprünglichen Grenzpreis des (hypothetischen) Käufers, der sich bei isolierter Betrachtung der Unternehmensebene nach Formel (84) ermittelt. Die Indifferenzbedingung lautet folglich bei isolierter Betrachtung der Unternehmensebene:

$$(103)\quad VP^{neu} \overset{!}{=} \frac{EBT^{Ausland}}{i^K}$$

Der neu zu ermittelnde Verrechnungspreis ergibt sich aus Formel (82) für den Grenzpreis des (hypothetischen) Verkäufers respektive Formel (84) für den Grenzpreis des

[595] Siehe Tz. 4.3.5; 4.3.9.

[596] Vgl. § 10 Satz 1 FVerlV.

(hypothetischen) Käufers unter Berücksichtigung der Mittelwertvermutung. Dabei ist die jährlich lineare Steigerungsrate a bei den Funktionsgewinnen im Ausland zu berücksichtigen. Einsetzen ergibt:

$$(104)\quad 0{,}5*\left[\frac{EBT^{Ausland}*(1+a)^t}{i^K}+\frac{EBT^{Inland}}{i^V}\right]=\frac{EBT^{Ausland}}{i^K}$$

Nach Umstellen resultiert:

$$(105)\quad 0{,}5*\frac{EBT^{Inland}}{i^V}=\frac{EBT^{Ausland}}{i^K}*\left[1-0{,}5*(1+a)^t\right]$$

Auflösen nach der Zeitkomponente t ergibt:

$$(106)\quad 2-\frac{EBT^{Inland}*i^K}{EBT^{Ausland}*i^V}=(1+a)^t$$

Die Anwendung des natürlichen Logarithmus ermöglicht die Bestimmung des kritischen Zeitpunkts für die gesetzliche Preisanpassung:

$$(107)\quad t=\frac{\ln\left(2-\frac{EBT^{Inland}*i^K}{EBT^{Ausland}*i^V}\right)}{\ln(1+a)}$$

Gemäß § 1 Abs. 3 Satz 12 AStG erfolgt eine gesetzliche Preisanpassung in dem Wirtschaftsjahr, das dem Jahr folgt, in dem die erhebliche Abweichung eingetreten ist. Insofern ist der kritische Zeitpunkt für die gesetzliche Preisanpassung entsprechend Formel (107) auf die nächste natürliche Zahl aufzurunden.

Beispiel:

EBT^{Inland}=	1.000,00	i^{V}=	0,1
$EBT^{Ausland}$=	1.300,00	i^{K}=	0,1
a=	0,05		
Untergrenze Einigungsbereich:			10.000,00
Obergrenze Einigungsbereich:			13.000,00
Verrechnungspreis bei Mittelwertvermutung:			11.500,00
Zeitpunkt der Preisanpassung:		t=	4,25576
aufgerundet:		**t=**	**5,00**

Abbildung 57: Zeitpunkt der Preisanpassung im Fall Outperformance

4.8.9.3.1.2 Einbeziehung der Anteilseignerebene

Bei Einbeziehung der Anteilseignerebene ist die Indifferenzbedingung aus Formel (103) unter Anwendung von Formel (84a) für den ursprünglichen Grenzpreis des (hypothetischen) Käufers aufzustellen. Die modifizierte Indifferenzbedingung lautet:

$$(103a) \quad VP^{neu} \stackrel{!}{=} \frac{\left(1 - s^{Ausland}\right) * EBT^{Ausland}}{i^{K}}$$

Für den neu zu ermittelnden Verrechnungspreis sind die Formeln (82a) für den Grenzpreis des (hypothetischen) Verkäufers respektive Formel (84a) für den Grenzpreis des (hypothetischen) Käufers unter Berücksichtigung der Mittelwertvermutung einzusetzen. Daraus folgt:

$$(104a) \quad 0{,}5 * \left[\frac{\left(1 - s^{Ausland}\right) * EBT^{Ausland} * (1 + a)^{t}}{i^{K}} + \frac{\left(1 - s^{Inland}\right) * EBT^{Inland}}{i^{V}} \right] = \frac{\left(1 - s^{Ausland}\right) * EBT^{Ausland}}{i^{K}}$$

Umstellen ergibt:

$$(105a)\quad 0{,}5*\left(1-s^{Inland}\right)*\frac{EBT^{Inland}}{i^{V}} = \frac{EBT^{Ausland}}{i^{K}}*\left(1-s^{Ausland}\right)*\left[1-0{,}5*(1+a)^{t}\right]$$

Auflösen nach der Zeitkomponente t ergibt:

$$(106a)\quad 2-\frac{\left(1-s^{Inland}\right)*EBT^{Inland}*i^{K}}{\left(1-s^{Ausland}\right)*EBT^{Ausland}*i^{V}}=(1+a)^{t}$$

Die Anwendung des natürlichen Logarithmus ermöglicht ebenso wie bei isolierter Betrachtung der Unternehmensebene die Bestimmung des kritischen Zeitpunkts für die gesetzliche Preisanpassung:

$$(107a)\quad t=\frac{\ln\left(2-\frac{\left(1-s^{Inland}\right)*EBT^{Inland}*i^{K}}{\left(1-s^{Ausland}\right)*EBT^{Ausland}*i^{V}}\right)}{\ln(1+a)}$$

Beispiel:

EBT^{Inland}=	1.100,00	i^{V}=	0,1
$EBT^{Ausland}$=	1.400,00	i^{K}=	0,1
a=	0,05	s^{Inland}=	0,3
		$s^{Ausland}$=	0,25
Untergrenze Einigungsbereich:			7.700,00
Obergrenze Einigungsbereich:			10.500,00
Verrechnungspreis bei Mittelwertvermutung:			9.100,00
Zeitpunkt der Preisanpassung:		t=	4,84501
	aufgerundet:	**t=**	**5,00**

Abbildung 58: Zeitpunkt der Preisanpassung im Fall Outperformance

4.8.9.3.2 Negative Abweichung vom Normalfall (Underperformance)

4.8.9.3.2.1 Isolierte Betrachtung der Unternehmensebene

Eine Preisanpassung zu Gunsten des Steuerpflichtigen kommt in Betracht, wenn der neu ermittelte Verrechnungspreis niedriger ist als der ursprüngliche Mindestpreis. Der Mindestpreis entspricht bei isolierter Betrachtung der Unternehmensebene dem Grenzpreis des (hypothetischen) Verkäufers entsprechend Formel (82). Die Indifferenzbedingung für die Ermittlung des kritischen Zeitpunkts der gesetzlichen Preisanpassung lautet:

$$(108)\quad VP^{neu} \overset{!}{=} \frac{EBT^{Inland}}{i^V}$$

Für den neu zu ermittelnden Verrechnungspreis gelten die Aussagen im Fall Outperformance entsprechend, wobei an die Stelle der jährlich linearen Steigerungsrate a die Minderungsrate b tritt.[597] Einsetzen ergibt:

$$(109)\quad 0{,}5 * \left[\frac{EBT^{Ausland} * (1+b)^t}{i^K} + \frac{EBT^{Inland}}{i^V}\right] = \frac{EBT^{Inland}}{i^V}$$

Nach Umstellen resultiert:

$$(110)\quad (1+b)^t = \frac{EBT^{Inland} * i^K}{EBT^{Ausland} * i^V}$$

Die Anwendung des natürlichen Logarithmus ermöglicht wiederum die Ermittlung des kritischen Zeitpunkts für die gesetzliche Preisanpassung. Es gilt:

$$(111)\quad t = \frac{\ln\left(\frac{EBT^{Inland} * i^K}{EBT^{Ausland} * i^V}\right)}{\ln(1+b)}$$

[597] Siehe Tz. 4.8.9.3.1.1.

Das Wirtschaftsjahr der gesetzlichen Preisanpassung ergibt sich analog zum Fall Outperformance durch Aufrunden des ermittelten kritischen Zeitpunkts auf die nächste natürliche Zahl.

Beispiel:

EBT^{Inland}=	1.000,00	i^V=	0,1
$EBT^{Ausland}$=	1.300,00	i^K=	0,1
b=	-0,05		
Untergrenze Einigungsbereich:			10.000,00
Obergrenze Einigungsbereich:			13.000,00
Verrechnungspreis bei Mittelwertvermutung:			11.500,00
Zeitpunkt der Preisanpassung:		t=	5,11498
aufgerundet:		**t=**	**6,00**

Abbildung 59: Zeitpunkt der Preisanpassung im Fall Underperformance

4.8.9.3.2.2 Einbeziehung der Anteilseignerebene

Bei Einbeziehung der Anteilseignerebene in die Ermittlung des Funktionsverrechnungspreises ermittelt sich die Indifferenzbedingung aus Formel (108) unter entsprechender Verwendung von Formel (82a) für den Grenzpreis des (hypothetischen) Verkäufers. Es gilt:

$$(108a) \quad VP^{neu} \overset{!}{=} \frac{\left(1 - s^{Inland}\right) * EBT^{Inland}}{i^V}$$

Für den neu zu ermittelnden Verrechnungspreis gelten die Aussagen im Fall Outperformance entsprechend. Abweichend davon tritt die jährlich lineare Minderungsrate b an die Stelle der Steigerungsrate a.[598]

---

598 Siehe Tz. 4.8.9.3.1.2.

Einsetzen ergibt:

$$(109a)\quad 0{,}5*\left[\frac{\left(1-s^{Ausland}\right)*EBT^{Ausland}*\left(1+b\right)^{t}}{i^{K}}+\frac{\left(1-s^{Inland}\right)*EBT^{Inland}}{i^{V}}\right] = \frac{\left(1-s^{Inland}\right)*EBT^{Inland}}{i^{V}}$$

Nach Umstellen resultiert:

$$(110a)\quad \left(1+b\right)^{t}=\frac{\left(1-s^{Inland}\right)*EBT^{Inland}*i^{K}}{\left(1-s^{Ausland}\right)*EBT^{Ausland}*i^{V}}$$

Durch Anwendung des natürlichen Logarithmus kann Formel (110a) nach dem kritischen Zeitpunkt für die gesetzliche Preisanpassung aufgelöst werden. Es gilt:

$$(111a)\quad t=\frac{\ln\left(\frac{\left(1-s^{Inland}\right)*EBT^{Inland}*i^{K}}{\left(1-s^{Ausland}\right)*EBT^{Ausland}*i^{V}}\right)}{\ln\left(1+b\right)}$$

Beispiel:

EBT^{Inland}=	1.100,00	i^{V}=	0,1
$EBT^{Ausland}$=	1.400,00	i^{K}=	0,1
b=	-0,05	s^{Inland}=	0,3
		$s^{Ausland}$=	0,25
Untergrenze Einigungsbereich:			7.700,00
Obergrenze Einigungsbereich:			10.500,00
Verrechnungspreis bei Mittelwertvermutung:			9.100,00
Zeitpunkt der Preisanpassung:		t=	6,04670
	aufgerundet:	**t=**	**7,00**

Abbildung 60: Zeitpunkt der Preisanpassung im Fall Underperformance

4.8.9.4 Erweiterung des Entscheidungsmodells bei Funktionsverlagerung um die gesetzliche Preisanpassung

4.8.9.4.1 Hintergrund

Sofern die Szenarioanalyse Szenarien enthält, bei denen eine gesetzliche Preisanpassung innerhalb des zehnjährigen Anpassungszeitraums in Betracht kommt, müssen diese in das Entscheidungsmodell über die Funktionsverlagerung integriert werden. Zu diesem Zweck wird eine Erweiterung des Bewertungsmodells vorgenommen, da dieses die typische Entscheidungssituation bei einer Funktionsverlagerung abbildet.[599] Die Erweiterung berücksichtigt eine gesetzliche Preisanpassung um den Anpassungsbetrag AB im Zeitpunkt m.[600]

Dem Bewertungsmodell liegt die Spezialität zugrunde, dass die Anerkennung des Verrechnungspreises im funktionsaufnehmenden Ausland über die Variable x abgebildet wird. Hintergrund ist die Problematik der Anerkennung des Verrechnungspreises für die verlagerte Funktion durch die ausländische Finanzverwaltung.[601] Daneben werden auch nachträgliche Aufwendungen in Form eines Anpassungsbetrags i. S. des § 1 Abs. 3 Satz 11 f. AStG von den ausländischen Finanzverwaltungen voraussichtlich nicht bzw. nicht in vollem Umfang akzeptiert werden, so dass eine steuerwirksame Anerkennung des Anpassungsbetrags nicht gewährleistet ist.[602] Aus diesem Grund bedarf es bei der Integration der gesetzlichen Preisanpassung in das Entscheidungskalkül einer Variable z, die die Anerkennung des Anpassungsbetrags im funktionsaufnehmenden Ausland abbildet. Soweit der Anpassungsbetrag im funktionsaufnehmenden Ausland anerkannt wird, sieht das erweiterte Bewertungsmodell eine Abschreibung über die Restnutzungsdauer der Funktion vor. Die Abschreibungsdauer des Anpassungsbetrags ermittelt sich insofern als Differenz zwischen der Funktionslebensdauer n und dem Zeitpunkt der gesetzlichen Preisanpassung m.

Bei der Ermittlung des Ertragswerts bei Funktionsverlagerung ist – wie bei den bisher dargestellten Entscheidungsmodellen – eine Differenzierung bezüglich der optimalen

[599] Siehe Tz. 3.3.
[600] Die vollständige Entscheidungssituation wird unter Tz. 4.8.9.5 dargestellt.
[601] Siehe Tz. 2.2; 3.3.1.
[602] Vgl. Kahle, H. (2007b), S. 656; Scholz, M. (2007), S. 523.

Gewinnverwendung vorzunehmen.[603] Der Ertragswert bei weiterer Inlandsausübung der Funktion bleibt von der Erweiterung unberührt.[604]

4.8.9.4.2 Ausschüttung der Gewinne an den Anteilseigner

Werden die Gewinne der Tochter-Kapitalgesellschaft bei Funktionsverlagerung an den Anteilseigner ausgeschüttet, schüttet auch die Mutter-Kapitalgesellschaft ihre Gewinne an den Anteilseigner aus.[605] Der Ertragswert setzt sich aus drei Bestandteilen zusammen.

Der erste Teil enthält die Funktionsgewinne der Tochter-Kapitalgesellschaft unter Berücksichtigung der Abschreibung des Verrechnungspreises respektive des Anpassungsbetrags. Dabei ist der Planungshorizont in zwei Perioden aufzuteilen. Die erste Periode beginnt im Zeitpunkt der Funktionsverlagerung und endet in dem Zeitpunkt, in dem die erhebliche Abweichung der tatsächlichen Gewinne von der prognostizierten Gewinnentwicklung eintritt. Der Zeitraum ab dem Zeitpunkt der gesetzlichen Preisanpassung bis zum Ende der Funktionslebensdauer wird durch die zweite Periode abgebildet. Bei den Funktionsgewinnen ist die jährlich lineare Steigerungs-/Minderungsrate und bei den Abschreibungen die entsprechende Anerkennungsrate im funktionsaufnehmenden Ausland zu berücksichtigen. Die (zweistufige) Ausschüttung an den Anteilseigner löst die Gesamtsteuerbelastung s^{gesamt} aus.[606]

Die Abschreibungen des Verrechnungspreises respektive des Anpassungsbetrags stellen eine nicht zahlungsgleiche Gewinnkomponente dar. D. h. es sind auf Ebene der Tochter-Kapitalgesellschaft liquide Mittel vorhanden, die nicht in Form von Gewinnausschüttungen durch die Mutter-Kapitalgesellschaft an den Anteilseigner ausgeschüttet werden können. Diese sind Gegenstand des zweiten Teils. Im Verhältnis zwischen Tochter- und Mutter-Kapitalgesellschaft können diese liquiden Mittel in Form von Kapitalrückzahlungen aus dem steuerlichen Einlagekonto i. S. des § 27 KStG ausgeschüttet werden. Das steuerliche Einlagekonto hat sich durch die Funktionsverlagerung um den im funktionsaufnehmenden Ausland anerkannten Verrechnungspreis und Anpas-

[603] Siehe Tz. 3.2.2.2.6.
[604] Siehe Tz. 3.3.2.
[605] Siehe Tz. 3.2.2.2.6.
[606] Siehe Tz. 3.2.2.2.

sungsbetrag erhöht. Insoweit fällt weder eine Quellensteuerbelastung noch eine Ausschüttungsbelastung bei der Mutter-Kapitalgesellschaft an, da keine Gewinnausschüttungen i. S. des § 20 Abs. 1 Nr. 1 EStG vorliegen.[607] Die Thematik der Verwendungsreihenfolge beim Zugriff auf das steuerliche Einlagekonto nach § 27 Abs. 1 Satz 3 KStG stellt sich aufgrund der isolierten Betrachtung der Funktion nicht. Im Verhältnis zwischen Mutter-Kapitalgesellschaft und Anteilseigner liegen hingegen Gewinnausschüttungen vor, die beim Anteilseigner der Abgeltungsteuer unterliegen, da das steuerliche Einlagekonto der Mutter-Kapitalgesellschaft durch die Funktionsverlagerung nicht berührt wurde.

Der dritte Teil berücksichtigt die Konsequenzen, die durch die Besteuerung der Funktionsverlagerung auf Ebene der Mutter-Kapitalgesellschaft entstehen. Diese sind von der Anerkennung im funktionsaufnehmenden Ausland unabhängig. In Höhe der inländischen Ertragsteuerbelastung auf den Verrechnungspreis respektive auf den Anpassungsbetrag reduziert sich die Ausschüttung an den Anteilseigner im entsprechenden Jahr, da insoweit liquiditätswirksamer Gewinn auf Ebene der Mutter-Kapitalgesellschaft fehlt.

Der Ertragswert bei Funktionsverlagerung lautet wie folgt:

$$(112)\quad EW = \overbrace{\begin{array}{l}\left(1-s^{gesamt}\right)*\sum_{t=1}^{m}\left[\left(1+a/b\right)^{t}*EBITDA_{t}^{Ausland}-x*AfA_{t}\right]*q^{-t}\\ \quad+\left(1-s^{gesamt}\right)*\sum_{t=m+1}^{n}\left[\left(1+a/b\right)^{t}*EBITDA_{t}^{Ausland}-x*AfA_{t}-z*AfA_{t}^{AB}\right]*q^{-t}\end{array}}^{1.Teil}$$

$$\overbrace{\begin{array}{l}+\left(1-s^{est}\right)*x*\sum_{t=1}^{n}AfA_{t}*q^{-t}\\ \quad+\left(1-s^{est}\right)*z*\sum_{t=m+1}^{n}AfA_{t}^{AB}*q^{-t}\end{array}}^{2.Teil}$$

$$\overbrace{\begin{array}{l}-\left(1-s^{est}\right)*s^{Inland}*VP\\ \quad-\left(1-s^{est}\right)*s^{Inland}*AB*q^{-m}\end{array}}^{3.Teil}$$

$$mit\quad q=1+i*(1-s^{est})\qquad AfA_{t}=\frac{VP}{n}\qquad AfA_{t}^{AB}=\frac{AB}{n-m}$$

[607] Vgl. § 20 Abs. 1 Nr. 1 Satz 3 EStG.

Beispiel:

s^{Inland}=	0,3	$s^{Ausland}$=	0,35	VP=	5.000	x=	1
s^{est}=	0,25	s^{qst}=	0,05	AB=	1.000	z=	1
i=	0,1	m=	3	a=	0,1		

Ebene	t	0	1	2	3	4	5
T-KapGes	$EBITDA^{Ausland}$		1.100,00	1.210,00	1.331,00	1.464,10	1.610,51
	AfA^{VP}		-1.000,00	-1.000,00	-1.000,00	-1.000,00	-1.000,00
	AfA^{AB}					-500,00	-500,00
	KMA		0,00	0,00	0,00	0,00	0,00
	ZI		0,00	0,00	0,00	0,00	0,00
	$S^{Ausland}$		-35,00	-73,50	-115,85	12,57	-38,68
	$E^{Ausland}$		65,00	136,50	215,15	-23,33	71,83
M-KapGes	VP	5.000,00					
	AB				1.000,00		
	AS		65,00	136,50	215,15	-23,33	71,83
	S^{qst}		-3,25	-6,83	-10,76	1,17	-3,59
	S^{Inland}	-1.500,00	-0,98	-2,05	-303,23	0,35	-1,08
	KRZ		1.000,00	1.000,00	1.000,00	1.500,00	1.500,00
	E^{Inland}	-1.500,00	60,78	127,63	-98,83	-21,82	67,16
	NZF	-1.500,00	1.060,78	1.127,63	901,17	1.478,18	1.567,16
AE	AS	-1.500,00	1.060,78	1.127,63	901,17	1.478,18	1.567,16
	S^{est}	375,00	-265,19	-281,91	-225,29	-369,55	-391,79
	NZF	-1.125,00	795,58	845,72	675,87	1.108,64	1.175,37
	DKF	1,000000	1,075000	1,155625	1,242297	1,335469	1,435629
	Diskon. NZF	-1.125,00	740,08	731,83	544,05	830,15	818,72
	EW	**2.539,82**					

Abbildung 61: Ertragswert bei Ausschüttung an AE (Funktionsverlagerung)

4.8.9.4.3 Thesaurierung der Gewinne bei der Tochter-Kapitalgesellschaft

4.8.9.4.3.1 Ausschüttung der Gewinne der Mutter-Kapitalgesellschaft an den Anteilseigner

Werden die Gewinne bei der Tochter-Kapitalgesellschaft thesauriert, ist hinsichtlich der Gewinnverwendung bei der Mutter-Kapitalgesellschaft zwischen Ausschüttung der Gewinne an den Anteilseigner und Einlage in die Tochter-Kapitalgesellschaft zu unterscheiden.[608]

[608] Siehe Tz. 3.2.2.2.6.

Bei Ausschüttung der Gewinne der Mutter-Kapitalgesellschaft an den Anteilseigner, besteht der Ertragswert aus fünf Teilen.

Gegenstand des ersten Teils sind die aufgezinsten Funktionsgewinne der Tochter-Kapitalgesellschaft unter Berücksichtigung der Abschreibungen auf den Verrechnungspreis respektive auf den Anpassungsbetrag jeweils entsprechend der Anerkennungsrate im funktionsaufnehmenden Ausland. Diese unterliegen der Gesamtsteuerbelastung s^{gesamt} bei (zweistufiger) Ausschüttung der (aufgezinsten) Gewinne an den Anteilseigner am Ende des Planungshorizonts.

Durch die Abschreibungen auf den Verrechnungspreis respektive auf den Anpassungsbetrag sind liquide Mittel bei der Tochter-Kapitalgesellschaft vorhanden, denen kein Gewinn in gleicher Höhe gegenüber steht. Diese werden auf Ebene der Tochter-Kapitalgesellschaft bis zum Ende des Planungshorizonts angelegt (zweiter Teil). Die Zinserträge unterliegen der ausländischen Körperschaftsteuer.

Die Steuerbelastung bei (zweistufiger) Ausschüttung dieser aufgezinsten liquiden Mittel am Ende des Planungshorizonts wird durch den dritten und vierten Teil erfasst. Soweit die Summe der Abschreibungen, d. h. der im funktionsaufnehmenden Ausland anerkannte Verrechnungspreis zuzüglich des anerkannten Anpassungsbetrags, ausgeschüttet wird, handelt es sich im Verhältnis zur Mutter-Kapitalgesellschaft um eine Kapitalrückzahlung aus dem steuerlichen Einlagekonto i. S. des § 27 KStG.[609] Eine Steuerbelastung in Höhe der Abgeltungsteuer entsteht nur bei Ausschüttung von der Mutter-Kapitalgesellschaft an den Anteilseigner, da in diesem Verhältnis keine Kapitalrückzahlung vorliegt (dritter Teil).

Daneben unterliegen die Zinserträge (nach ausländischer Körperschaftsteuer) bei (zweistufiger) Ausschüttung an den Anteilseigner am Ende des Planungshorizonts als Gewinnausschüttungen i. S. des § 20 Abs. 1 Nr. 1 EStG einer evtl. anfallenden Quellensteuer, der inländischen Ertragsteuerbelastung auf Ebene der Mutter-Kapitalgesellschaft

[609] Siehe Tz. 3.2.4.1; 4.8.9.4.2.

unter Berücksichtigung von § 8b KStG sowie der Abgeltungsteuer auf Ebene des Anteilseigners. Diese Steuerbelastung ist Gegenstand des vierten Teils.

Im fünften Teil werden die Konsequenzen, die durch die Besteuerung der Funktionsverlagerung auf Ebene der Mutter-Kapitalgesellschaft entstehen, berücksichtigt. In Höhe der inländischen Ertragsteuerbelastung auf den Verrechnungspreis respektive auf den Anpassungsbetrag reduziert sich die Ausschüttung an den Anteilseigner im entsprechenden Jahr. Die Besteuerung im Inland ist von der Anerkennung im funktionsaufnehmenden Ausland unabhängig.

Der Ertragswert berechnet sich wie folgt:

$$(113)\quad EW = \overbrace{\begin{aligned}&\left(1-s^{gesamt}\right)*\sum_{t=1}^{m}\left[(1+a/b)^{t}*EBITDA_t^{Ausland}-x*AfA_t\right]*p^{n-t}*q^{-n}\\&+\left(1-s^{gesamt}\right)*\sum_{t=m+1}^{n}\left[(1+a/b)^{t}*EBITDA_t^{Ausland}-x*AfA_t-z*AfA_t^{AB}\right]*p^{n-t}*q^{-n}\end{aligned}}^{1.Teil}$$

$$\overbrace{\begin{aligned}&+\sum_{t=1}^{n}x*AfA_t*p^{n-t}*q^{-n}\\&+\sum_{t=m+1}^{n}z*AfA_t^{AB}*p^{n-t}*q^{-n}\end{aligned}}^{2.Teil}$$

$$\overbrace{-s^{est}*(x*VP+z*AB)*q^{-n}}^{3.Teil}$$

$$\overbrace{\begin{aligned}&-\left[s^{est}+\left(1-s^{est}\right)*\left(s^{qst}+0{,}05*s^{Inland}\right)\right]*\left[\sum_{t=1}^{n}\left(x*AfA_t*p^{n-t}\right)-\sum_{t=1}^{n}x*AfA_t\right]*q^{-n}\\&-\left[s^{est}+\left(1-s^{est}\right)*\left(s^{qst}+0{,}05*s^{Inland}\right)\right]*\left[\sum_{t=m+1}^{n}\left(z*AfA_t^{AB}*p^{n-t}\right)-\sum_{t=m+1}^{n}z*AfA_t^{AB}\right]*q^{-n}\end{aligned}}^{4.Teil}$$

$$\overbrace{\begin{aligned}&-\left(1-s^{est}\right)*s^{Inland}*VP\\&-\left(1-s^{est}\right)*s^{Inland}*AB*q^{-m}\end{aligned}}^{5.Teil}$$

$$mit\quad q=1+i*(1-s^{est})\qquad p=1+i*(1-s^{Ausland})$$

$$AfA_t=\frac{VP}{n}\qquad AfA_t^{AB}=\frac{AB}{n-m}\qquad \sum_{t=1}^{n}AfA_t=VP$$

Beispiel:

s^{Inland}=	0,3	$s^{Ausland}$=	0,22	VP=	5.000	x=	1
s^{est}=	0,25	s^{qst}=	0,05	AB=	1.000	z=	1
i=	0,1	m=	3	a=	0,1		

Ebene	t	0	1	2	3	4	5
T-KapGes	$EBITDA^{Ausland}$		1.100,00	1.210,00	1.331,00	1.464,10	1.610,51
	AfA^{VP}		-1.000,00	-1.000,00	-1.000,00	-1.000,00	-1.000,00
	AfA^{AB}					-500,00	-500,00
	KMA		1.078,00	2.325,88	3.765,48	5.531,19	7.548,82
	ZI		0,00	107,80	232,59	376,55	553,12
	$S^{Ausland}$		-22,00	-69,92	-123,99	-74,94	-146,00
	$E^{Ausland}$		78,00	247,88	439,60	265,71	517,63
M-KapGes	VP	5.000,00					
	AB				1.000,00		
	AS		0,00	0,00	0,00	0,00	1.548,82
	S^{qst}		0,00	0,00	0,00	0,00	-77,44
	S^{Inland}	-1.500,00	0,00	0,00	-300,00	0,00	-23,23
	KRZ		0,00	0,00	0,00	0,00	6.000,00
	E^{Inland}	-1.500,00	0,00	0,00	-300,00	0,00	1.448,15
	NZF	-1.500,00	0,00	0,00	-300,00	0,00	7.448,15
AE	AS	-1.500,00	0,00	0,00	-300,00	0,00	7.448,15
	S^{est}	375,00	0,00	0,00	75,00	0,00	-1.862,04
	NZF	-1.125,00	0,00	0,00	-225,00	0,00	5.586,11
	DKF	1,000000	1,075000	1,155625	1,242297	1,335469	1,435629
	Diskon. NZF	-1.125,00	0,00	0,00	-181,12	0,00	3.891,05
	EW	**2.584,94**					

Abbildung 62: Ertragswert bei Thesaurierung in T-KapGes Alt.1 (Funktionsverlagerung)

4.8.9.4.3.2 Einlage der Gewinne der Mutter-Kapitalgesellschaft in die Tochter-Kapitalgesellschaft

Legt die Mutter-Kapitalgesellschaft ihre Gewinne in die Tochter-Kapitalgesellschaft zur Kapitalanlage ein und werden diese zusammen mit den Funktionsgewinnen bis zum Ende des Planungshorizonts bei der Tochter-Kapitalgesellschaft thesauriert, besteht der Ertragswert aus sechs Teilen.

Die Teile eins bis vier entsprechen dem Ertragswertkalkül bei Ausschüttung der Gewinne der Mutter-Kapitalgesellschaft an den Anteilseigner.[610] Die Teile fünf und sechs beinhalten die Folgen aus der Besteuerung der Funktionsverlagerung auf Ebene der Mutter-Kapitalgesellschaft.

Einerseits reduziert sich die Ausschüttung an den Anteilseigner am Ende des Planungshorizonts (fünfter Teil). Dies gilt, da die Einlage der Mutter- in die Tochter-Kapitalgesellschaft um die inländische Ertragsteuerbelastung auf den Verrechnungspreis im Zeitpunkt der Funktionsverlagerung respektive auf den Anpassungsbetrag im Zeitpunkt der gesetzlichen Preisanpassung geringer ist. Eine Abhängigkeit zur Anerkennungsrate im funktionsaufnehmenden Ausland besteht nicht. Die reduzierte Ausschüttung an den Anteilseigner berechnet sich sodann als Summe aus den verringerten Einlagen und den entgangenen Zinserträgen, die auf Ebene der Tochter-Kapitalgesellschaft bis zum Ende des Planungshorizonts nach ausländischer Körperschaftsteuerbelastung hätten erzielt werden können. Darüber hinaus ist die Abgeltungsteuer auf Ebene des Anteilseigners zu berücksichtigen.

Der sechste Teil korrigiert die negative Wirkung des fünften Teils. Er berücksichtigt, dass durch die entgangenen Zinserträge bei der Tochter-Kapitalgesellschaft auch die Ausschüttungsbelastung sinkt. Diese setzt sich aus evtl. anfallender Quellensteuer, inländischer Ertragsteuer unter Berücksichtigung von § 8b KStG sowie der Abgeltungssteuer beim Anteilseigner zusammen.

[610] Siehe Tz. 4.8.9.4.3.1.

Insgesamt gilt für den Ertragswert:

$$(114)\quad EW = \overbrace{\left(1-s^{gesamt}\right)*\sum_{t=1}^{m}\left[\left(1+a/b\right)^{t}*EBITDA_t^{Ausland}-x*AfA_t\right]*p^{n-t}*q^{-n} + \left(1-s^{gesamt}\right)*\sum_{t=m+1}^{n}\left[\left(1+a/b\right)^{t}*EBITDA_t^{Ausland}-x*AfA_t-z*AfA_t^{AB}\right]*p^{n-t}*q^{-n}}^{1.Teil}$$

$$\overbrace{+\sum_{t=1}^{n}x*AfA_t*p^{n-t}*q^{-n} + \sum_{t=m+1}^{n}z*AfA_t^{AB}*p^{n-t}*q^{-n}}^{2.Teil}$$

$$\overbrace{-s^{est}*\left(x*VP+z*AB\right)*q^{-n}}^{3.Teil}$$

$$\overbrace{-\left[s^{est}+\left(1-s^{est}\right)*\left(s^{qst}+0{,}05*s^{Inland}\right)\right]*\left[\sum_{t=1}^{n}\left(x*AfA_t*p^{n-t}\right)-\sum_{t=1}^{n}x*AfA_t\right]*q^{-n} -\left[s^{est}+\left(1-s^{est}\right)*\left(s^{qst}+0{,}05*s^{Inland}\right)\right]*\left[\sum_{t=m+1}^{n}\left(z*AfA_t^{AB}*p^{n-t}\right)-\sum_{t=m+1}^{n}z*AfA_t^{AB}\right]*q^{-n}}^{4.Teil}$$

$$\overbrace{-\left(1-s^{est}\right)*s^{Inland}*VP*p^{n}*q^{-n} -\left(1-s^{est}\right)*s^{Inland}*AB*p^{n-m}*q^{-n}}^{5.Teil}$$

$$\overbrace{+\left(1-s^{est}\right)*\left(s^{qst}+0{,}05*s^{Inland}\right)*q^{-n}*\left(s^{Inland}*VP*p^{n}-s^{Inland}*VP\right) +\left(1-s^{est}\right)*\left(s^{qst}+0{,}05*s^{Inland}\right)*q^{-n}*\left(s^{Inland}*AB*p^{n-m}-s^{Inland}*AB\right)}^{6.Teil}$$

mit $q = 1+i*(1-s^{est})$ $\quad p = 1+i*(1-s^{Ausland})$

$$AfA_t = \frac{VP}{n} \qquad AfA_t^{AB} = \frac{AB}{n-m} \qquad \sum_{t=1}^{n} AfA_t = VP$$

Beispiel:

s^{Inland}=	0,3	$s^{Ausland}$=	0,2	VP=	5.000	x=	1
s^{est}=	0,25	s^{qst}=	0,05	AB=	1.000	z=	1
i=	0,1	m=	3	a=	0,1		

Ebene	t	0	1	2	3	4	5
T-KapGes	$EBITDA^{Ausland}$		1.100,00	1.210,00	1.331,00	1.464,10	1.610,51
	AfA^{VP}		-1.000,00	-1.000,00	-1.000,00	-1.000,00	-1.000,00
	AfA^{AB}					-500,00	-500,00
	KMA		1.080,00	2.334,40	3.785,95	5.560,11	7.593,32
	ZI		0,00	108,00	233,44	378,60	556,01
	$S^{Ausland}$		-20,00	-63,60	-112,89	-68,54	-133,30
	$E^{Ausland}$		80,00	254,40	451,55	274,16	533,22
M-KapGes	VP	5.000,00					
	AB				1.000,00		
	AS		0,00	0,00	0,00	0,00	1.593,32
	S^{qst}		0,00	0,00	0,00	0,00	-79,67
	S^{Inland}	-1.500,00	0,00	0,00	-300,00	0,00	-23,90
	KRZ		0,00	0,00	0,00	0,00	6.000,00
	E^{Inland}	-1.500,00	0,00	0,00	-300,00	0,00	1.489,76
	NZF	-1.500,00	0,00	0,00	-300,00	0,00	7.489,76
T-KapGes	Einlage	-1.500,00			-300,00		
	KMA	-1.500,00	-1.620,00	-1.749,60	-2.189,57	-2.364,73	-2.553,91
	ZI	0,00	-150,00	-162,00	-174,96	-218,96	-236,47
	$S^{Ausland}$	0,00	30,00	32,40	34,99	43,79	47,29
	$E^{Ausland}$	0,00	-120,00	-129,60	-139,97	-175,17	-189,18
M-KapGes	AS						-753,91
	S^{qst}						37,70
	S^{Inland}						11,31
	KRZ						-1.800,00
	E^{Inland}						-704,91
	NZF						-2.504,91
AE	AS	0,00	0,00	0,00	0,00	0,00	4.984,85
	S^{est}	0,00	0,00	0,00	0,00	0,00	-1.246,21
	NZF	0,00	0,00	0,00	0,00	0,00	3.738,64
	DKF	1,000000	1,075000	1,155625	1,242297	1,335469	1,435629
	Diskon. NZF	0,00	0,00	0,00	0,00	0,00	2.604,18
	EW	**2.604,18**					

Abbildung 63: Ertragswert bei Thesaurierung in T-KapGes Alt.2 (Funktionsverlagerung)

4.8.9.5 Entscheidungsmodell unter Berücksichtigung der entscheidungsrelevanten Szenarien

4.8.9.5.1 Ausschüttung der Gewinne an den Anteilseigner

Ein entscheidungsrelevantes Szenario liegt neben dem Normalfall, der Grundlage für die Ermittlung des Verrechnungspreises beim hypothetischen Fremdvergleich ist, nach den Ergebnissen der bisherigen Untersuchung vor, wenn innerhalb des zehnjährigen Anpassungszeitraums eine erhebliche Abweichung der tatsächlichen Gewinne von der prognostizierten Gewinnentwicklung mit der Rechtsfolge einer gesetzlichen Preisanpassung gemäß § 1 Abs. 3 Satz 11 f. AStG eintritt. Diese Szenarien sind in das Entscheidungsmodell über eine Funktionsverlagerung einzubeziehen.

Im Folgenden werden die drei kategorisierten Szenarien aus der Szenarioanalyse (Normalfall, Outperformance, Underperformance) als entscheidungserheblich unterstellt. Eine Erweiterung des Entscheidungsmodells um weitere Szenarien ist beliebig darstellbar. Das Entscheidungsmodell differiert in Abhängigkeit von der optimalen Gewinnverwendung.[611]

Bei Ausschüttung der Gewinne an den Anteilseigner setzt sich das vollständige Entscheidungsmodell aus den drei (Teil-)Entscheidungsmodellen für jedes Szenario (Normalfall, Outperformance, Underperformance) zusammen. Diese sind mit den entsprechenden Eintrittswahrscheinlichkeiten zu gewichten. Unter Berücksichtigung der Formel (33) für das Szenario Normalfall sowie der Formel (112) für die Szenarien Out- bzw. Underperformance ergibt sich folgender Ertragswert bei Funktionsverlagerung:

[611] Siehe Tz. 3.2.2.2.6.

$$(115)\quad EW = \alpha * \left\{ \begin{array}{l} \left(1 - s^{gesamt}\right) * \sum_{t=1}^{n} \left(EBITDA_t^{Ausland} - x * AfA_t\right) * q^{-t} \\ + \left(1 - s^{est}\right) * x * \sum_{t=1}^{n} AfA_t * q^{-t} \\ - \left(1 - s^{est}\right) * s^{Inland} * VP \end{array} \right\}$$

$$+ \beta * \left\{ \begin{array}{l} \left(1 - s^{gesamt}\right) * \sum_{t=1}^{m} \left[(1+a)^t * EBITDA_t^{Ausland} - x * AfA_t\right] * q^{-t} \\ + \left(1 - s^{gesamt}\right) * \sum_{t=m+1}^{n} \left[(1+a)^t * EBITDA_t^{Ausland} - x * AfA_t - z * AfA_t^{AB}\right] * q^{-t} \\ + \left(1 - s^{est}\right) * x * \sum_{t=1}^{n} AfA_t * q^{-t} \\ + \left(1 - s^{est}\right) * z * \sum_{t=m+1}^{n} AfA_t^{AB} * q^{-t} \\ - \left(1 - s^{est}\right) * s^{Inland} * VP \\ - \left(1 - s^{est}\right) * s^{Inland} * AB * q^{-m} \end{array} \right\}$$

$$+ \gamma * \left\{ \begin{array}{l} \left(1 - s^{gesamt}\right) * \sum_{t=1}^{m} \left[(1+b)^t * EBITDA_t^{Ausland} - x * AfA_t\right] * q^{-t} \\ + \left(1 - s^{gesamt}\right) * \sum_{t=m+1}^{n} \left[(1+b)^t * EBITDA_t^{Ausland} - x * AfA_t - z * AfA_t^{AB}\right] * q^{-t} \\ + \left(1 - s^{est}\right) * x * \sum_{t=1}^{n} AfA_t * q^{-t} \\ + \left(1 - s^{est}\right) * z * \sum_{t=m+1}^{n} AfA_t^{AB} * q^{-t} \\ - \left(1 - s^{est}\right) * s^{Inland} * VP \\ - \left(1 - s^{est}\right) * s^{Inland} * AB * q^{-m} \end{array} \right\}$$

$$mit \quad q = 1 + i * (1 - s^{est}) \qquad AfA_t = \frac{VP}{n} \qquad AfA_t^{AB} = \frac{AB}{n-m}$$

$$\alpha + \beta + \gamma = 1$$

4.8.9.5.2 Thesaurierung der Gewinne bei der Tochter-Kapitalgesellschaft

4.8.9.5.2.1 Ausschüttung der Gewinne der Mutter-Kapitalgesellschaft an den Anteilseigner

Werden die Gewinne bei der Tochter-Kapitalgesellschaft thesauriert, ist hinsichtlich der Gewinnverwendung bei der Mutter-Kapitalgesellschaft zwischen Ausschüttung der Gewinne an den Anteilseigner und Einlage in die Tochter-Kapitalgesellschaft zu unterscheiden.[612]

[612] Siehe Tz. 3.2.2.2.6.

Bei Ausschüttung der Gewinne der Mutter-Kapitalgesellschaft an den Anteilseigner kommt für das Szenario Normalfall Formel (36) und für die Szenarien Out- bzw. Underperformance Formel (113) zur Anwendung. Der Ertragswert bei Funktionsverlagerung lautet wie folgt:

$$(116)\quad EW = \alpha * \left\{ \begin{array}{l} \left(1 - s^{gesamt}\right) * \sum_{t=1}^{n} \left(EBITDA_t^{Ausland} - x * AfA_t\right) * p^{n-t} * q^{-n} \\ + \sum_{t=1}^{n} x * AfA_t * p^{n-t} * q^{-n} \\ - s^{est} * x * VP * q^{-n} \\ - \left[s^{est} + \left(1 - s^{est}\right) * \left(s^{qst} + 0{,}05 * s^{Inland}\right)\right] * \left[\sum_{t=1}^{n} \left(x * AfA_t * p^{n-t}\right) - \sum_{t=1}^{n} x * AfA_t\right] * q^{-n} \\ - \left(1 - s^{est}\right) * s^{Inland} * VP \end{array} \right\}$$

$$+ \beta * \left\{ \begin{array}{l} \left(1 - s^{gesamt}\right) * \sum_{t=1}^{m} \left[(1+a)^t * EBITDA_t^{Ausland} - x * AfA_t\right] * p^{n-t} * q^{-n} \\ + \left(1 - s^{gesamt}\right) * \sum_{t=m+1}^{n} \left[(1+a)^t * EBITDA_t^{Ausland} - x * AfA_t - z * AfA_t^{AB}\right] * p^{n-t} * q^{-n} \\ + \sum_{t=1}^{n} x * AfA_t * p^{n-t} * q^{-n} \\ + \sum_{t=m+1}^{n} z * AfA_t^{AB} * p^{n-t} * q^{-n} \\ - s^{est} * \left(x * VP + z * AB\right) * q^{-n} \\ - \left[s^{est} + \left(1 - s^{est}\right) * \left(s^{qst} + 0{,}05 * s^{Inland}\right)\right] * \left[\sum_{t=1}^{n} \left(x * AfA_t * p^{n-t}\right) - \sum_{t=1}^{n} x * AfA_t\right] * q^{-n} \\ - \left[s^{est} + \left(1 - s^{est}\right) * \left(s^{qst} + 0{,}05 * s^{Inland}\right)\right] * \left[\sum_{t=m+1}^{n} \left(z * AfA_t^{AB} * p^{n-t}\right) - \sum_{t=m+1}^{n} z * AfA_t^{AB}\right] * q^{-n} \\ - \left(1 - s^{est}\right) * s^{Inland} * VP \\ - \left(1 - s^{est}\right) * s^{Inland} * AB * q^{-m} \end{array} \right\}$$

$$+\gamma * \left\{ \begin{array}{l} \left(1-s^{gesamt}\right) * \sum_{t=1}^{m} \left[(1+b)^t * EBITDA_t^{Ausland} - x * AfA_t\right] * p^{n-t} * q^{-n} \\ + \left(1-s^{gesamt}\right) * \sum_{t=m+1}^{n} \left[(1+b)^t * EBITDA_t^{Ausland} - x * AfA_t - z * AfA_t^{AB}\right] * p^{n-t} * q^{-n} \\ + \sum_{t=1}^{n} x * AfA_t * p^{n-t} * q^{-n} \\ + \sum_{t=m+1}^{n} z * AfA_t^{AB} * p^{n-t} * q^{-n} \\ - s^{est} * \left(x * VP + z * AB\right) * q^{-n} \\ - \left[s^{est} + \left(1-s^{est}\right) * \left(s^{qst} + 0{,}05 * s^{Inland}\right)\right] * \left[\sum_{t=1}^{n} \left(x * AfA_t * p^{n-t}\right) - \sum_{t=1}^{n} x * AfA_t\right] * q^{-n} \\ - \left[s^{est} + \left(1-s^{est}\right) * \left(s^{qst} + 0{,}05 * s^{Inland}\right)\right] * \left[\sum_{t=m+1}^{n} \left(z * AfA_t^{AB} * p^{n-t}\right) - \sum_{t=m+1}^{n} z * AfA_t^{AB}\right] * q^{-n} \\ - \left(1-s^{est}\right) * s^{Inland} * VP \\ - \left(1-s^{est}\right) * s^{Inland} * AB * q^{-m} \end{array} \right\}$$

$$mit \quad q = 1 + i * (1 - s^{est}) \qquad p = 1 + i * (1 - s^{Ausland}) \qquad \alpha + \beta + \gamma = 1$$

$$AfA_t = \frac{VP}{n} \qquad AfA_t^{AB} = \frac{AB}{n-m} \qquad \sum_{t=1}^{n} AfA_t = VP$$

4.8.9.5.2.2 Einlage der Gewinne der Mutter-Kapitalgesellschaft in die Tochter-Kapitalgesellschaft

Alternativ zur Ausschüttung der Gewinne an den Anteilseigner kommt bei der Mutter-Kapitalgesellschaft die Einlage der Gewinne in die Tochter-Kapitalgesellschaft in Betracht. Bei dieser Gewinnverwendung gilt für das Szenario Normalfall Formel (39) und für die Szenarien Out- bzw. Underperformance Formel (114). Der Ertragswert bei Funktionsverlagerung ermittelt sich bei dieser Gewinnverwendungsalternative wie folgt:

$$(117)\quad EW = \alpha * \left\{ \begin{array}{l} \left(1-s^{gesamt}\right) * \sum_{t=1}^{n} \left(EBITDA_t^{Ausland} - x * AfA_t\right) * p^{n-t} * q^{-n} \\ + \sum_{t=1}^{n} x * AfA_t * p^{n-t} * q^{-n} \\ - s^{est} * x * VP * q^{-n} \\ - \left[s^{est} + \left(1-s^{est}\right) * \left(s^{qst} + 0{,}05 * s^{Inland}\right)\right] * \left[\sum_{t=1}^{n} \left(x * AfA_t * p^{n-t}\right) - \sum_{t=1}^{n} x * AfA_t\right] * q^{-n} \\ - \left(1-s^{est}\right) * s^{Inland} * VP * p^{n} * q^{-n} \\ + \left(1-s^{est}\right) * \left(s^{qst} + 0{,}05 * s^{Inland}\right) * q^{-n} * \left(s^{Inland} * VP * p^{n} - s^{Inland} * VP\right) \end{array} \right\}$$

$$+ \beta * \left\{ \begin{array}{l} \left(1-s^{gesamt}\right) * \sum_{t=1}^{m} \left[(1+a)^t * EBITDA_t^{Ausland} - x * AfA_t\right] * p^{n-t} * q^{-n} \\ + \left(1-s^{gesamt}\right) * \sum_{t=m+1}^{n} \left[(1+a)^t * EBITDA_t^{Ausland} - x * AfA_t - z * AfA_t^{AB}\right] * p^{n-t} * q^{-n} \\ + \sum_{t=1}^{n} x * AfA_t * p^{n-t} * q^{-n} \\ + \sum_{t=m+1}^{n} z * AfA_t^{AB} * p^{n-t} * q^{-n} \\ - s^{est} * \left(x * VP + z * AB\right) * q^{-n} \\ - \left[s^{est} + \left(1-s^{est}\right) * \left(s^{qst} + 0{,}05 * s^{Inland}\right)\right] * \left[\sum_{t=1}^{n} \left(x * AfA_t * p^{n-t}\right) - \sum_{t=1}^{n} x * AfA_t\right] * q^{-n} \\ - \left[s^{est} + \left(1-s^{est}\right) * \left(s^{qst} + 0{,}05 * s^{Inland}\right)\right] * \left[\sum_{t=m+1}^{n} \left(z * AfA_t^{AB} * p^{n-t}\right) - \sum_{t=m+1}^{n} z * AfA_t^{AB}\right] * q^{-n} \\ - \left(1-s^{est}\right) * s^{Inland} * VP * p^{n} * q^{-n} \\ - \left(1-s^{est}\right) * s^{Inland} * AB * p^{n-m} * q^{-n} \\ + \left(1-s^{est}\right) * \left(s^{qst} + 0{,}05 * s^{Inland}\right) * q^{-n} * \left(s^{Inland} * VP * p^{n} - s^{Inland} * VP\right) \\ + \left(1-s^{est}\right) * \left(s^{qst} + 0{,}05 * s^{Inland}\right) * q^{-n} * \left(s^{Inland} * AB * p^{n-m} - s^{Inland} * AB\right) \end{array} \right\}$$

$$
+\gamma * \left\{ \begin{array}{l}
\left(1-s^{gesamt}\right) * \sum_{t=1}^{m} \left[(1+b)^t * EBITDA_t^{Ausland} - x * AfA_t \right] * p^{n-t} * q^{-n} \\
+ \left(1-s^{gesamt}\right) * \sum_{t=m+1}^{n} \left[(1+b)^t * EBITDA_t^{Ausland} - x * AfA_t - z * AfA_t^{AB} \right] * p^{n-t} * q^{-n} \\
+ \sum_{t=1}^{n} x * AfA_t * p^{n-t} * q^{-n} \\
+ \sum_{t=m+1}^{n} z * AfA_t^{AB} * p^{n-t} * q^{-n} \\
- s^{est} * (x * VP + z * AB) * q^{-n} \\
- \left[s^{est} + \left(1-s^{est}\right) * \left(s^{qst} + 0{,}05 * s^{Inland}\right) \right] * \left[\sum_{t=1}^{n} \left(x * AfA_t * p^{n-t}\right) - \sum_{t=1}^{n} x * AfA_t \right] * q^{-n} \\
- \left[s^{est} + \left(1-s^{est}\right) * \left(s^{qst} + 0{,}05 * s^{Inland}\right) \right] * \left[\sum_{t=m+1}^{n} \left(z * AfA_t^{AB} * p^{n-t}\right) - \sum_{t=m+1}^{n} z * AfA_t^{AB} \right] * q^{-n} \\
- \left(1-s^{est}\right) * s^{Inland} * VP * p^{n} * q^{-n} \\
- \left(1-s^{est}\right) * s^{Inland} * AB * p^{n-m} * q^{-n} \\
+ \left(1-s^{est}\right) * \left(s^{qst} + 0{,}05 * s^{Inland}\right) * q^{-n} * \left(s^{Inland} * VP * p^{n} - s^{Inland} * VP\right) \\
+ \left(1-s^{est}\right) * \left(s^{qst} + 0{,}05 * s^{Inland}\right) * q^{-n} * \left(s^{Inland} * AB * p^{n-m} - s^{Inland} * AB\right)
\end{array} \right\}
$$

$$
mit \quad q = 1 + i * (1 - s^{est}) \qquad p = 1 + i * (1 - s^{Ausland}) \qquad \alpha + \beta + \gamma = 1
$$

$$
AfA_t = \frac{VP}{n} \qquad AfA_t^{AB} = \frac{AB}{n-m} \qquad \sum_{t=1}^{n} AfA_t = VP
$$

4.8.10 Ergebnis

Sind Gegenstand der Funktionsverlagerung wesentliche immaterielle Wirtschaftsgüter und Vorteile und tritt innerhalb des 10-jährigen Anpassungszeitraums eine erhebliche Abweichung zwischen tatsächlicher und prognostizierter Gewinnentwicklung ein, ist die Finanzverwaltung ermächtigt, eine einmalige nachträgliche Preisanpassung vorzunehmen. Die gesetzliche Preisanpassung kann nur vermieden werden, indem eine fremdübliche individuelle Preisanpassungsklausel vereinbart wird. Dem Steuerpflichtigen droht innerhalb des Anpassungszeitraums eine Nachversteuerung der Funktionsverlagerung. Da der Steuerpflichtige die Funktionsgewinne im Zeitpunkt der Funktionsverlagerung nicht mit Sicherheit prognostizieren kann, werden Abweichungen zwischen den prognostizierten und den tatsächlichen Funktionsgewinnen zwangsläufig auftreten. Unter Verwendung einer Szenarioanalyse sollte der Steuerpflichtige die Anwendung der gesetzlichen Preisanpassung prüfen und ggf. in das Entscheidungskalkül über die Funktionsverlagerung einbeziehen.

5 Zusammenfassung

1) Durch das Unternehmensteuerreformgesetz 2008 wurden gesetzliche Grundlagen für die Besteuerung von Funktionsverlagerungen etabliert respektive konkretisiert. Ausgelöst wurde eine starke Emotionalisierung der Debatte um Funktionsverlagerungen.

2) Die Einkünftekorrektur nach § 1 AStG ist auf der Rechtsfolgenebene gegenüber anderen Korrekturvorschriften wie z. B. der verdeckten Gewinnausschüttung als nachrangige ergänzende Berichtigung zu qualifizieren.

3) Es besteht die begründete Vermutung, dass die Besteuerung von Funktionsverlagerungen sowohl gegen die Niederlassungsfreiheit als auch gegen das Territorialitätsprinzip verstößt. Doppelbesteuerungen sind die Folge.

4) Der Begriff „Funktion" wird gesetzlich nicht definiert. Die Auslegung durch die Finanzverwaltung ist ausufernd.

5) Voraussetzung für eine Funktionsverlagerung ist die Übertragung des wirtschaftlichen Eigentums an einer Funktion. Ausgenommen werden unter restriktiven Voraussetzungen Funktionsverdoppelungen sowie einzelne andere Sachverhalte.

6) Gestaltungsalternativen zur Funktionsverlagerung sind die Lizenzierung einer Funktion sowie die Übertragung auf eine ausländische Betriebstätte.

7) Als Entscheidungsgrundlage für eine Funktionsverlagerung können Standard-, Bewertungs-, Verlust- und Finanzierungsmodell verwendet werden.

8) Das Standardmodell bildet den idealtypischen Fall einer Funktionsverlagerung ab.

9) Das Bewertungsmodell berücksichtigt Entscheidungssituationen, in denen der Funktionsverrechnungspreis im Ausland (teilweise) nicht anerkannt wird und zeigt die daraus resultierende Verschlechterung der Vermögensposition des Anteilseigners.

10) Verlustsituationen wird durch das Verlustmodell Rechnung getragen.

11) Das Finanzierungsmodell berücksichtigt eine (Fremd-)Finanzierungskomponente. Im Hinblick auf die Steuerwirksamkeit der Zinsaufwendungen ist die Zinsschrankenregelung des § 4h EStG zu beachten.

12) Bei der Bestimmung des Verrechnungspreises für die verlagerte Funktion ist vorrangig zu prüfen, ob konkrete uneingeschränkt oder eingeschränkt vergleichbare Fremdvergleichspreise vorliegen. Subsidiär ist der hypothetische Fremdvergleich anzuwenden, dem in der Praxis die größte Bedeutung zukommt.

13) Beim hypothetischen Fremdvergleich erfolgt eine Gesamtbewertung der übertragenen Wirtschaftsgüter und Vorteile auf Basis von Ertragswerten. Ermittelt werden Grenzpreise für einen (hypothetischen) Verkäufer und Käufer.

14) Grundlage für die Ermittlung des Verrechnungspreises beim hypothetischen Fremdvergleich sind das Transferpaket und die Gewinnpotenziale.

15) Hinsichtlich der Gewinnpotenziale bestehen die Probleme der Isolierbarkeit sowie der Prognose. Kritisch ist darüber hinaus die Einbeziehung von Standort- und Synergieeffekten.

16) Besonderes Gewicht bei der Ermittlung des Verrechnungspreises hat die Höhe des Kapitalisierungszinssatzes. Problematisch ist insbesondere die Ermittlung eines angemessenen Risikozuschlags.

17) Entgegen theoretischen Grundsätzen und praktischen Erwägungen ist der Ermittlung des Verrechnungspreises grundsätzlich ein unbegrenzter Kapitalisierungszeitraum zugrunde zu legen.

18) Beim Vergleich des hypothetischen Fremdvergleichs mit der Bestimmung von Grenzpreisen aus investitionstheoretischer Sicht zeigen sich Mängel vor allem in den Bereichen Cash-Flow-Orientierung, Einbeziehung der Anteilseignerebene und Kapitalisierungszeitraum.

19) Die Escape-Klausel eröffnet die Möglichkeit anstelle der Gesamtbewertung per Transferpaket eine Einzelbewertung der übertragenen Wirtschaftsgüter und Vorteile durchzuführen. Aufgrund der restriktiven Voraussetzungen ist die praktische Relevanz jedoch fraglich.

20) Die Preisanpassungsklausel ermächtigt die Finanzverwaltung zu einer einmaligen nachträglichen Anpassung des Verrechnungspreises, wenn die tatsächliche Gewinnentwicklung innerhalb von 10 Jahren erheblich von der prognostizierten Gewinnentwicklung abweicht.

21) Eine Gestaltungsalternative zur gesetzlichen Preisanpassungsklausel bietet nur die Vereinbarung einer individuellen Preisanpassungsklausel. Die Voraussetzungen für deren Anerkennung durch die Finanzverwaltung sind allerdings weitgehend unklar.

22) Aufgrund der Ungewissheit der Zukunft sind Szenarien der gesetzlichen Preisanpassung in das Entscheidungskalkül über eine Funktionsverlagerung einzubeziehen.

Literaturverzeichnis

A. Monographien, Beiträge in Handbüchern und anderen Sammelwerken, Fachveröffentlichungen sowie Artikel in Periodika

A

Ahsen, H. / Witt, B. (2005): Analyseschritte zur Ermittlung des Zukunftserfolgs, in: Schacht, U. / Fackler, M (Hrsg.): Praxishandbuch Unternehmensbewertung – Grundlagen, Methoden, Fallbeispiele, Wiesbaden 2005, S. 133-154.

B

Ballwieser, W. (2007): Unternehmensbewertung – Prozeß, Methoden und Probleme, 2. Auflage, Stuttgart 2007.

Baumhoff, H. (2007): Verlagerung von Vertrieb, Forschung und Entwicklung und Dienstleistungen, Arbeitsunterlage zum Düsseldorfer Forum der Internationalen Besteuerung: Grenzüberschreitende Funktionsverlagerungen vom 27. Februar 2007.

Baumhoff, H. / Brüninghaus, D. / Lenz, M. / Schreiber, R. / Wassermeyer, F. (2006): Verrechnungspreise und Verrechnungspreisdokumentation – Zweifelsfragen und Praxishinweise, in: Die Wirtschaftsprüfung – Sonderheft, 2006, S. 131-139.

Baumhoff, H. / Ditz, X. / Greinert, M. (2007a): Auswirkungen des Unternehmensteuerreformgesetzes 2008 auf die Ermittlung internationaler Verrechnungspreise, in: Deutsches Steuerrecht, 2007, S. 1461-1467.

Baumhoff, H. / Ditz, X. / Greinert, M. (2007b): Auswirkungen des Unternehmensteuerreformgesetzes 2008 auf die Besteuerung grenzüberschreitender Funktionsverlagerungen, in: Deutsches Steuerrecht, 2007, S. 1649-1655.

Baumhoff, H. / Ditz, X. / Greinert, M. (2008): Die Besteuerung von Funktionsverlagerungen nach der Funktionsverlagerungsverordnung vom 12.8.2008, in: Deutsches Steuerrecht, 2008, S. 1945-1952.

BDI – Bundesverband der Deutschen Industrie e.V. / PwC – PricewaterhouseCoopers (2006): Verlustberücksichtigung über Grenzen hinweg – Vergleichende Gegenüberstellung der Verlustverrechnungsmöglichkeiten in 33 Ländern, Frankfurt am Main 2006.

Beland, U. (2006): Entwicklung der Realsteuerhebesätze der Gemeinden mit 50.000 und mehr Einwohnern im Jahr 2007 gegenüber 2006, Institut „Finanzen und Steuern“ e. V., Schrift-Nr. 439, Bonn 2006.

Bernhardt, L. / Ham, S. / Kluge, S. (2007): Das Verhältnis von § 1 AStG n. F. und verdeckter Einlage – Können Wirtschaftsgüter grenzüberschreitend noch immer ausschließlich verdeckt eingelegt werden?, in: Internationales Steuerrecht, 2007, S. 717-720.

Bernhardt, L. / Ham, S. / Kluge, S. (2008a): Die Expansion deutscher Unternehmen ins Ausland: Steuerliche Implikationen der Gründung von Vertriebstochtergesellschaften – Die Besteuerung von Funktionsverlagerungen im Fall von „Vertriebsabspaltungen“, in: Internationales Steuerrecht, 2008, S. 1-11.

Bernhardt, L. / Ham, S. / Kluge, S. (2008b): Die gesetzliche Preisanpassungsklausel im § 1 AStG – Bestimmung der Anpassungen der Höhe nach und weitere praktische Anwendungsprobleme, in: Internationales Steuerrecht, 2008, S. 844-849.

Blumers, W. (2007): Funktionsverlagerung per Transferpaket, in: Betriebs-Berater, 2007, S. 1757-1763.

BMF – Bundesministerium der Finanzen (1999): Reform der internationalen Kapitaleinkommensbesteuerung, Bonn 1999.

BMF – Bundesministerium der Finanzen (2006): Die wichtigsten Steuern im internationalen Vergleich 2006, Berlin 2006.

Bodenmüller, R. (2004): Steuerplanung bei Funktionsverlagerungen ins Ausland – Ertragsteuerliche Folgen, Strategien und Modelle, Dissertation, Düsseldorf 2004.

Bohr, R. (2008): Die Transferpaket(be)rechnung – die Quadratur des Kreises, in: Internationale Wirtschafts-Briefe, 2008, S. 171-178.

Borstell, T. / Schäperclaus, J. (2008): Was ist eigentlich eine Funktion?, in: Internationales Steuerrecht, 2008, S. 275-284.

Brealey, R. / Myers, S. (1996): Principles of Corporate Finance, New York 1996.

Brockhagen, J. (2007): Verrechnungspreise bei Funktionsverlagerung, Dissertation, Marburg 2007.

Bundessteuerberaterkammer (2007b): Scharfe Kritik an neuen Besteuerungsregeln bei Funktionsverlagerung, in: Kammer Report, 2007, S. 36.

Burkert, M. (2003a): Funktionsverlagerungen im internationalen Konzern – Management der Steuerfolgen in Deutschland – Teil I, in: Internationales Steuerrecht, 2003, S. 320-324.

Burkert, M. (2003b): Funktionsverlagerungen im internationalen Konzern – Management der Steuerfolgen in Deutschland – Teil II, in: Internationales Steuerrecht, 2003, S. 356-360.

C

Crüger, A. / Wintzer, E. (2008): Funktionsverlagerungen ins Ausland – Aktuelle Neuerungen durch die Unternehmensteuerreform 2008 und Gestaltungshinweise, in: GmbH-Rundschau, 2008, S. 306-311.

D

Damodaran, A. (1994): Damodaran on Valuation, New York 1994.

DIHK – Deutscher Industrie- und Handelskammertag (2003): Produktionsverlagerung als Element der Globalisierungsstrategie von Unternehmen: Ergebnisse einer Unternehmensbefragung, Berlin 2003.

Dirrigl, H. (1988): Die Bewertung von Beteiligungen an Kapitalgesellschaften – Betriebswirtschaftliche Methoden und steuerlicher Einfluß, Hamburg 1988.

Ditz, X. (2006): Übertragung von Geschäftschancen bei Funktionsverlagerungen ins Ausland, in: Deutsches Steuerrecht, 2006, S. 1625-1631.

Ditz, X. (2008): Besteuerung von Funktionsverlagerungen – Gestaltungsalternativen aus Beratersicht, in: Status:Recht, 2008, S. 105-110.

Ditz, X. /Schneider, M. (2009): FuE-Standort Deutschland – Auswirkungen der Funktionsverlagerungsverordnung, in: Status:Recht, 2009, S. 25

Dörfler, H. / Vogl, A. (2007): Unternehmensteuerreform 2008: Auswirkung der geplanten Zinsschranke anhand ausgewählter Beispiele, in: Betriebs-Berater, 2007, S. 1084-1087.

Drukarczyk, J. (2003): Unternehmensbewertung, 4. Auflage, München 2003.

Drukarczyk, J. / Schüler, A. (2007): Unternehmensbewertung, 5. Auflage, München 2007.

E

Eisele, F. (2003): Grenzüberschreitende Funktionsverlagerung – Recht und Besteuerung im Einheitsunternehmen und Konzern, Berlin 2003.

Elser, T. (2002): Asset deal versus share deal – Steuerlicher Vorteilhaftigkeitsvergleich und Preiswirkungen – Dargestellt am Beispiel der beabsichtigten Veräußerung einer 100%igen Beteiligung an einer Kapitalgesellschaft durch eine natürliche Person, in: Deutsches Steuerrecht, 2002, S. 1827-1832.

Elschen, R. (1991): Entscheidungsneutralität, Allokationseffizienz und Besteuerung nach der Leistungsfähigkeit, in: Steuern und Wirtschaft, 1991, S. 99-115.

Endres, D. / Spengel, C. / Reister, T. (2007): Neu Maß nehmen: Auswirkungen der Unternehmensteuerreform 2008, in: Die Wirtschaftsprüfung, 2007, S. 478-489.

Erb, M. (2008): Bericht über die Deloitte 2008 EMEA Transfer Pricing and Business Restructuring Conference in Barcelona, in: Internationale Wirtschafts-Briefe, 2008, S. 427-430.

F

Flick, H. / Wassermeyer, F. / Baumhoff, H. (2007): Kommentar zum Außensteuerrecht, Rechtsstand 2007, Köln.

Franke, R. (2009): Der OECD-Entwurf zum Business Restructuring – „ongoing questions", in: Status:Recht, 2009, S. 6

Freudenberg, M. / Peters, H. (2008): Steuerliche Allokation von Restrukturierungsaufwendungen im Kontext von Funktionsverlagerungen, in: Betriebs-Berater, 2008, S. 1424-1434.

Freytag, U. (2007): Entwurf des Unternehmensteuerreformgesetzes 2008 – Geplante Änderungen für den Bereich Verrechnungspreise, in: Internationale Wirtschafts-Briefe, 2007, S. 237-244.

Frischmuth, M. (2007a): Die Konzeption der Funktionsverlagerungsbesteuerung nach dem UntStRefG 2008, in: Steuer und Bilanzen, 2007, S. 386-392.

Frischmuth, M. (2007b): Schuldrechtliche und bilanzielle Aspekte sowie Preisanpassungen bei Funktionsverlagerungen nach dem Unternehmensteuerreformgesetz 2008, in: Steuer und Bilanzen, 2007, S. 459-465.

Frischmuth, M. (2007c): UntStRefG 2008 und Verrechnungspreise nach § 1 AStG n.F., in: Internationales Steuerrecht, 2007, S. 485-489.

Frischmuth, M. (2007d): Funktionsverdoppelungen im Visier des deutschen Fiskus – Quo vadis?, in: Internationale Wirtschafts-Briefe, 2007, S. 909-913.

Frischmuth, M. (2008): Wann genau liegt eine Funktionsverlagerung nach der FVerlV vor?, in: Steuer und Bilanzen, 2008, S. 864-871.

Frotscher, G. (2005): Internationales Steuerrecht, 2. Auflage, München 2005.

Frotscher, G. (2007a): Funktionsverlagerung, Arbeitsunterlage zum 25. Berliner Steuergespräch am 19. November 2007.

Frotscher, G. (2007b): Funktionsverlagerung, Handout zum 25. Berliner Steuergespräch am 19. November 2007.

Frotscher, G. (2008): Grundfragen der Funktionsverlagerung, in: Finanz-Rundschau, 2008, S. 49-57.

Fuhrmann, C. (2008): Die Funktionsverlagerungsverordnung, in: Kölner Steuerdialog, 2008, S. 16188-16203.

G

Gabler (2000): Wirtschaftslexikon, 15. Auflage, Wiesbaden 2000.

Gratz, K. (1981): Unternehmensbewertung bei progressiver Einkommensbesteuerung, in: Zeitschrift für betriebswirtschaftliche Forschung, 1981, S. 981-991.

Günter, S. (2007): Die ertragsteuerliche Behandlung grenzüberschreitender Funktionsverlagerungen, in: Die Wirtschaftsprüfung, 2007, S. 1082-1089.

H

Haas, W. (2008): Funktionsverlagerung – Doppelbesteuerungen sind unausweichlich!, in: Status:Recht, 2008, S. 105-110.

Hachmeister, D. (2006): Diskontierung unsicherer Zahlungsströme – Methodische Anmerkung zur Bestimmung risikoangepasster Kapitalkosten, in: Zeitschrift für Controlling & Management, 2006, S. 143-149.

Hammerschmitt, S. (2007): Gesprächskreis Rhein-Ruhr Internationales Steuerrecht e.V. zum Thema Funktionsverlagerung, in: Internationale Wirtschafts-Briefe, 2007, S. 459-462.

Hey, J. (2007): Verletzung fundamentaler Besteuerungsprinzipien durch die Gegenfinanzierungsmaßnahmen des Unternehmensteuerreformgesetzes 2008, in: Betriebs-Berater, 2007, S. 1303-1309.

Hoffmann, W. (2007): Der Ausgleichsposten nach § 4g EStG i.d.F. des SEStEG, in: Der Betrieb, 2007, S. 652-658.

Hohaus, B. (1996): Steuerwettbewerb in Europa: Eine Analyse der Folgen unbeschränkter Güter- und Faktormobilität im Europäischen Binnenmarkt, Dissertation, Frankfurt am Main 1996.

Homburg, S. (2007): Die Zinsschranke – eine beispiellose Steuerinnovation, in: Finanz-Rundschau, 2007, S. 717-728.

Hruschka, F. (2007): Dokumentation von Funktionsverlagerungen, Arbeitsunterlage zum Düsseldorfer Forum der Internationalen Besteuerung: Grenzüberschreitende Funktionsverlagerungen vom 27. Februar 2007.

I

Institut der Wirtschaftsprüfer (IDW): Prüfungsstandard IDW S1 in der Fassung 2008 – Grundsätze zur Durchführung von Unternehmensbewertungen, Düsseldorf 2008.

J

Jahndorf, C. (2008): Besteuerung der Funktionsverlagerung, in: Finanz-Rundschau, 2008, S. 101-111.

Jenzen, H. (2007): Internationale Funktionsverlagerungen – Die Besteuerung von Gewinnpotenzialen bei grenzüberschreitenden Funktionsverlagerungen im Konzern, in: Neue Wirtschafs-Briefe, 2007, S. 3117-3136.

K

Kahle, H. (2007a): Konzernbesteuerung in der EU: Übergang zur formelhaften Gewinnaufteilung?, in: Die Wirtschaftsprüfung, 2007, S. 210-217.

Kahle, H. (2007b): Die Ertragsbesteuerung von Funktionsverlagerungen, in: Der Konzern, 2007, S. 647-657.

Kavcic, C. / Vogel, A. (2008): Der tatsächliche Verlauf des Unternehmensteuertarifs nach der Unternehmensteuerreform 2008 – Wird das Ziel der internationalen Wettbewerbsfähigkeit des deutschen Unternehmensteuerrechts durch die Unternehmensteuerreform 2008 erreicht?, in: Deutsches Steuerrecht, 2008, S. 573-578.

Kaminski, B. / Strunk, G. (2002): Funktionsverlagerungen im Rahmen von e-Business-Aktivitäten, in: Internationales Steuerrecht, 2002, S. 789-798.

Kaminski, B. / Strunk, G. (2008): Funktionsverlagerungen in und von ausländischen Betriebsstätten und Personengesellschaften – Überlegungen zur (Nicht-) Anwendbarkeit der Grundsätze zum sog. Transferpaket, in: Der Betrieb, 2008, S. 2501-2507.

Kessler, W. / Ortmann-Babel, M. / Zipfel, L. (2007): Unternehmensteuerreform 2008: Die geplanten Änderungen im Überblick, in: Betriebs-Berater, 2007, S. 523-533.

Kroppen, H. / Nientimp, A. (2008): Absonderlichkeiten bei der Funktionsverlagerung, in: Internationale Wirtschafts-Briefe, 2008, S. 845-850.

Kroppen, H. / Rasch, S. (2008): Die Funktionsverlagerungsverordnung, in: Internationale Wirtschafts-Briefe, 2008, S. 547-562.

Kroppen, H. / Rasch, S. / Eigelshoven, A. (2007): Die Behandlung der Funktionsverlagerung im Rahmen der Unternehmensteuerreform 2008 und der zu erwartenden Verwaltungsgrundsätze-Funktionsverlagerung, in: Internationale Wirtschafts-Briefe, 2007, S. 301-329.

Kruschwitz, L. (2007): Investitionsrechnung, 11. Auflage, München 2007.

Kruschwitz, L. / Husmann, S. / Schneider, D. (2002): Investitionsneutrale Steuersysteme vor dem Hintergrund der Kontroverse um Einkommen oder Konsum als geeignete Steuerbemessungsgrundlage, Diskussionsbeitrag, Berlin 2002.

Kuckhoff, H. / Schreiber, R. (1997): Verrechnungspreise in der Betriebsprüfung, München 1997.

Kuckhoff, H. / Schreiber, R. (1999a): Grenzüberschreitende Funktionsverlagerung aus Sicht der Betriebsprüfung (Teil I), in: Internationales Steuerrecht, 1999, S. 321-330.

Kuckhoff, H. / Schreiber, R. (1999b): Grenzüberschreitende Funktionsverlagerung aus Sicht der Betriebsprüfung (Teil II), in: Internationales Steuerrecht, 1999, S. 353-362.

L

Lange, B. (2007): Der Ausgleichsposten nach § 4g EStG bei der Ent- und Verstrickung von Wirtschaftsgütern – Steuerliche und bilanzielle Konsequenzen, in: Steuer und Bilanzen, 2007, S 259-265.

Leuthier, R. (1988): Zur Berücksichtigung der Besteuerung bei der Unternehmensbewertung, in: Betriebwirtschaftliche Forschung und Praxis, 40. Jahrgang., 1988, S. 505-521.

Looks, C. / Scholz, C. (2007): Funktionsverlagerung nach der Neufassung des § 1 Abs. 3 AStG, in: Betriebs-Berater, 2007, S. 2541-2545.

M

Matschke, M. / Brösel, G. (2005): Unternehmensbewertung – Funktionen, Methoden, Grundsätze, Wiesbaden 2005.

Mellwig, W. (1985): Investition und Besteuerung: Ein Lehrbuch zum Einfluß der Steuern auf die Investitionsentscheidung, Wiesbaden 1985.

Mössner, J. (2006): Anforderungen an ein modernes – internationales – Steuerrecht angesichts der Globalisierung aus Sicht der Rechtswissenschaft, in: Frotscher, G.: Anforderungen an ein modernes – internationales – Steuerrecht angesichts der Globalisierung, Hamburg 1984, S. 47-66.

Modigliani, F. / Miller, M. (1958): The Cost of Capital, Corporation Finance and the Theory of Investment, in: American Economic Review, 1958, S. 261-297.

Morawietz, M. (1994): Rentabilität und Risiko deutscher Aktien- und Rentenanlagen seit 1870, Wiesbaden 1994.

N

Naumann, M. (2007): Im Gespräch: Besteuerung von Funktionsverlagerungen, in: Status:Recht, 2007, S. 203-205.

Nelson, C. / Siegel, A. (1987): Parsimonious Modeling of Yield Curves, in: Journal of Business, 1987, S. 473-489.

Nientimp, A. (2008): Bundesministerium der Finanzen beantwortet Kleine Parlamentsanfrage zu Funktionsverlagerung und Verständigungsverfahren, in: Internationale Wirtschafts-Briefe, 2008, S. 331-333.

O

Obermaier, R. (2005): Unternehmensbewertung, Basiszinssatz und Zinsstruktur – Kapitalmarktorientierte Bestimmung des risikolosen Basiszinssatzes bei nicht-flacher Zinsstruktur, Regensburger Diskussionsbeitrag zur Wirtschaftswissenschaft Nr. 408, Regensburg 2005.

Oestreicher, A. / Hundeshagen, C. (2008a): Bewertung von Transferpaketen bei Funktionsverlagerungen – Teil 1, in: Der Betrieb, 2008, S. 1637-1643.

Oestreicher, A. / Hundeshagen, C. (2008b): Bewertung von Transferpaketen bei Funktionsverlagerungen – Teil 2, in: Der Betrieb, 2008, S. 1693-1700.

Ohne Verfasser (2008): Streitthema Funktionsverlagerungen, in: Die Steuerberatung, 2008, S. 41-42.

P

Pankoke, T. / Petersmeier, K. (2005): Der Zinssatz in der Unternehmensbewertung, in: Schacht, U. / Fackler, M (Hrsg.): Praxishandbuch Unternehmensbewertung – Grundlagen, Methoden, Fallbeispiele, Wiesbaden 2005, S. 103-132.

R

Raber, G. (2007): Verlagerung der Produktion, Arbeitsunterlage zum Düsseldorfer Forum der Internationalen Besteuerung: Grenzüberschreitende Funktionsverlagerungen vom 27. Februar 2007.

Reith, T. (2004): Internationales Steuerrecht – Handbuch zum Doppelbesteuerungs- und Außensteuerrecht und zu Gestaltungen grenzüberschreitender Investitionen, München 2004.

Richter, A. / Welling, B. (2008): Tagungs- und Diskussionsbericht zum 25. Berliner Steuergespräch mit dem Thema Funktionsverlagerung, in: Finanz-Rundschau, 2008, S. 71-78.

Rödder, T. (2007a): Perspektiven der Konzernbesteuerung, in: Zeitschrift für das gesamte Handelsrecht und Wirtschaftsrecht, 2007, S. 380-408.

Rödder, T. (2007b): Unternehmensteuerreformgesetz 2008, in: Deutsches Steuerrecht, Beihefter zu Heft 40, 2007, S. 1-19.

Rödder, T. / Stangl, I. (2007): Zur geplanten Zinsschranke, in: Der Betrieb, 2007, S. 479-485.

Rose, G. (2005): Betriebswirtschaftliche Steuerlehre, in: Gabler (Hrsg.): Wirtschaftslexikon, 15. Auflage, Wiesbaden 2000, S. 465-466.

Ross, S. (1976): The Arbitrage Theory of Capital Asset Pricing, in: Journal of Economic Theory, 1976, S. 341-360.

S

Schaumberg, H. (2007): Korrekturnormen und Defizite – vom Wirtschaftsgut zum Gewinnpotential, Arbeitsunterlage zum Düsseldorfer Forum der Internationalen Besteuerung: Grenzüberschreitende Funktionsverlagerungen vom 27. Februar 2007.

Schäfer, H. / Schlarb, E. (2007): Arbeitsunterlage zur Vortragsveranstaltung "Unternehmensteuerreform 2008" am 07. September 2007 in Stuttgart.

Schänzle, T. (2000): Steueroptimierte Gestaltung internationaler Konzernstrukturen, Köln 2000.

Scheuchzer, M. (1994): Konzernbesteuerung in der Europäischen Union, Bielefeld 1994.

Schmidt, L. (2007): EStG – Einkommensteuergesetz Kommentar, 26. Auflage, München 2007.

Schmidt, V. (2008): Neuer Entwurf einer Funktionsverlagerungsverordnung, in: Neue Wirtschafts-Briefe, 2008, S. 1827-1828.

Schneider, D. (1992): Investition, Finanzierung und Besteuerung, 7. Auflage, Wiesbaden, S. 193-205.

Schneider, D. (2001): Steuerlast und Steuerwirkung – Einführung in die steuerliche Betriebswirtschaftslehre, München 2001.

Schnittger, A. (2007): Änderungen der grenzüberschreitenden Unternehmensbesteuerung sowie des § 42 AO durch das geplante Jahressteuergesetz 2008 (JStG 2008), in: Internationales Steuerrecht, 2007, S. 729-737.

Scholz, C. (2007): Die Fremdüblichkeit einer Preisanpassungsklausel nach dem Entwurf zu § 1 Abs. 3 AStG, in: Internationales Steuerrecht, 2007, S. 521-526.

Schreiber, R. (2007): Neue Rechtsgrundlagen zu Funktionsverlagerungen zwischen selbständigen Konzernunternehmen Gesetz – Verordnung – Erlass, Arbeitsunterlage zum Düsseldorfer Forum der Internationalen Besteuerung: Grenzüberschreitende Funktionsverlagerungen vom 27. Februar 2007.

Schreiber, U. (2005): Besteuerung der Unternehmen – Eine Einführung in Steuerrecht und Steuerwirkung, Heidelberg 2005.

Schwenke, M. (2007): Funktionsverlagerung: Neue Gesetzeslage, Arbeitsunterlage zum 25. Berliner Steuergespräch am 19. November 2007.

Schwenke, M. (2008): Funktionsverlagerung und Doppelbesteuerungen – Neuregelung ist besser als ihr Ruf!, in: Status:Recht, 2008, S. 105-110.

Schwinger, R. (1992): Einkommens- und konsumorientierte Steuersysteme, Heidelberg 1992.

Serg, O. (2005): Die Behandlung von Geschäftschancen bei grenzüberschreitenden Funktionsverlagerungen, in: Deutsches Steuerrecht, 2005, S. 1916-1920.

Serg, O. (2006): Optimierung der Konzernsteuerquote durch internationale Funktionsverlagerungen, Dissertation, Köln 2006.

Sharpe, W. (1964): Capital Asset Prices – A Theory of Market Equilibrium under Conditions of Risk, in: Journal of Finance, 1964, S. 425-442.

Spengel, C. / Heckenmeyer, J. (2008): Gewinnexport-Gewinnimport: „100 Mrd. €“? Wie viele Buchgewinne verlagern deutsche Konzerne tatsächlich ins Ausland?, in: Status:Recht, 2008, S. 110-112.

Spengel, C. / Reister, T. (2007): Unternehmensteuerreform 2008: Bewertung und steuerplanerische Konsequenzen des Gesetzes, in: Status:Recht, 2007, S. 279-282.

Stehle, R. (1999): Renditevergleich von Aktien und festverzinslichen Wertpapieren auf Basis des DAX und des REXP, Berlin 1999.

Stehle, R. (2004): Die Festlegung der Risikoprämie von Aktien im Rahmen der Schätzung des Wertes von börsennotierten Kapitalgesellschaften, in: Die Wirtschaftsprüfung, 2004, S. 906-927.

Strunk, G. / Kaminski, B. (2008): Grenzüberschreitende Gewinnberichtigungen – Auswirkungen der Unternehmensteuerreform 2008 im Spiegel aktueller Rechtsprechung, in: Die Steuerberatung, 2008, S. 211-213.

Stuffer, W. (2007): Kommentar in Tartler, J. (2007): Industrie fürchtet um Forschung Financial Times Deutschland, 15. Februar 2007, S. 11.

Svensson, L. (1994): Estimating and Interpreting Forward Interest Rate, CEPR Discussion Paper No. 1051, 1994.

T

Tartler, J. (2007): Industrie fürchtet um Forschung, in: Financial Times Deutschland, 15. Februar 2007, S. 11.

Timmreck, C. (2004): Bestimmung der Eigenkapitalkosten, in: Richter, F. / Timmreck, C. (Hrsg.): Unternehmensbewertung – Moderne Instrumente und Lösungsansätze, Stuttgart 2004, S. 61-75.

V

Vettiger, T. / Volkart, R. (2002): Kapitalkosten und Unternehmenswert, in: Der Schweizer Treuhänder, 2002, S. 751-758.

W

Wader, D. (2002): Unternehmensbesteuerung und Unternehmensverfassung, Dissertation, Tübingen 2002.

Wagner, F.W. (1972): Der Einfluß der Einkommensteuer auf die Entscheidung über den Verkauf einer Unternehmung, in: Der Betrieb, 1972, S. 1637-1642.

Wagner, F.W. (1986): Der gesellschaftliche Nutzen einer betriebswirtschaftlichen Steuervermeidungslehre, in: Finanzarchiv, 1986, S. 32-54.

Wagner, F.W. (1992): Neutralität und Gleichmäßigkeit als ökonomische und rechtliche Kriterien steuerlicher Normkritik, in: Steuer und Wirtschaft 1992, S. 2-13.

Wagner, F.W. (1999a): Der Einfluß idealer und real existierender Steuersysteme auf den Wert der Unternehmung, in: Egger, A. (Hrsg.): Unternehmensbewertung – quo vadis? – Beiträge zur Entwicklung der Unternehmensbewertung, Wien 1999, S. 65-88.

Wagner, F.W. (1999b): Besteuerung, in: Bitz, M. / Dellmann, K. / Domsch, M. / Wagner, F.W. (Hrsg.): Vahlens Kompendium der Betriebswirtschaftslehre, Band 2, 4. Auflage, München 1999, S. 439-504.

Wagner, F.W. / Dirrigl, H. (1980): Die Steuerplanung der Unternehmung, Stuttgart/NewYork 1980.

Wagner, F.W. / Rümmele, P. (1995): Ertragsteuern in der Unternehmensbewertung: Zum Einfluß von Steuerrechtsänderungen, in: Die Wirtschaftsprüfung, 1995, S. 433-441.

Wagner, F.W. / Schwinger, R. (1991): Der Einfluß einer Cash-flow-Steuer auf Finanzierung und Rechnungslegung, in: Rose, M. (Hrsg.): Konsumorientierte Neuordnung des Steuersystems, Berlin 1991, S. 495-521.

Wagner, F.W. / Wissel, H. (1995): Entscheidungsneutralität der Besteuerung als Leitlinie einer Reform der Einkommensteuer, Aufsatz, Tübingen 1995.

Waldens, S. (2007): Fallstricke bei Funktionsverlagerungen nach der Unternehmensteuerreform 2008, in: Praxis Internationale Steuerberatung, 2007, S. 209-214.

Wassermeyer, F. (1993): Das Wettbewerbsverbot des Gesellschafters und des Gesellschafter-Geschäftsführers einer GmbH, in: GmbH-Rundschau, 1993, S. 329-336.

Wassermeyer, F. (2001): Einkünftekorrekturnormen im Steuersystem, in: Internationales Steuerrecht, 2001, S. 633-638.

Wassermeyer, F. (2006): Entstrickung durch Beschränkung des deutschen Besteuerungsrechts, in: Der Betrieb, 2006, S. 2420-2424.

Wassermeyer, F. (2007a): Modernes Gesetzgebungsniveau am Beispiel des Entwurfs zu § 1 AStG, in: Der Betrieb, 2007, S. 535-539.

Wassermeyer, F. (2007b): Die neuen Regelungen zur Funktionsverlagerung, Arbeitsunterlage zur RSW-Veranstaltung vom 28. November 2007, Universität Hohenheim, Stuttgart.

Wassermeyer, F. (2008): Funktionsverlagerung – Statement, in: Finanz-Rundschau, 2008, S. 67-68.

Wassermeyer, F. / Andresen, U. / Ditz, X. (2006): Betriebsstätten-Handbuch: Gewinnermittlung und Besteuerung in- und ausländischer Betriebsstätten, Köln 2006.

Weier, D. (2008): Der deutsche Teilbetrieb wird europäisch, in: Deutsches Steuerrecht, 2008, S. 1002-1008.

Welling, B. (2007): Die Zinsschranke – Übersteigerte politische Zielvorgabe an eine Neuordnung der Regelung zur Gesellschafter-Fremdfinanzierung, in: Finanz-Rundschau, 2007, S. 735-739.

Welling, B. (2008): Überzogene Aufkommenserwartungen provozieren nationalen Alleingang, in: Status:Recht, 2008, S. 105-110.

Welling, B. / Tiemann, K. (2008): Funktionsverlagerungsverordnung im Widerstreit mit internationalen Grundsätzen, in: Finanz-Rundschau, 2008, S. 68-71.

Wenger, E. (1983): Gleichmäßigkeit der Besteuerung von Arbeits- und Vermögenseinkünften, in: Finanzarchiv, 1983, S. 207-252.

Wiese, F. / Gampenrieder, P. (2007): Kapitalmarktorientierte Bestimmung des Basiszinssatzes – Möglichkeiten, und Grenzen, in: Der Schweizer Treuhänder, 2007, S. 442-448.

Willmanns, J. (2007): Besteuerung von Funktionsverlagerungen – Ein internationaler Vergleich, in: Status:Recht, 2007, S. 201-202.

Wolter, H. / Pitzal, C. (2008): Der Begriff „Funktion“ in den neuen Regelungen zur Funktionsverlagerung in § 1 Abs. 3 AStG, in: Internationales Steuerrecht, 2008, S. 793-800.

Wulf, M. (2007): Änderungen im Außensteuerrecht und Sonderregelungen zu Funktionsverlagerungen nach dem Unternehmensteuerreformgesetz 2008, in: Der Betrieb, 2007, S. 2280-2285.

Wüstemann, J. (2007): Basiszinssatz und Risikozuschlag in der Unternehmensbewertung: aktuelle Rechtsprechungsentwicklung, in: Betriebs-Berater, 2007, S. 2223-2228.

Wüstemann, J. (2008): BB-Rechtsprechungsreport Unternehmensbewertung 2007/08, in: Betriebs-Berater, 2008, S. 1499-1503.

B. Internetquellen

BDI – Bundesverband der Deutschen Industrie e.V. (2007): Bericht zum BDI-Workshop Internationales Steuerrecht – Funktionsverlagerung am 14. Februar 2007 im Haus der Deutschen Wirtschaft in Berlin, im Internet: *www.bdi.eu*, 03. März 2008.

BMF – Bundesministerium der Finanzen (2007): Finanzielle Auswirkungen des Entwurfs eines Unternehmensteuerreformgesetzes 2008 vom 14. März 2007, im Internet: *http://www.bundesfinanzministerium.de/cln_01/lang_de/nn_216/DE/Aktuelles/Aktuelle__Gesetze/Gesetzentwuerfe__Arbeitsfassungen/045__b,templateId=raw,property=publicationFile.pdf*, 26. Dezember 2007.

Bundessteuerberaterkammer (2007a): Stellungnahme zum Entwurf einer Verordnung und zur Anwendung des Fremdvergleichsgrundsatzes im Sinne des § 1 Abs. 1 des Außensteuergesetzes in Fällen grenzüberschreitender Funktionsverlagerungen vom 30. Juli 2007, im Internet: *www.bstbk.de,* 19. September 2007.

Institut der Wirtschaftsprüfer (2007): Stellungnahme zum Entwurf einer Verordnung zur Anwendung des Fremdvergleichsgrundsatzes im Sinne des § 1 Abs. 1 des Außensteuergesetzes in Fällen grenzüberschreitender Funktionsverlagerungen (Funktionsverlagerungsverordnung – FVerlagV) vom 29. August 2007, im Internet: *www.idw.de,* 05. März 2008.

Löffler, A. (1999): Investitionsneutrale Steuersysteme bei zeitlich veränderbaren Steuersätzen, im Internet: *www.wiwiss.fu-berlin.de/kruschwitz/Forschung/Dokumente/tax.pdf,* 06. Mai 2007.

PwC – PricewaterhouseCoopers (2007): Business Restructuring – The smoke behind global taxation: An international perspective, A PwC Global Survey, April 2007, im Internet: *www.pwc.com,* 12. September 2007.

C. Gesetzesmaterialien

Entwurf eines Unternehmensteuerreformgesetzes 2008, Gesetzentwurf der Fraktionen CDU/CSU und SPD, BT-Drucksache 16/4841 vom 27. März 2007.

Entwurf eines Unternehmensteuerreformgesetzes 2008, Gesetzentwurf der Bundesregierung, BR-Drucksache 220/2007 vom 30. März 2007.

D. Verwaltungsanweisungen

Anwendungserlass zur AO 2008 (AEAO 2008) in der Fassung vom 02. Januar 2008 (BStBl. I S. 26).

BMF-Schreiben vom 04. Juni 2003, IV A 2-S 2836-2/03, BStBl. I S. 366.

BMF-Schreiben vom 12. April 2005, IV B 4-S 1341-1/05, BStBl. I S. 570.

Einkommensteuer-Richtlinien 2005 (EStR 2005) in der Fassung vom 16. Dezember 2005 (BStBl. I Sondernummer 1).

OFD Düsseldorf (2005): Bewertung von (Anteilen an) Kapitalgesellschaften für ertragsteuerliche Zwecke vom 01.06.2005, S – 2177.

OFD Münster (2005): Quellensteuerhöchstsätze bei Dividenden, Zinsen und Lizenzgebühren unbeschränkt steuerpflichtiger natürlicher Personen vom 23.08.2005, S 1315 – 42 – St 14 32.

OFD Rheinland (2007): Bewertung von (Anteilen an) Kapitalgesellschaften für ertragsteuerliche Zwecke vom 15.11.2007, S 2244 – 1008 – St 14.

E. Rechtsprechung des Bundesfinanzhofs

26.01.1970	IV R 144/66	BStBl. II 1970, S. 264
27.09.1988	VIII R 193/83	BStBl. II 1989, S. 414
12.09.1991	III R 233/90	BStBl. II 1992, S. 182
30.08.1995	I R 155/94	DStR 1995, S. 1873
12.10.1995	I R 127/94	BFH/NV 1996, S. 81
06.12.1995	I R 40/95	BStBl. II 1997, S. 118
11.06.1996	I R 97/95	BFH/NV BFH/R 1997, S. 30
13.11.1996	I R 149/94	BFH/NV 1997, S. 142
18.12.1996	I R 26/95	BFH/NV 1997, S. 232
11.06.1997	XI R 77/96	BStBl. II 1997, S. 774
12.06.1997	I R 14/96	BFH/NV BFH/R 1997, S. 433

24.03.1998	I R 93/96	BFH/NV 1998, S. 1579
21.06.2001	I B 141/00	DStR 2001, S. 1290 f.
07.08.2002	I R 64/91	BFH/NV 2003, S. 205
26.10.2004	IX R 53/02	BFH/NV 2005, S. 432

STEUER, WIRTSCHAFT UND RECHT

Herausgegeben von vBP StB Prof. Dr. Johannes Georg Bischoff, Wuppertal, Dr. Alfred Kellermann, Vorsitzender Richter am BGH (a. D.), Karlsruhe, Prof. (em.) Dr. Günter Sieben, Köln, und WP StB Prof. Dr. Norbert Herzig, Köln

Band 292
Ulrich Ziehr
Einkünftezurechnung im internationalen Einheitsunternehmen – Veranlassungsprinzip und Selbstständigkeitsfiktion als Maßstäbe der Einkünftezurechnung zu Stammhaus und Betriebsstätte
Lohmar – Köln 2008 • 432 S. • € 68,- (D) • ISBN 978-3-89936-723-2

Band 293
Rolf Faulhaber
Praktikanten und Volontäre zwischen Ausbildungs- und Arbeitsrecht
Lohmar – Köln 2008 • 256 S. • € 57,- (D) • ISBN 978-3-89936-746-1

Band 294
Guido Hausen
Modifizierte Einnahmen-Überschussrechnung – Praktikable Konzeption einer vereinfachten steuerlichen Gewinnermittlung für einen erweiterten Anwenderkreis
Lohmar – Köln 2009 • 504 S. • € 73,- (D) • ISBN 978-3-89936-768-3

Band 295
Jan Wendland
Finanzierung durch Cash Pooling im Kapitalgesellschaftskonzern – Ertragsteuerliche Analyse und Handlungskonsequenzen
Lohmar – Köln 2009 • 440 S. • € 68,- (D) • ISBN 978-3-89936-770-6

Band 296
Bernd Heining
Funktionsverlagerung ins Ausland – Entscheidungsfindung aus investitionstheoretischer Sicht
Lohmar – Köln 2009 • 276 S. • € 58,- (D) • ISBN 978-3-89936-772-0

JOSEF EUL VERLAG